# VOYAGE

## AU MONTAMIATA

### ET

## DANS LE SIENNOIS.

---

### TOME SECOND.

---

# VOYAGE

## AU MONTAMIATA

### ET

## DANS LE SIENNOIS,

*CONTENANT des Observations nouvelles sur la formation des Volcans, l'Histoire géologique, minéralogique et botanique de cette partie de l'Italie.*

Par le Docteur GEORGE SANTI, Professeur d'Histoire naturelle à l'Université de Pise.

Traduit par BODARD, Docteur-Médecin, de la Société des Géorgophiles de Florence.

*AVEC FIGURES.*

## TOME SECOND.

## LYON,

**BRUYSET AÎNÉ et Comp.<sup></sup>**

AN 10. ( 1802 )

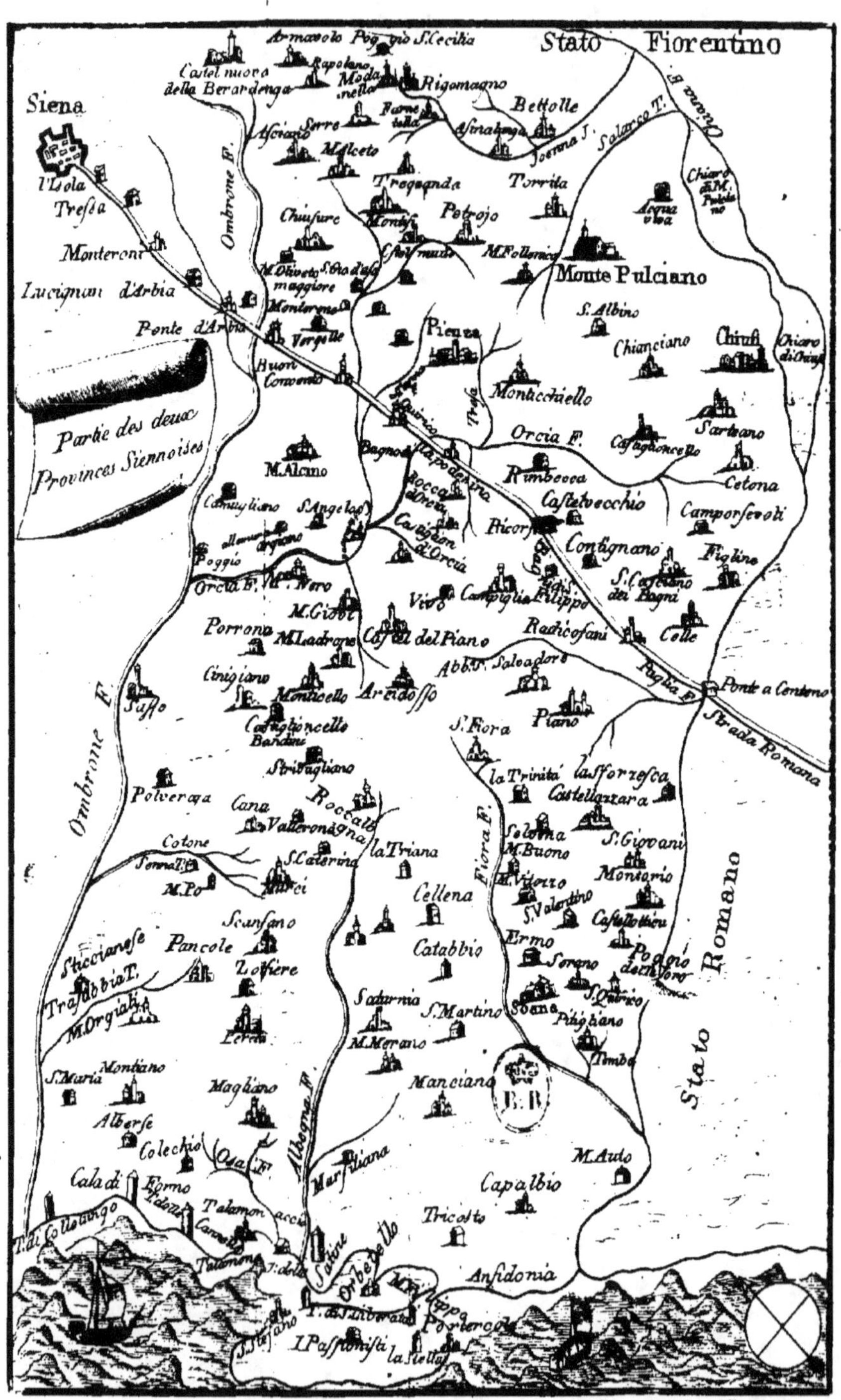

Stato Fiorentino
Siena
Armaiolo Poggio S. Cecilia
Castel nuovo della Berardenga
Rapolano
Modanella
Rigomagno
Bettolle
Asciano
Serre
Farnetella
Asinalunga
Tosena J.
Solarco T.
Chiaro di M. Pulciano
l'Isola
Tresa
Malceto
Treguanda
Torrita
Acqua viva
Monteroni
Chiusure
Montisi
Petrojo
M. Oliveto S. Pio d'asso maggiore
Monte Pulciano
Lucignan d'Arbia
S. Quirico
M. Follonica
Monterone
S. Albino
Ponte d'Arbia
Vergelle
Pienza
Chianciano
Chiusi
Chiaro di Orvieto
Buon Convento
Montacchiello
Parlie des deux Provinces Siennoises
Orcia F.
Casaglioncello
Sartrano
M. Alcino
Bagno di Vignone
Rimbecca
Castelvecchio
Cetona
Camugliano
S. Angelo
Rocca d'Orcia
Picorso
Camporsevoli
all'more drgiano
Castiglion d'Orcia
Contignano
Figline
Poggio
S. Casciano dei Bagni
Orcia F. M. Nero
Vivo
Campiglia d'Filippo
Radicofani
M. Giovi
Colle
Porrona
M. Ladrone
Casel del Piano
Ponte a Centeno
Cinigiano
Abb. Saloadore
Strada Romana
Saffo
Monticello
Aredosso
S. Fiora
Piano
Casaglioncello Bandini
Stribugliano
la Trinità
la Sforzesca
Polveraja
Cana
Roccalbegna
Castellazzara
Valleronagna
Selvena
S. Giovani
Cotone
S. Caterina
la Triana
M. Buono
Monsorio
Semiati
M. Vitorio
Stato Romano
M. Po
Murci
Cellena
S. Valentino
Castellotieu
Scansano
Catabbio
Ermo
Poggio dell'oro
Pancole
Lostere
Seveno
S. Quirico
Sticcianese
Saturnia
S. Martino
Soana
Pagliano
Trasbbio T.
Perta
M. Merano
M. Orgiali
Timba
S. Maria
Montiano
Manciano
Magliano
B. R.
M. Aulo
Alberse
Capalbio
Colechio
Osa F.
Marsiliana
Cala di Forno
Talamonaccio
Tricosto
T. di Collelungo
Canu
Talamone
Ansidonia
T. dalla
Sabine
Orbetello
M. Argentaro
I. di Giannutri
Portercole
S. Stefano
I. Passionista
la Stella
Anfidonia

# INTRODUCTION.

Dans le temps où je visitai le *Montamiata*, je me doutois peu que mes recherches dussent s'étendre plus loin. Lors même
que je me déterminai à en publier la description, je croyois qu'elle seroit isolée
comme le groupe montueux qui en étoit
l'objet ; mais ayant différé la publication
de ce premier Voyage, je me suis livré,
presque sans m'en appercevoir, à de
nouvelles excursions ; de manière que,
commençant par les lieux les plus voisins
du *Montamiata* qui avoient déjà excité ma
curiosité, peu à peu je suis parvenu à
visiter, à diverses époques, et avec la plus
scrupuleuse exactitude, la totalité de
l'État Siennois. Cette contrée qui est très-
vaste, et divisée en deux Provinces, la
*Supérieure* et l'*Inférieure*, est continuellement variée par des montagnes, des
collines, des plaines et des vallées ; ce qui
forme un pays tout-à-la-fois agréable
à parcourir, et peu connu encore des
Naturalistes.

C'est ainsi que mon porte-feuille et ma

collection se sont insensiblement augmentés, et que mon plan ne se bornant plus
à l'Histoire naturelle du *Montamiata*,
s'est étendu jusqu'à la description des deux
provinces Siennoises, dans lesquelles cette
belle montagne est enclavée.

Cependant, j'avois annoncé ce dessein
dans l'Introduction de mon Voyage au
*Montamiata*, et je contractai dès-lors
avec le Public, l'obligation d'en donner
la continuation. Lors même que je n'aurois pas autant étendu mon entreprise,
l'accueil que ce premier Voyage a reçu
en Italie, la traduction allemande qui en
a été faite à *Dreide*, et l'édition françoise
qui s'imprime actuellement en France,
seroient des motifs assez puissans pour m'en-
gager à continuer, et pour me dédommager, non seulement de mes travaux pendant le cours de mes voyages, mais
encore des fatigues du laboratoire et du
cabinet, entre lesquels, comme l'observe
le savant *Saussure*, se trouve partagée la
vie d'un Naturaliste, qui n'est rien moins
que sensuelle et inactive.

Je n'ai pas cru m'écarter du plan que
je m'étois proposé, en y ajoutant quelques observations sur l'État d'*Orbitello*,
et sur celui de *Piombino*. Le premier fai-

soit ci-devant partie de l'État Siennois, dont il a été détaché par droit de conquête ; le second, qui lui est limitrophe, s'y trouve en partie enclavé.

Quoique mes Voyages aient été faits dans différentes années, et qu'il y ait eu des intervalles entr'eux, j'ai cru devoir rapprocher ces différentes époques, en en faisant une continuation non-interrompue ; j'ai par-là donné plus d'unité à la narration, présenté au lecteur les rapports que les lieux ont entr'eux, sans cependant nuire à la fidélité des observations. Elles seront contenues, partie dans ce second volume, et partie dans celui qui comprendra la totalité du Journal de mes Voyages dans les provinces Siennoises, d'après le but que je me suis proposé.

J'ai conservé la même simplicité de forme et de style dans mes narrations, comme la plus propre à me faire entendre de ceux qui ne s'occupent pas positivement de l'Histoire naturelle, afin d'offrir une espèce de repos à l'attention du Lecteur, qu'une suite non-interrompue de descriptions et d'observations ne manqueroit pas de fatiguer bientôt, pour le conduire, comme par la main, dans tous les lieux et les situations dans lesquelles je me suis trouvé, et pour le familiariser, pour ainsi dire, sans qu'il s'en apperçoive, avec les divers objets dont je désire lui faire connoître l'existence et la qualité.

J'ose me flatter que cette simplicité de style, qui d'ailleurs n'est pas aussi facile qu'on le pourroit croire, sera regardée, par la majeure partie des Lecteurs, comme la seule qui convienne à un Journal de voyage. Mais si ceux qui aiment la pompe des descriptions et la recherche des phrases, blâmoient la familiarité de mon style, je me contenterois de leur citer ce passage de Cicéron ( *De Finib.* ) :

« *Si deleciamur, cùm scribimus, quis est tam invidus, qui ab eo nos abducat ? Sin laboramus, quis est qui alienæ modum statuat industriæ ?* »

VOYAGE

# VOYAGE
## DANS LE SIENNOIS.

## CHAPITRE PREMIER.

*Voyage à Castellazzara, à la Sforzesca, à S. Giovanni, à Montorio et à Castellottieri.*

A côté et au sud-est du *Montamiata* se trouve une haute chaîne de montagnes, qui au premier aspect et à raison de sa proximité, pourroit être prise pour la continuation ou la prolongation de cette grande montagne volcanique.

Ces montagnes s'appellent *Castellazzara* du nom du château qui est situé au sommet de l'une d'elles. Je m'en étois approché lors de mon premier voyage, et j'ai été toujours tenté depuis ce temps-là de les parcourir ; mais je fus arrêté par la crainte de trop m'étendre, et de perdre de vue l'objet auquel je voulois borner mes excursions ; je réservai cet examen pour une autre occasion.

Lorsque j'eus pris la résolution de continuer mes recherches dans toute l'étendue des deux provinces Siennoises par ordre de continuité , curieux de connoître si cette chaîne , à raison de son voisinage du *Montamiata*, étoit composée des mêmes substances, ce fut par elle que je commençai mon voyage et mes observations.

Je partis de *Pienza* , accompagné de M. le Doct. Savi, vers la mi-mai 1793. Arrivé à *Radicofani* qui en est à 18 milles, je pris à la droite du grand chemin de Rome, & je descendis dans la vallée, au centre de laquelle coule la *Paglia*.

Cette rivière qui prend sa source sur les hauteurs du *Montamiata* , en arrose la base dans une grande étendue, et va fort loin de là se décharger dans le Tibre, en roulant dans son cours un grand nombre de fragmens de *peperino*

détachés des roches escarpées de cet antique volcan.

Nous éprouvâmes dans cette vallée
et dans tous les lieux bas et découverts,
une chaleur qui nous sembla d'autant
plus vive et d'autant plus accablante,
que nous venions de quitter un état
de repos, et l'ombrage des jardins aca-
démiques. Mais au bout de quelques jours
nous redevînmes aguerris et capables de
supporter aisément les fatigues de la saison.

Nous arrivâmes au pied de la montagne sur laquelle est situé *Castellazzara*,
où, après avoir gravi une côte longue
et difficile, exposés à un soleil ardent,
nous eûmes une véritable jouissance à
respirer un air pur et frais, qui répara nos
forces : nous allâmes demander l'hospice
à M. *Menichetti*, curé (*) du lieu, qui nous
accueillit de la manière la plus obligeante.

---

(*) Il y a dans le texte *Pievano del luogo*. On appelle
*Pieve* dans le pays, l'église paroissiale qui a la primatie
sur des prieurés, des rectoreries, et souvent plusieurs
villages et châteaux. (*Note du Traducteur.*)

Ce bourg qui fait partie de la comté de *S.ᵉ Fiora* et du diocèse de *Soana* (*) peut renfermer sept cents habitans. On y jouit d'une vue très - belle et très-étendue , et on y respire un air extrêmement pur ; mais on peut la regarder comme le séjour des vents , car il n'y a d'abri d'aucun côté.

La pierre calcaire massive que l'on voit de toutes parts sur la montagne, est marquée d'un grand nombre de filets spatheux. On y remarque même souvent de petits filets de pierre calcaire coltelline où fissile rouge , qui a toute l'apparence d'un vrai schiste.

Nous visitâmes la fontaine qui est actuellement à l'usage des habitans du village ; autrefois elle se rendoit à la *Sforzesca* qui est au-dessous , par des aqueducs construits à grands frais, mais qui aujourd'hui sont négligés et ruinés. Cette eau

______

(*) Comme la plus grande partie de ce voyage a lieu dans le diocèse de *Soana* , je cesserai de noter cette particularité jusqu'à ce qu'elle n'ait plus lieu.

est bonne, mais elle est inférieure à celle de la fontaine appelée *Ficoncella*. Cette dernière est très-agréable au goût, fraîche, limpide, légère, et si passante qu'elle sert de médecine à ceux qui reviennent des Maremmes avec des obstructions et des amas, sur-tout dans les premières voies.

A peu de distance de *Castellazzara* en descendant du côté opposé dans un ravin nommé le *Fosso del Cornacchino* auprès du hallier du *Poggio Felcioso*, nous remarquâmes des masses antiques d'albâtre veiné, dans la formation desquels nous ne pûmes découvrir aucun signe existant des eaux susceptibles de former des dépôts et des incrustations, de manière que nous restâmes convaincus que ces montagnes, si l'on en excepte la circonstance du voisinage, n'avoient aucun rapport avec le *Montamiata*. Nous n'y trouvâmes aucuns morceaux de *peperino* ni aucun autre vestige de feu.

A 3

En quittant *Castellazzara*, nous descendîmes à la *Sforzesca*, située dans une
plaine au pied de la montagne, à environ
trois milles de distance. Ce lieu est un
monument de la magnificence et du
faste Romain dans le seizième siècle. Le
Pape Gregoire XIII avoit formé le projet
d'aller visiter le nouveau pont qu'il avoit
fait construire sur la *Paglia* sur le
grand chemin de Rome. En conséquence
le cardinal *Alexandre Sforza* l'un des
comtes de *S.ª Fiora*, eut l'idée de
faire construire dans le lieu dont il s'agit,
à quelques milles du pont, un palais
digne de recevoir le Pape. Dans l'espace
de quelques mois ce magnifique palais
fut construit et achevé ; un aqueduc
de trois milles de longueur y conduisit
de *Castellazzara* des eaux excellentes à
boire ; la grande route pour y arriver,
terminée par une avenue plantée de deux
rangs d'arbres, fut ouverte, et le palais
fut garni des meubles les plus magnifiques
et les plus recherchés.

Aujourd'hui, ce vaste édifice situé dans un lieu désert et où l'air est mauvais, est tellement abandonné qu'il tombe en ruines de toutes parts. On y remarque cependant encore parmi les parties qui ne sont point endommagées, un escalier en limaçon de pierre de *travertino*, dont les marches placées en sens contraire et sans être supportées par une colonne centrale, laiffent au milieu un espace vide. Ce bel escalier, malgré sa largeur, est svelte et léger, et peut servir de modèle à ceux que l'on voudra construire dans ce genre.

Tout en regrettant cette folle magnificence, tant à raison du motif, qu'à raison du lieu que l'on avoit choisi, et déplorant l'abandon d'un si bel édifice, nous remontâmes à cheval, et nous entrâmes dans la province inférieure.

Après avoir parcouru pendant quelques milles un pays de marne argilleuse ou de pierre calcaire, dans un lieu appelé le *Poggio di Zampino*, la scène changea tout-à-coup. Nous ne vîmes plus de toutes parts que tuf volcanique (*), sables remplis de petits scorilles , paillettes de fer spéculaire , et autres productions semblables qui annonçoient les dévastations du feu.

Ce tuf volcanique est un mélange ou empâtement de sables provenans de laves triturées, de pierres-ponces de diverses couleurs, de paillettes de mica , et de fer spéculaire, et divers noyaux de rocher que l'on nomme au *Monta-miata* , ames de roche ( *anime di fasso.* )

Sa densité n'est point uniforme ; tantôt il est très-compacte , tantôt celluleux et caverneux. Il varie aussi pour la couleur, quoique le plus souvent il soit jaunâtre. Mais j'aurai lieu de revenir sur cet article ; je vais continuer la relation de notre voyage.

---

( * ) J'emploirai le nom de *tuf* que donnent tous les naturalistes aux masses de terres volcaniques consolidées ensemble, pour distinguer celles-ci de celles qui sont composées de sables dépourvus de tout caractère de feu , et qu'on nomme communément *tuf.*

Après avoir traversé le village de *S. Giovanni*, en nous détournant du vrai chemin tantôt à droite, tantôt à gauche, pour reconnoître le pays, nous arrivâmes à *Montorio*. C'est un petit bourg appartenant au marquis *Orsini* Romain, situé sur la cime applatie de rochers immenses de tuf, dans une position qu'un paysagiste dessineroit avec bien de l'empressement pour enrichir ses tableaux.

Nous continuâmes à marcher dans une vallée longue et tortueuse, au milieu de laquelle la petite rivière nommée *la Vajana* serpente de la manière la plus pittoresque, tantôt baignant le pied des roches de tuf, tantôt arrosant les campagnes et les bois qui bordent ce vallon. Enfin nous arrivâmes le soir à *Castellottieri* où nous allâmes loger chez le *S.ᵉ Clemente Ugolini*.

Ce petit bourg étoit une seigneurie de la maison *Oltieri* Romaine, qui la vendit au grand duc de Toscane. Il dépend pour le civil du *Potestà* de *Sorano*, et relève pour le criminel du

Vicaire royal de *Pitigliano*. Il ne renferme pas plus de deux cents habitans, en y comprenant même ceux de la campagne. L'eau qui y est mauvaise, l'humidité des fossés et des torrens, et le voisinage des bois et des halliers, dont les environs sont encombrés, rendent ce séjour très-peu salubre ; on s'en apperçoit aisément au teint des gens qui l'habitent.

Ce pays présente de tous côtés des productions volcaniques ; le bourg même est construit sur de hautes roches de tuf celluleux semblable à celui du *Poggio di Zampino* et *di Montorio*. Mais comme nous en avons trouvé ensuite des roches immenses dans le territoire de *Pitigliano*, de *Soana* et de *Sorano* où nous les avons examinées avec plus de loisir et d'exactitude, j'en donnerai la description dans un temps plus convenable.

*Minéraux observés à* Castellazzara.

Albâtre calcaire blanc avec des veines obscures et rares. Cet albâtre est absolument soluble dans l'acide nitrique et même avec une vive effervescence ; il est susceptible d'un beau poli : il a quelquefois des cavernosités remplies de groupes de cristaux de pierre calcaire ; il se trouve en grandes masses.

*Plantes observées dans les lieux que nous venons de nommer à Castellazzara.*

Xeranthemum annuum & inapertum.
Centaurea cyanus.
Chrysanthemum leucanthemum.
Geranium lucidum.
Asplenium ceterach.
Lamium amplexicaule.
Aphanes arvensis.
Scleranthus annuus.
Arabis turrita.
Sedum rupestre.

Trifolium stellatum.
Valantia cruciata.
Cerastium alpinum.
Helleborus fœtidus.
————— hiemalis.
Althæa hirsuta.
Poterium sanguisorba.
Marrubium album.
Hyacinthus comosus.
Alyssum montanum.
Bryum pulvinatum.

## A monte Cornio.

Rhinanthus crista galli.
Erysimum Barbarea.
Verbascum blattaria.

Echium vulgare.
Lychnis flos cuculi.

## Dans la *Faggeta*. (Bois de hêtre.)

Euphorbia sylvatica.
Atropa belladona.
Polypodium filix mas.

Polypodium filix femina.
Cyrcæa Lutetiana.
Daphne laureola.

| | |
|---|---|
| *Pteris aquilina.* | *Senecio sylvaticus.* |
| *Dentaria bulbifera.* | *Lychnis dioïca flore rubro.* |
| *Lilium bulbiferum.* | *Stellaria nemorum.* |
| *Ophrys nidus avis.* | *Orchis bifolia.* |
| *Convallaria multiflora.* | *Lepidium prostratum* ( 1 ). |
| *Epilobium montanum.* | |

### A' la *Sforzesca.*

| | |
|---|---|
| *Carduus marianus.* | *Borrago officinalis.* |
| *Carthamus lanatus.* | *Campanula speculum.* |
| *Centaurea calcitrapa.* | |

### A *Castellottieri.*

| | |
|---|---|
| *Cheiranthus alpinus.* | *Scilla bifolia.* |

---

( 1 ) *Lepidium prostratum.* (Voyez fig. 1.)

*Lepidium caulibus prostratis, pilosis, racemiferis; foliis pinnatis incisis; floribus apetalis diandris; siliculis didymis rugosis.* ( Nobis. )

Les tiges sont herbacées, cylindriques, rougeâtres, velues, quelquefois ramifiées, longues depuis 4 pouces jusqu'à 1 pied et davantage, et entièrement couchées sur la terre.

Les feuilles sont pinnées, les folioles qui ont des découpures aigues sont vertes et glabres; les feuilles radicales sont étendues en rosette sur la terre, et les caulinaires sont alternes; les fleurs infiniment petites et sans pétales, sont disposées en grappes; la première de ces grappes qui paroît, part du centre des feuilles radicales avant l'extension des tiges, les autres grappes sont opposées aux feuilles; les folioles.

du calice sont verdâtres et bordées de blanc ; elle
ne porte que deux étamines pourvues d'anthères ;
chacune d'elles est garnie à la base de deux filets
stériles et divergens ; les silicules sont bilobées et
ridées.

Cette espèce est très-différente du *Lepidium pro-cumbens* de Linné, avec lequel quelques auteurs
l'avoient confondu. En effet dans l'édition du *Systema
vegetabilium* de Reichard on ajoute à l'article du
*Lepidium procumbens*, « *folia alia ovata integra : alia
» triloba, quinqueloba, lyrata ; petala cuneata, alba ;
» calyce non longiora ; stamina sex ; silicula drabæ vernæ.* »

Lamarck, qui dans sa Flore Françoise a réuni le
*Lepidium procumbens* avec le *Lepidium petræum*, comme
variétés de la même espèce, dit qu'il a des pétales
« dont la grandeur ne surpasse pas celle du calice ;
» les feuilles sont ailées, et leurs folioles sont
» petites, nombreuses, lancéolées et très-entières ;
» les siliques sont ovales, très-entières, et ne
» paroissent un peu échancrées que lorsqu'elles
» commencent à s'ouvrir ; les rameaux inférieurs
» sont assez longs, très-ouverts, et paroissent
» couchés, mais la tige ne l'est point. »

Il est facile de conclure de tout ceci que le
*Lepidium procumbens* est tout-à-fait différent du nôtre,
qui forme une espèce particulière ; c'est ce qui m'a
engagé à en donner la description et la figure.

# CHAPITRE II.

### Le *Monte Labro*, *Roccalbegna* et *Cana*.

Après être partis de *Castelottieri*, nous nous avançâmes au nord-ouest vers les montagnes *dell' Elmo*. A la ferme de *valle Castagneta* nous vîmes le lieu où étoit planté le gigantesque cep de vigne que m'envoya mon frère, et qui est placé dans le vestibule du jardin des plantes de *Pise*. Il a cinq pieds de circonférence dans la partie la plus grosse, sur quatorze pieds de hauteur au-dessous de sa ramification. Ce cep fut arraché par un ouragan en 1787 ; tout près de là on en voit encore un autre un peu moins gros qui est en pleine vigueur, et qui porte des fruits. Telles devoient être les vignes qui, selon Pline, servoient à faire des poutres dans le temple de Junon, dans la ville de Metaponte. On montroit encore au temps de ce célèbre Naturaliste, comme une merveille, une statue de Jupiter faite d'un seul tronc de vigne.

Lorsque nous eûmes passé le lieu qu'on nomme le *Colle*, nous perdîmes de vue tous ces indices de pays volcanisé, et au mont de *l'Elmo* nous remarquâmes des bancs de pierre de grès souvent fissile et grise. Mais la charpente de ces montagnes est une pierre bleuâtre avec de nombreux filets de spath calcaire.

Après avoir franchi ces montagnes par des chemins extrêmement rudes et difficiles, nous arrivâmes enfin à midi à *Selvena* pour nous rafraîchir et nous remettre un peu de la chaleur et des fatigues de la matinée. Mon thermomètre isolé à l'ombre marquoit vingt-cinq degrés, et trente-six au soleil : telle est la température que nous eûmes à supporter pendant plusieurs heures.

Après un repos de quelques instans, et avoir donné un coup d'œil rapide à la mine de cinabre décrite dans mon voyage au *Montamiata*, nous dirigeâmes nos pas vers le *monte Labbro*. Cette montagne fait partie d'une chaîne qui commence vers la rivière de *Fiora*, s'avance du sud-est au nord-ouest jusqu'auprès de *Castiglioncello Baudini*, et sépare de ce côté le territoire du *Montamiata* de celui de la *Maremma*.

Nous mîmes nos chevaux paître, et nous montâmes à pied sur la cime de la montagne. On peut s'y rendre de plusieurs côtés. Celui que nous choisîmes présente un long escalier qui semble être un ouvrage de l'art, et qui est formé par des bancs ou couches horizontales et saillantes de roche calcaire. Le sommet qui domine le reste de cette chaîne, nous offrit une vaste esplanade d'où l'on jouit d'un point de vue magnifique, d'un air frais et extrêmement pur. Au reste, cette montagne est uniforme dans sa composition calcaire, et tellement dépourvue d'arbres et d'arbustes, à l'exception de quelques misérables buissons de genièvre, qu'elle

fournit

fournit peu de matière à nos observations, et encore moins à notre collection.

Nous descendîmes et nous nous rendîmes
promptement à la *Roccalbegna* où nous
logeâmes chez l'archiprêtre *Polemi*.

Ce bourg qui peu de temps auparavant faisoit partie du fief des marquis
*Bichi* de *Sienne*, aujourd'hui gouverné
par un *Potefta*, relevant pour le criminel du
Vicaire royal d'*Arcidosso*, faisoit autrefois
partie du domaine de la puissante famille
*Aldobrandi*, d'où elle passa peu à peu,
au moyen de ventes partielles, au pouvoir
des *Siennois*.

Il est bâti sur une plate-forme de
roches calcaires continuées. Le rocher
sur lequel on voit les ruines d'un ancien
fort est également calcaire, ainsi que la
pointe nue, isolée et pyramidale de plus
de cent vingt pieds d'élévation qui domine
le bourg, et au sommet de laquelle on
voit également les restes d'un ancien fort.

La rivière *Albegna* qui prend sa source
sur le penchant des montagnes voisines,

très-petite à présent, mais très-rapide, va baigner les murs de ce bourg, auquel elle donne son nom.

En visitant le territoire, dans un lieu nommé *Polleraja*, au-dessous du *monte Labbro*, nous trouvâmes une source d'eau extrêmement noire qui couloit avec bruit et en bouillonnant, exhalant une puanteur hépatique ou sulfureuse. Quoique cette source paroisse et disparoisse par intervalles, le bruit qu'elle fait en bouillonnant même dans sa course souterraine, se fait entendre sans aucune interruption. Nous trouvâmes plusieurs sources semblables, en parcourant ces campagnes; une d'entre elles sur-tout est beaucoup plus abondante que les autres, et ne tarit jamais. Toutes sont de la même nature, c'est-à-dire froides, acidules et sulfureuses, sans aucun indice de fer, et toutes méphitisent tellement le terrain qu'elles parcourent, que leurs environs sont dépouillés de toute espèce de végétation.

Le torrent *Zolferata*, ainsi appelé à cause de sa puanteur, est formé de plu-sieurs sources semblables ; une d'elles, sur-tout, cachée dans le principe, et coulant sous terre en bouillonnant comme un véritable torrent, vient ensuite dé-charger ses eaux dans différens points de la *Zolferata*.

Toutes ces sources, toutes ces exhala-tions sulfureuses se continuent l'espace d'environ deux cents pas ; il paroît qu'il y a en-dessous un grand travail et une grande décomposition de soufre et de fer, et que le terrain miné couvre un long prolongement de voûtes souterraines dans lesquelles coule en bouillonnant et sans se laisser voir, l'eau sulfureuse qui s'en échappe de distance en distance, et paroît ensuite à sa surface.

A peu de distance de là, nous obser-vâmes des roches fort élevées, toutes for-mées de couches de pierre calcaire col-teline rouge.

B 2

Au pied de ces rochers nous vîmes quelques filons métalliques dont nous prîmes un échantillon. Je me suis assuré dans la suite que c'est un oxide de manganèse avec une petite quantité de fer.

L'air de la *Roccalbegna*, qu'on peut appeler un pays mitoyen entre la montagne et la *Maremme*, est passable. On y boit de l'eau assez bonne, & le coloris des habitans annonce une bonne santé. Sa population intérieure est d'environ six cents ames; celle de la campagne où se trouvent plusieurs fermes, peut aller à quatre cents.

De *Rocalbegna* nous passâmes à *Cana*, qui en est éloigné d'un peu plus de cinq milles; nous eûmes à franchir une montée fort difficile et ruineuse, d'où nous descendîmes dans le village de *Vallerona*; mais ne trouvant point d'objet qui valût la peine de nous arrêter, nous retournâmes à *Cana*, où nous nous arrêtâmes chez M. *Giov. Antonio Porciatti.*

Ce bourg qui renferme environ quatre cents cinquante habitans , dépend pour le civil du *Potefta* de *Roccalbegna* , et pour le criminel du Vicaire royal *d'Arcidosso*. Il étoit autrefois possédé par les *Aldobrandeschi* ; il eut ensuite d'autres seigneurs jusqu'au temps où il passa au pouvoir de la république de *Sienne*.

Il est situé à l'entrée de la *Maremme* , sur une colline très-exposée aux vents et où l'air est médiocrement bon. Son territoire aride et pierreux , mais cependant cultivé , est divisé en plusieurs fermes ; mais ses pierres tantôt de grès , tantôt calcaires ne nous offrirent rien qui pût nous dédommager de la peine que nous eûmes à en faire le tour.

A environ cinq milles au sud de *Cana* est *Murci* , dont les habitations éparses et éloignées les unes des autres , contiennent environ trois cents soixante - dix habitans. Mais ce lieu ne présentant que des champs cultivés et des bois semblables aux précédens , qui n'offroient rien d'intéressans pour l'histoire naturelle, nous nous dispensâmes de le parcourir.

Nous tournâmes donc nos pas vers le petit village nommé *Stribugliano*, et vers la colline appelée *della Loggia*, qui est peu éloignée de *Monticello*, et qu'on regarde, de ce côté, comme la limite de la province inférieure.

Des pierres calcaires en masse ou fissiles et rougeâtres, des pierres de grès, un terrain ruineux, hideux, dépouillé, et très-peu de plantes ; voilà ce que nous présenta cette excursion pénible : puis retournant sur nos pas par la *Roccalbegna* où nous ne nous arrêtâmes point, nous prîmes le chemin qui conduit à *Piti-gliano*.

*Minéraux trouvés dans ce voyage.*

Oxide de manganèse, d'un brun rougeâtre à l'extérieur, et noir à l'intérieur avec oxide jaune clair de fer, formant un filon qui se trouve au pied d'une roche calcaire fissile rouge. *Entre l'Albegna et le torrent Puzzola.*

*Plantes recueillies ou trouvées sur le* mont dell' Elmo.

| | |
|---|---|
| Jasione montana. | Geranium sanguineum. |

## Auprès de *Selvena.*

| | |
|---|---|
| Alyssum montanum. | Achillea ageratum. |
| Matricaria camomilla. | ———— millefolium fl. albo. |
| Sisymbrium sophia. | Serratula arvensis. |

## Au *monte Labbro.*

| | |
|---|---|
| Ononis spinosa. | Juniperus communis. |
| Euphorbia characias. | Scrophularia canina. |
| Xeranthemum annuum & ina- | Myagrum rugosum. |
| pertum. | Anthyllis vulneraria. |
| Allium moly. | Rhinanthus crista galli. |
| Secale hirsutum. | Statice armeria. |
| Phalaris utriculata. | Inula montana. |
| Briza media. | Carex distans. |
| Aira montana. | ———— hirta. |
| Avena elatior. | Carlina acanthifolia. |
| Lathyrus nissolia. | Centaurea montana. |
| Carduus Boujarti. | Viola grandiflora. |
| Lactuca perennis. | Cynoglossum Apenninum. |

## A *Cana.*

| | |
|---|---|
| Scutellaria peregrina. | Origanum vulgare. |
| Digitalis lutea. | Trifolium arvense. |
| Fagus castanea. | Scandix anthriscus. |

## Sur la colline *della Loggia.*

| | |
|---|---|
| Sthælina dubia. | Onosma echioides. |

# CHAPITRE III.

## *Samprugnano*, le *Rochette* et *Catabbio*.

A PRÈS avoir quitté *Cana* et la *Roccal-begna*, et passé le torrent fétide de la *Zol-ferata*, nous nous trouvâmes à quatre milles de la *Rocca Triana*, ancienne forteresse appartenant à une branche de la famille *Piccolomini* de *Sienne*, qui en porte le nom. Aux pieds de cet endroit coule un torrent dont les rives ruineuses et le lit même sont remplis de masses énormes de *gabbro* d'un vert clair, qui avoient plusieurs brasses de dimension.

En continuant notre chemin, et en passant par *Cellena*, qui est une paroisse nouvelle, isolée, située sur une colline à trois milles et demi de *Triana*, tout près du torrent appelé le *Fossato*, nous trouvâmes parmi des chistes rouges un grand nombre de morceaux d'oxide noir de manganèse.

A quatre milles au-delà de *Cellana*, on trouve *Samprugano*, près duquel nous passâmes sans nous arrêter pour visiter d'abord les *Rocchette*, qui est un petit et méchant village habité par environ cent trente personnes; il dépendoit autrefois des *Aldobrandeschi*; fut possédé ensuite par d'autres familles, notamment par le comte *Bonifazio Cacciaconti*, d'où ce lieu a pris le nom de *Rochetta di Fazio*. Ce village est situé sur le sommet d'une roche calcaire très-escarpée, au pied de laquelle passe l'*Albegna*, qui dans cet endroit ainsi qu'à *la Rocca*, mérite plutôt le nom de torrent que de rivière. On y voyoit autrefois un aqueduc avec une fontaine d'eau très-pure : mais aujourd'hui cette source est abandonnée et perdue; on ne boit plus actuellement aux *Rocchette* qu'une eau désagréable au goût, et mal saine.

Dans la partie la plus élevée de ce misérable bourg, on voit encore les ruines d'un vieux fort qui lui a donné son nom. La situation de ce fort dans un lieu éloigné, sauvage et presque inaccessible s'accorde parfaitement avec l'usage où étoient, il y a quelques siècles, les seigneurs suzerains de se construire des demeures et des forteresses dans les endroits les plus inhabitables, les plus agrestes, les plus élevés et les plus difficiles. C'étoit là qu'ils déroboient à la vengeance des nations leur barbarie et leurs forfaits ; c'étoit de là qu'ils exerçoient impunément sur un petit nombre d'hommes tremblans, la tyrannie la plus sangninaire ; enfin, c'étoit de ces lieux qu'ils sortoient de temps en temps pour piller des voisins plus foibles ou les voyageurs qui ne se tenoient pas sur leurs gardes. Faut - il s'étonner d'après cela, si dans l'histoire des derniers siècles et dans les romans, on s'est tant récrié contre ces châteaux forts et contre leurs dangereux et féroces châtelains? Les deux provinces *Siennoises* sont remplies de ruines de forts et de forteresses de cette nature, qui, habitées d'abord par des familles arbitraires et puissantes, furent peu à peu réunies, à titre de conquête, à la république de *Sienne.* Aujourd'hui ils sont ou presque entiérement détruits ou transformés en maisons de campagne agréables, ou en habitations utiles et où la tranquillité règne.

Après avoir quitté les *Rocchette* , dont le territoire n'offroit rien d'utile à nos collections, nous nous rendîmes, au plus fort de la chaleur, à *Samprugnano* (*) pour nous reposer ; nous dînâmes chez le curé du lieu , M. *Theodoro Chimenti.*

Ce bourg situé sur une colline élevéo et très-expofée au soleil, n'a rien de remarquable, si ce n'est les ruines du fort, c'est-à-dire de l'habitation fortifiée des anciens seigneurs du lieu, située à l'ordinaire à la partie la plus élévée. Les *Aldo-brandeschi* le possédèrent autrefois , puis

_______________

(*) Il paroît que du nom latin *sempronianum* , d'où vient par corruption *Samprugnano* , on peut conclure avec vraissemblànce, que ce village est extrêmement antique , et qu'il appartenoit autrefois à la famille *Sempronia* ou Romaine ou Etrusque.

il passa au pouvoir de l'Etat de *Sienne :*
à cette époque il commençoit à refleu-
rir ; mais ayant été impitoyablement dé-
vasté en 1536 par l'armée de Charles V ,
il n'a jamais pu se rétablir.

La charpente de la colline où est situé
ce bourg, est une roche continuée de travertin , dont il y a des quartiers très-
élevés ; dans plusieurs endroits il est si
blanc et de grain si fin , qu'il semble un
véritable marbre.

Auprès de la fontaine publique hors de
ce bourg , et au pied de la montagne, on
trouve une grande quantité de coquilles
fossiles et de sulfures de fer stalactitiformes ; nous en recueillîmes plusieurs
échantillons, ainsi que d'une pierre blanche
très-friable que l'on tire auprès d'un lieu
appelé la *Conserva ,* et que l'on nomme
dans le pays comme à *Selvena* ( Voyez
*Voy. au Montam.* ) *marmorino bianco.*
Il sert également à nettoyer et à éclaircir
les ustensiles de métal.

*Samprugnano* compte jusqu'à quatre cents habitans ; il pourroit même être peuplé davantage, à raison de sa situation : mais il a dans le voisinage un étang qui lorsqu'il se dessèche en été, infecte sensiblement l'air de cette contrée , et est très-nuisible à la santé des habitans des campagnes voisines. Il est cependant si petit qu'il ne seroit pas difficile de lui donner de l'écoulement ; & au moyen d'une très-petite dépense, on pourroit le dessécher une fois pour toujours : mais les habitans , soit par indolence , soit par cet esprit d'irrésolution trop commun dans les *Maremmes* , ont laissé échapper les occasions les plus sûres et les plus favorables de se procurer cet avantage , sans qu'il leur en eût coûté la moindre dépense et la moindre charge.

Lorsque le soleil eut un peu baissé , et que la chaleur fut diminuée , ayant d'ailleurs satisfait notre curiosité dans les environs de *Samprugnano* , nous prîmes le chemin de *Catabbio* , qui est à deux ou trois milles de là. Sur la route, dans un lieu appelé la *Cara di ·Brizio* nous vîmes sortir de terre des masses de véritable albâtre qui étoit très-blanc ; nous en prîmes quelques morceaux, qui, après avoir été travaillés, sont devenus d'un poli extrêmement fin et très-brillant.

Enfin, nous arrivâmes chez les frères *Antonio* et *Pietro Zamarchi*, qui habitent les montagnes de *Catabbio*. Celles-ci tirent leur nom d'une paroisse située un peu plus en avant sur la colline même dont l'évêque de *Soana* est le propriétaire. Les *Zammarchi* qui ont pris ce territoire à ferme le cultivent de leurs propres mains ; ils y vivent au milieu de leur famille : ils nous firent une réception simple, mais extrêmement gracieuse.

Le lendemain matin nous visitâmes avec exactitude les lieux circonvoisins ; nous étendîmes nos recherches jusques sur la montagne calcaire de *Cortevecchia*, à travers les champs, les halliers et les fossés, jusqu'au fleuve *Friora*, mais toutes nos peines furent infructueuses. Seulement auprès de la ferme des *Zammarchi*, sur la colline *della Fonte* nous recueillîmes une quantité de manganèse noire qui s'y trouvoit en grosses boules, mais en petite masse. Ces dernières, sous une écorce solide et compacte, renferment souvent un oxide de fer jaune ou rouge incohérent, et de forme terreuse avec une très-petite quantité de silex qu'elles perdent, si quelque accident vient à les rompre, de manière qu'elles restent vides et celluleuses précisément comme les *manganèses cratiformes*, qui se trouvent à *Chianciano* et sur la colline de Sainte-Cécile, dans la province supérieure.

Au reste, le terrain de cette colline, est pour la plus grande partie ocracé, qualité qu'il doit sans doute à ces géodes de *manganèse*, dont l'intérieur est une terre martiale ; les morceaux de leur écorce solide se trouvent mélangés parmi cette dernière.

*Minéraux recueillis dans ce voyage.*

Albâtre très-blanc, susceptible d'un poli extrêmement fin ; quelques veines ondulées et brunes , manifestent son origine, qui se trouve confirmée par le voisinage du travertin. *Sur le penchant du mont de Samprugnano.*

Marmorino blanc en pierre ; il provient de la décomposition d'une espèce de travertin calcaire, il est très-blanc, fait effervescence avec les acides, et est très-friable. *Auprès de Samprugnano, au lieu appelé* la Conserve.

Bol blanc : il est en effet très-blanc, très-moëlleux ; il s'attache à la langue et est friable. *A Samprugnano sur le chemin de Catabbio.*

Sulfures de fer stalactitiformes, durs, bruns, étincelans vivement : ce sont des noyaux de corps marins, et spécialement de zoophites rameux ; il y en a un entr'autres qui conserve la

forme

forme de la coquille à vis, *turbo duplicatus* de Linné. *Dans les champs contigus à la fontaine publique qui se trouve en dehors de Samprugnano.*

Piligno en gros morceaux qui conservent la contexture fibreuse du bois. *Dans le territoire de Samprugnano.*

Oxide noir de manganèse ; il est formé de pièces irrégulières, souvent arrondies, celluleuses en dedans, et remplies d'oxide de fer rouge, ou jaune ou brun, avec très-peu de silex. *Sur la colline de la fontaine à Catabbio.*

Petro-silex noir, qui sous le briquet donne des étincelles si vives, qu'elles semblent être l'effet d'une petite détonation. *Au même endroit.*

*Plantes recueillies ou observées* alle Rochette.

| | |
|---|---|
| *Hyosciamus niger.* | *Euphorbia characias.* |
| *Momordica elaterium.* | *Antirrhinum majus, fl. luteo.* |
| *Marrubium vulgare.* | *Reseda fruticulosa.* |
| *Cynoglossum officinale.* | *Geranium Robertianum.* |

**A Catabbio.**

| | |
|---|---|
| *Gladiolus communis.* | *Sideritis Romana.* |
| *Teucrium chamædrys.* | *Geranium lucidum.* |
| *Campanula erinus.* | ——— *columbinum.* |
| *Verbascum thapsus.* | *Arenaria serpyllifolia.* |
| *Potentilla reptans.* | *Bryum apocarpon.* |

# CHAPITRE IV.

### *Pitigliano et ses environs.*

DE *Catabbio*, en passant de nouveau la rivière *Fiora*, nous rentrâmes dans le pays volcanique, et nous arrivâmes à *Pitigliano*, chez mon frère qui est évêque de *Soana*.

*Pitigliano* est le territoire le plus peuplé des provinces Siennoises. Le nombre de ses habitans va jusqu'à trois mille, en y comprenant quelques centaines de Juifs; mais en hiver le concours des étrangers fait monter ce nombre jusqu'à environ quatre mille. Le peuple Pitiglianois est pour la plus grande partie adonné aux travaux de la campagne, et sur-tout à la culture des vignes : il met tant de soin et d'intelligence dans ce travail, qu'il ne le cède en rien aux habitans des pays les plus favorisés de la nature et les plus fertiles : ces vignes sont le modèle d'une culture soignée et laborieuse.

*Pitigliano* appartenoit autrefois aux comtes *Aldobrandeschi*, jadis très-puissans dans la *Maremme*; de là, par le mariage d'une héritière, il passa aux comtes *Orsini*, qui en firent la capitale de leur comté. Ils augmentèrent beaucoup le château ou palais fortifié qui existe encore, et où l'évêque fait aujourd'hui sa résidence. Des comtes *Orsini* la suzeraineté passa au grand duc de Toscane *Ferdinand I*, en 1604. A présent il est gouverné par un Vicaire royal, et est la résidence de l'évêque de *Soana*, qui est une ville très-voisine, mais presque abandonnée, à cause du mauvais air qui y règne, et d'autres fâcheuses circonstances.

*Pitigliano* est bâti sur une hauteur aplanie, dont le contour est soutenu par des roches de tuf, perpendiculaires et fort élevées ; substance qui abonde dans ce pays, ainsi que plusieurs autres matières volcaniques.

Au-dessous de cette ville, coulent d'un côté le torrent *Meleta*, et de l'autre le torrent *Prochio*. L'un et l'autre sont encaissés si profondément, qu'il faut beaucoup descendre pour y arriver, et beaucoup monter pour en sortir. Tout est volcanique sur leurs rives ; mais au-dessous on remarque beaucoup de travertin ; cette pierre est très - abondante dans les environs, sous les rochers volcaniques ou à découver, et quelquefois à fleur de terre. En effet, le *Pozzo dell' Orco* et tout le plan contigu ne montrent autre chose qu'une roche continue de travertin. Le *Pozzo dell' Orco* est une ouverture ronde d'environ soixante pieds de diamètre, sur un peu moins de profondeur ; je crois qu'il a été creusé afin d'en tirer du travertin pour bâtir ou pour faire de la chaux. A l'intérieur, ses bancs saillans sont tellement disposés qu'ils forment un véritable escalier. Nous trouvâmes dans le fond une source d'eau bonne à boire, et une grotte fort curieuse par la réunion de grosses pièces de stalactites avec les stalagmites du bas, qui formoient des colonnes à peu près de la hauteur d'un homme. Ce qui doit persuader facilement que ce travertin, soit découvert, soit caché sous les matières volcaniques, existoit déjà dans ces lieux, avant que ces dernières vinssent encombrer le pays.

Une grande quantité d'eau provenant de plusieurs sources réunies, vient alimenter les fontaines de *Pitigliano* au moyen d'un aqueduc de quatre milles de longueur, construit en 1545, par le comte *Gio. Francesco Orsini*. Cette eau limpide, pure, légère, très-agréable au goût, seroit dans ce lieu une boisson très-salubre, si ses bonnes qualités n'étoient pas absolument anéanties pendant son trajet. On a tellement négligé l'entretien de cet aqueduc, qui est en grande partie sous terre, que l'eau des pluies y pénètre et y entraîne avec elle beaucoup de terre; de manière que les *Pitiglianois*, au lieu d'une eau salubre, n'ont qu'une eau boueuse, impure et très-nuisible à la santé; ce qui, je crois, mériteroit bien la peine d'être pris en considération par celui qui est chargé de l'économie publique de la province; car rien ne seroit plus propre à balancer et à modérer l'influence de l'air peu salubre du pays, que l'usage d'une eau pure, légère et passante.

Nous descendîmes au-dessous de *Pitigliano*, pour voir une belle cascade formée par le *Prochio*, qui précipite perpendiculairement ses eaux d'un rocher qui a environ soixante brasses d'élévation. Cette cascade, accompagnée de plusieurs jets agréablement variés, forme vraiment un beau spectacle. Il en offrit un bien plus curieux encore , lors de l'hiver rigoureux de 1789. Tout l'extérieur de ses eaux se glaça depuis le haut jus-qu'au bas ; l'intérieur resta fluide , de ma-nière que l'on voyoit couler la cascade au milieu du transparent d'une immense colonne de cristal.

La profondeur extraordinaire des tor-rens , et les roches de tuf extrêmement élevées empêchoient de communiquer facilement d'un lieu à un autre. Mais , à l'aide du pic et du ciseau , on a taillé dans le roc volcanique des sentiers, le plus souvent fort étroits ; et quand le ter-rain a une pente trop rapide, on y a pra-tiqué des escaliers , par lesquels non-seu-lement les hommes , mais les chevaux et les ânes chargés montent et descendent avec une promptitude merveilleuse ; le rocher , de chaque côté de ces sentiers , forme comme une muraille verticale de vingt-cinq à trente brasses de hauteur.

Ces rochers ou taillés de main d'homme, presque à pic, ou naturellement perpendiculaires, présentent d'une manière très-favorable les diverses couches dont ils sont composés. Cela nous donna la facilité de les observer en beaucoup d'endroits ; mais nulle part aussi bien que sur les côtes *del Gradone*, à un demi - mille de *Pitigliano*. En effet, les espèces de murailles hautes et perpendiculaires de ce chemin, offrent de la manière la plus claire les differens lits qui la composent, à peu près dans l'ordre suivant. Sous une couche assez légère de terre végétale, on découvre un tuf tantôt solide et compacte, tantôt granuleux et incohérent : au-dessous du tuf se trouve une couche de scories ou pierres-ponces noires, très- celluleuses, souvent avec les couleurs de l'iris, parsemées de lapilles blanches que j'ai reconnues être des *leucites* opaques, et des cristaux de *feld spath* : cette couche est suivie d'un lit de pierres-ponces grises et blanchâtres : au-dessous de celui-ci il s'en trouve un autre très-épais d'une terre granuleuse avec des *leucites* : celui-ci couvre un banc d'une espèce de cendre ou sable volcanique blanchâtre, moëlieux au toucher ; dans certains endroits elle est très-endurcie, et porte l'empreinte de quelques végétaux : enfin, à fleur de terre et quelquefois dans la terre même, on voit un lit de pouzzolane brune ordinairement haute d'environ une brasse.

Dans quelques endroits on voit au milieu d'un tuf tantôt compacte, tantôt granuleux ou incohérent, un banc considérable de cailloux ou de pierres roulées par les eaux, et mêlés avec de la terre. (*) Telle est dans cet endroit et dans plusieurs autres parties de ce territoire la composition et la disposition des roches volcaniques, qui, au reste, varient quel-

---

(*) J'observai encore sur le chemin qui conduit à *Capalbio*, au-delà du pont *della Fiora*, des mélanges encore plus fréquens de tuf et de gravier de mer ; tantôt placés par couches les uns sur les autres, tantôt formant confusément des masses considérables, que l'on rencontre fréquemment dans cette contrée.

quefois dans l'ordre et dans le nombre
de leurs couches , quoiqu'elles soient toujours parallèles et horizontales.

Le tuf qui est presque toujours jaunâtre , contient souvent une quantité plus
ou moins grande de noyaux pierreux et
volcaniques qui diffèrent en couleur et en
consistance ; même il renferme des scories et des pierres-ponces de différentes
couleurs : quelquefois aussi ce tuf est
d'une substance uniforme et terreuse sans
aucun mélange.

En s'éloignant , l'on descend de ce
territoire , par la pointe occidentale, à
*Pietra lata ;* dans des excavations faites
pour en tirer du sable ou de la pouzzolane à bâtir , nous vîmes mêlées avec
ce sable une grande quantité de scories
légères ou de pierres-ponces noires, souvent avec les couleurs de l'iris , et toutes
parsemées de *leucites* très-blanches , glo-
buleuses et de fragmens cristallins très-
transparens de *feld spath.* On voit dans
le même endroit des couches d'une terre

blanche semée d'une grande quantité de fragmens souvent polyèdres de *leucite* transparente fort dure. (*) Un peu plus bas nous trouvâmes des morceaux de pierres-ponces blanchâtres qui avoient plus d'un pied de long. Puis , dans d'autres excavations faites également pour tirer du sable le long du grand chemin du *mulin vecchio* , nous remarquâmes sous un sol composé de terre granuleuse une autre couche de petites pierres-ponces , qui , par leur forme émoussée et arrondie, annonçoient évidemment avoir été transportées et roulées par les eaux.

Le long des torrens , des ruisseaux et des fossés des chemins de traverse , nous recueillîmes un sable noir et luisant, com-

---

(*) Cette espèce de *leucite* transparente et sans couleur , pourroit bien être nommée *jalite* , et être réunie à la famille du *grenat* du S<sup>r</sup> Werner, qui a jugé à propos de donner les noms de *leucite* et de *mélanite* , tirés de la couleur , à des cristaux semblables, qui sont compris dans cette même famille.

posé de fragmens cristallins et transparens de *feld spath*, de petits prismes de scoril noirâtre, et d'une grande quantité de paillettes de fer spéculaire, que l'aimant attiroit.

Dans quelques endroits voisins, et sur-tout dans les champs qui dominent la *Madona del Gradone*, je trouvai avec beaucoup d'étonnement plusieurs petits groupes isolés de cristaux jaunâtres et noirs, parmi lesquels je reconnus bientôt les fameux jacintes du Vésuve. Cette découverte m'engagea à faire des recherches plus exactes dans le territoire, et bientôt mes soins furent couronnés d'un heureux succès ; car à la ferme du *Pantano*, à un mille et demi de *Pitigliano*, je trouvai une masse si considérable de ces cristaux, que nous fûmes obligés, pour pouvoir la transporter, de la rompre en gros morceaux, dont quelques-uns avoient jusqu'à deux pieds de long.

Ces masses cristallines sont formées de l'agrégation de cristaux jaunâtres entremêlés d'autres cristaux noirs ou bruns. Ces derniers sont précisément ceux qui sont connus sous le nom de jacintes du Vésuve. Tantôt on les confond avec les grenats, tantôt avec les vrais jacintes, tantôt enfin avec les scorils; mais Werner les distingue et les appellent Vésuviens, parce que jusqu'à ces derniers temps on n'en avoit pas trouvé ailleurs que sur la montagne de *Somma*, parmi les antiques productions du Vésuve.

Ils sont d'un jaune couleur de poix, et de diverses crisftallisations, à peu près de la formé représentée par Romé de l'Isle, *fig.* 121 *et* 122. *pl. IV*; ils ont aussi d'autres modifications, non du paralellipipède romboïdal qu'indique cet Auteur, mais du cube.

Malgré cette grande ressemblance, l'identité parfaite de ces cristaux avec ceux du Vésuve que l'on connoît, je dois cependant faire observer ici que ces derniers, d'après les remarques de tous les lythologiftes, sont constamment

placés sur une matrice calcaire, et que
ceux mêmes que le célèbre Saussure
trouva au pied du Mont Saint-Gothard,
renferment au moins très-souvent du *spath*
calcaire mêlé parmi les groupes cristallins,
tandis que les masses de criftaux que j'ai
trouvés, quelque énormes qu'elles soient,
n'offrent aucuns vestiges calcaires inter-
posés parmi eux ni dans leur matrice.
Dans la partie la plus interne, ce ne sont
que des cristaux en groupe, et dans le
noyau, pour ainsi dire, où la masse est
trop compacte et trop confuse pour pré-
senter des figures de cristaux déterminées;
cet ensemble est d'une dureté extrême,
étincelle vivement sous l'acier, est sili-
ceuse et à l'épreuve des acides.

Comme le Vésuve, lors de son éruption en 1794 a couvert de ses sables et
de ses lapilles ses anciennes productions,
il sera beaucoup plus facile d'avoir ces
espèces de cristaux dans le pays que
je viens de décrire, que du Vésuve.
Ainsi donc comme le nom Vésuvien de

*Pitigliano*, seroit aussi incorrect que celui de Napolitain, de Toscane ; je propose à M. Werner lui-même, ainsi qu'aux autres minéralogistes, d'adopter le nom d'*idiocrase* que M. l'abbé Haüy a donné à cette sorte de cristaux, non-seulement comme plus propre qu'aucun autre à éviter tout équivoque ; mais encore en considération de l'Auteur qui l'autorise.

Les autres cristaux beaucoup plus abondans, et qui forment, pour ainsi dire, la matrice qui renferme les idiocrases ou vésuviens, sont tantôt à demi-diaphanes, noirs ou jaunâtres ; tantôt absolument diaphanes et d'une belle couleur de jacinte. Comme ils varient en couleur et en transparence, ils diffèrent de même par leur grandeur, leur dureté et leur figure.

Il y en a de petits comme des *pepins de raisin*, d'autres qui ont jusqu'à cinq lignes de longueur ; ceux-ci sont les plus rares, et les premiers les plus communs. Quelques-uns cèdent facilement à la lime, d'autres plus difficilement et mordent sur le verre. Cependant la plus grande partie sont moins durs que le cristal de roche. Enfin leur figure dérivant du paralellipipède romboïdal, dont les facettes ont des angles de soixante-dix-sept et de cent trois degrés, offrent dans leurs variétés des modifications très-remarquables (*).

Au premier abord j'ai balancé à décider, si je devois regarder ces cristaux comme autant de variétés des grenats, des jacintes ou des vésuviens eux-mêmes, avec lesquels je trouvois que ceux-ci m'offroient beaucoup de rapport ; mais en même

---

(*) Quelques-uns de ces cristaux, et sur-tout les noirs, tantôt s'éloignent peu de la forme primitive de paralellipipède romboïdal, que la cassure des angles ( *spigoli* ) réduit à un décaèdre romboïdal, comme on le voit dans la fig. 2, pl. 5, de Romé-de-l'Isle ; tantôt en tronquant encore deux angles opposés, ils acquièrent deux nouvelles facettes, et forment un dodécaèdre romboïdal ; tantôt enfin ils prennent la figure alongée d'un prisme octaèdre, terminés par des pointes dièdres à plans pentagones.

Différentes modifications diversifient la figure des cristaux jaunes, tant diaphanes que demi-diaphanes,

qui

même temps tant de différence, que mon esprit n'étoit point en repos. Mais dernièrement, en mettant en ordre le catalogue de mes minéraux pour la publication de ce voyage, et en les observant plus attentivement, je me suis enfin convaincu que j'avois raison de ne plus les considérer comme des jacintes ou des grenats; et ces cristaux n'ayant encore été décrits par personne, et étant ou absolument ignorés, ou au moins non nommés encore, j'ai jugé convenable de leur donner le nom de *colophonites*, à cause de la grande ressemblance de leur couleur et

---

qui, au reste, présentent ordinairement dix - huit facettes, six rhomboïdales et douze hexagones. Je m'étois donc apperçu que ces cristaux jaunes et noirs avoient des caractères extérieurs différens de ceux que je connoissois; mais il étoit nécessaire d'en donner une autre preuve, au moyen de l'analyse chimique, je l'avois même déjà commencée, lorsqu'une ophtalmie opiniâtre m'a obligé de l'interrompre et de la différer. Ne voulant pas retarder davantage la publication de ce volume, je me réserve de donner dans le suivant le résultat de cette analyse, et peut-être même les figures des cristaux.

D

de leur transparence avec la colophane, selon les divers degrés de sa cuisson. Il me semble, en outre, que la *colophonite* pourroit être réunie aux autres cristaux que M. Werner comprend sous le nom générique de grenat.

Au surplus, ces masses cristallines vraiment riches et magnifiques forment une des parties les plus précieuses de ma collection en Toscane, que les productions du territoire de *Pitigliano* ont notablement augmentée.

Le tuf de ces environs, récemment tiré de terre, est tendre et facile à tailler; mais quand il a séjourné quelque temps à l'air libre, il y acquiert une telle dureté et une telle consistance, qu'il devient très-bon pour bâtir. C'est ainsi que j'ai vu à Naples des blocs de tuf équarris en sortant de la carrière, puis, endurcis au grand air, servir à la construction des maisons de cette ville. On voit dans les environs de *Pitigliano*, comme à Naples, à Rome, à *S. Lorenzo alle Grotte*, et dans d'autres pays volcaniques , un grand nombre de grottes creusées sans peine dans le tuf , et dont les parois durcies par l'air et par le temps , sont devenues des espèces de murailles extrêmement solides.

Le *Monterosso* est une colline éloignée de *Pitigliano* d'environ quatre milles , sur le chemin qui conduit à *Farneze*. Cette colline et les champs adjacens , présentent une prodigieuse quantité de morceaux arrondis et émoussés de de pierres-ponces, que quelques-uns appellent lave celluleuse ; (*) elle est ou noire ou roussâtre, toute remplie , soit à

_______________

(*) Je ne ferai jamais cette distinction parmi les pierres-ponces, parce que leur aspect fibreux ou non-fibreux , leurs cavités oblongues ou arrondies , n'indiquent autre chose que le temps et la manière dont elles ont été en fusion , et dont elles se sont refroidies et endurcies. L'observation de l'abbé *Spallanzani* à cet égard, est décisive ; il trouva dans l'isle de *Lipari*, des pierres-ponces, les unes fibreuses , les autres celluleuses , mêlées indistinctement ensemble ; ce qui est un indice certain de l'identité de leur origine.

D 2

l'extérieur, soit intérieurement, de cellules rondes auxquelles elle doit son extrême légéreté. Quelque part qu'on tourne ses regards , on ne voit que d'immenses résultats d'un ancien état de combustion ; tufs compactes , tufs tendres et celluleux, scories, pierres-ponces, cendres, ou pour mieux dire , sables volcaniques : voilà ce que l'on trouve en abondance depuis le fleuve *Fiora*, jusqu'à *Pitigliano* , *Soana* , *Sorano*, *Castellottieri* , *Montorio* , et presque dans toute cette partie de la Toscane. Les contrées volcaniques de l'Etat de Rome suivent immédiatement après et sans interruption. Du côté de *Farnese*, soit qu'on s'avance de *Valentano* et par les campagnes inférieures, soit qu'on prenne au-dessus par *Onano* , *Proceno* , *Acquapendente* , *S. Lorenzo* , *monte Fiasconi*, etc., on arrive à Rome en marchant continuellement sur des amas larges et profonds de substances qui ont été vomies par le feu.

Je crois qu'il seroit fort inutile de rechercher les cratères , les bouches volcaniques, enfin le foyer principal d'éruptions aussi nombreuses et aussi étendues. Si on considère, que tous ces pays volcanisés sont entourés de tous côtés d'antiques fonds de mer, on s'imaginera facilement qu'ils ont pu prendre naissance dans ces abîmes profonds.

Ces bancs de tuf, de pouzzolane, de scories, de pierres-ponces, ces lits de sables volcaniques, qu'on nomme cendres, tous réellement horizontaux, uniformes et réguliers, n'éloignent pas l'idée de ces jets tumultueux et de la confusion qui accompagne les éruptions. Il est étonnant combien ils ressemblent à ces dépôts successifs des eaux de la mer, qui ont formé de plusieurs substances, ces lits de gravier, de limon, de tuf, de pierre de grès, de pierre cicerchine, et des dépouilles de vers et de coquillages. (*)

---

(*) Une personne digne de foi m'a assuré avoir vu des coquillages marins dans le tuf qui se tire des environs de *Pitigliano*, mais je n'en ai jamais trouvé ( *Note de l'Auteur.*)

D 3

Cette idée me vint d'abord à l'esprit; mais prévenu et enthousiasmé comme je l'étois du projet de trouver les anciens cratères, et trop prompt à prendre pour tels, tantôt le sommet des montagnes voisines, tantôt les profondeurs accidentelles du sol, ou bien les lacs eux - mêmes, que mon imagination me présentoit comme des montagnes, autrefois ignivomes, et qui ensuite s'étoient enfoncées, j'avois rejeté cette conjecture comme une illusion chimérique; cependant quelque temps après, je cessai de la regarder comme telle, et elle se changea bientôt en une opinion bien déterminée, lorsque combinant ce que j'avois vu en ce genre, dans le territoire de Rome et de Naples, je retournai visiter dans celui de *Pitigliano* ces lits non-seulement de pierres-ponces, qui toutes prouvoient évidemment, par leur forme ronde, qu'elles avoient été roulées et usées par l'agitation des eaux, mais encore de cailloux mêmes ou de gros graviers qui absolument étrangers à ces lieux, prouvoient très-bien l'action des eaux.

Il paroît évident, que des volcans beaucoup plus nombreux et plus fréquens, éclatoient du sein même de la mer, tels qu'on en voit encore aujourd'hui plusieurs. Les matières qu'ils vomissoient, leurs décombres mêmes ou jetés sur les côtes par les flots qui les y déposoient successivement, ou précipités et accumulés dans les abîmes profonds des mers, donnèrent sans doute naissance à ces amas, à ces couches et à ces roches volcaniques, qui par l'éloignement presque simultané ou postérieur des eaux, se prolongent fort avant dans le continent. Si dans ce moment on ne voit plus de vestiges, de bouches ou de cratères de volcans, il peut se faire que ceux-ci, enflammés ou seulement existans, subsistent néanmoins sur la surface de la terre, à une grande distance de ces lieux avec lesquels ils n'ont plus la communication qu'ils avoient jadis par les eaux. Peut-être après s'être écoulés se sont-ils enséveli pour toujours dans les abîmes de la mer, d'où la force du feu les avoit fait sortir.

Ce n'est donc pas immédiatement le feu ni les éructations convulsives des volcans, mais bien les transports et les dépôts successifs et réguliers des eaux de la mer qui formèrent jadis ces couches immenses, ces rochers, ces bancs parallèles et si bien rangés de substances volcaniques, qui s'étendent depuis *Soana* et *Pitigliano*, jusques dans les basses provinces de l'Italie Cisappennine.

Peut-être que celui qui est trop prévenu en faveur des éruptions fangeufes, qui n'aura vu ces amas immenses de productions volcaniques qu'avec l'œil du préjugé, et qui enfin se laissera trop entraîner par l'autorité, trouvera extraordinaire et absurde l'hypothèse que je viens d'avancer; mais si l'on examine les circonstances que j'ai exposées ; si, dénué de toute prévention , on se donne la peine, comme j'engage beaucoup à le faire, d'observer avec attention la vaste contrée que j'ai décrite, on se convaincra que les matières déjà vomies par la violence des éruptions, y ont été non-seulement transportées et déposées par les eaux de la mer, mais encore que le voisinage même des volcans, qui brûlent aujourd'hui, fournit une foule d'exemples de ces antiques transports et de ces dépôts.

Il est possible encore que mon opinion à cet égard soit susceptible de concilier l'extrême différence des sentimens, et les vives controverses de quelques philosophes, qui de nos jours ont exclusivement attribué à l'opération du feu la formation de certains minéraux, que d'autres ont constamment considérés comme le produit des eaux, ou comme formés par le concours de ces deux agens.

Mais je ne veux pas dans ce moment, trop m'éloigner du plan que je me suis tracé, et me bornant actuellement à exposer mes idées, je vais continuer la relation de mon voyage. (*)

Avant de partir de *Pitigliano*, nous visitâmes une source d'eau minérale, qui en est éloignée de trois milles. On l'appelle

---

(*) Une circonstance bien propre, à ce que je crois, à appuyer mon hypothèse, c'est que dans tout ce pays volcanisé, je n'ai pas trouvé un morceau de lave compacte ni de basalte. Il est donc très-possible que les eaux de la mer y aient transporté d'une grande distance, des scories, des pierres-ponces, des cendres, des terres, des cristaux et autres substances semblables incohérentes et légères, vomies par le cratère : mais les laves en fusion, compactes et pesantes, ont dû, en se refroidissant, se consolider et en rester peu éloignées. Dans le seul hallier presque impénétrable *del Lamone*, on trouve dans le plus grand désordre des amas de gros quartiers entassés sur les autres, d'une espèce de pierre caverneuse, qui a beaucoup de rapport avec la lave; mais en même temps, ce pays aplani n'offre aucune apparence de bouche, de cratère, ni aucune trace de courant de lave en fusion.

l'*acqua del bagno* ; elle sort de terre sur la rive du torrent *Orientina*. Elle est chaude : sa température étoit alors de trente-un degrés, tandis que le thermomètre n'en indiquoit à l'ombre que dix-huit. Elle est limpide, inodore et d'un goût acidule ; elle bouillonne, en laissant échapper des bulles d'un fluide aériforme ; elle reste en cet état dans toutes les saisons ; ce fluide aériforme est le gaz acide carbonique. Les réagens chimiques m'ont fait connoître que le sulfate de chaux y domine, avec une certaine quantité de carbonate de chaux, et quelques portions de sel, qui probablement est le sulfate de soude.

La quantité de sulfate de chaux dont elle surabonde, en rendant cette eau moins active, nuit beaucoup à l'utilité dont elle pourroit être aux environs. L'abandon où on l'a laissée, et sa position qui resemble plutôt à une mare qu'à un bassin, en rend l'usage extrêmement difficile pour l'extérieur ; cela n'empêche pas un grand nombre de personnes de s'y aller baigner, et j'ai entendu raconter plusieurs exemples des bons effets qu'elle a produits.

Enfin, nous quittâmes *Pitigliano*, que nous nommions en plaisantant notre Capoue, et nous allâmes visiter *Soana* qui en est peu éloignée.

*Minéraux du territoire de* Pitigliano.

Groupes de vésuviens et de colofonites jaunes, petites, à demi - diaphanes. *Dans les champs qui dominent la Madonna del Gradone.*

Grandes masses de ces mêmes cristaux de diverses couleurs. *Dans les champs de la ferme del Pantano.*

Deux groupes de superbe colofonite, transparens, brillans, durs, et de couleur vive. *Au même endroit.*

Tuf jaunâtre avec des noyaux *tufacés*, de couleur plus foncée. *Dans les grottes creusées près de la Fortezza, immédiatement au sortir de Pitigliano.*

Tuf cendré, consistant, parsemé de quelques fragmens de *leucites* opaques appelées autrefois grenats blancs du Vésuve, et placé par couches dans les rochers de tuf jaunâtre.

Tuf plus obscur, plus consistant, presque entièrement silicé, disposé par bancs diftincts dans ces mêmes rochers.

Tuf plus brun, avec quelques *leucites. Au même lieu.*

Tuf endurci à l'air, un peu celluleux et léger.

Tuf cendré, plus compacte, dur, tout parsemé de *leucites* infiniment petites. *Dans les rochers qui environnent Pitigliano* (*).

Le même plus tendre, avec des *leucites* plus rares et plus grosses. *Ibid.*

---

(*) Un morceau de ce tuf, exposé sans addition pendant plusieurs heures au feu de fusion, s'est fondu et a produit un verre de couleur jacinte fort beau.

Autre tuf de consistance de pierre, de couleur grise, avec des *leucites* rondes et très-petites. *Ibid.*

Mottes de tuf cendré avec des fragmens de scorie noire et celluleuse, dans lesquels sont mélangés des *leucites* et de petit cristaux de *feld-spath* en petites lames alongées et romboïdales. *Ibid.*

Glèbes de sable volcanique moins cohérentes, avec un grand nombre de *leucites. Ibid.*

Tuf de couleur d'orange, avec fragmens de scorie noire. *Ibid.*

Scories noires, celluleuses, très-fragiles, toutes parsemées de *leucites* et de cristaux de *feld-spath*, dont la cassure est luisante et donne les couleurs de l'iris. *En masses détachées parmi le tuf* (*).

-----

(*) J'en ai tenu un morceau pendant seize heures à un feu de fusion, j'en ai obtenu un émail noir un peu celluleux, et couvert d'une croûte opaline.

Scories noires, celluleuses, plus pesantes que les précédentes. On y trouve les marques d'une fusion imparfaite. *Ibid.* (*)

Pierres-ponces blanchâtres, détachées du tuf. Plusieurs des morceaux de *feld-spath* qu'elles contiennent, ont subi un commencement de fusion, et sont couchés en filamens ou fibres.

Petite boule volcanique, ou ame de roche ronde, formée d'un empâtement de tuf brun, et un peu feuilletée en lames concentriques. *Dans les rochers situés au midi de Pitigliano.*

Papilles noirâtres, et gris, poreux, légers ; quelques-uns sont durs et étincellent sous l'acier. Ce sont des fragmens

---

(*) Un morceau de ces scories, tenu pendant environ seize heures au feu de fusion, m'a donné un émail noir couvert d'une croûte opaline, luisante et fort belle. Celui-ci, et l'émail obtenu de l'autre scorie, m'ont confirmé la judicieuse opinion de l'abbé *Spallanzani*, qui pense que les laves exposées à un plus haut degré de chaleur, deviennent scories, et que celles-ci, exposées elles-mêmes à un feu plus violent, passent à l'état d'émail ou de verre.

arrondis ou de pierres-ponces, où de tuf endurci avec de très-petites *leucites*; on les voit disposés par couches dans les rochers de tuf.

Pouzzolane noire, très-chargée d'oxide de fer. *Elle forme des lits considérables au-dessous du tuf.*

Sable volcanique, gris, incohérent, et tout parsemé de différens lapilles ou fragmens de pierres-ponces, de tuf, etc. C'est ce qu'on a coutume d'appeler improprement cendre de volcans. *En dessus dans les piaggie del Gradone.*

Terre extrêmement blanche, dans laquelle se trouvent en abondance des fragmens cristallins transparens et très-durs de *leucite jaline*; c'est-à-dire d'*ialite. Dans les excavations au-delà de la* P*orta di* S*otto* (*).
Sable

---

(*) Ces fragmens sont polyèdres, souvent émoussés et arrondis. Je les ai analysés; voici les substances dont elles sont composées :

| | |
|---|---|
| Silex. . . . . | 064. |
| Argile . . . . . | 030. |
| Chaux . . . . . | 006. |

La

Sable chargé de très - petites lames de fer spéculaire attirable à l'aimant. *Abondant dans les fossés et dans les ruisseaux des environs de Piti-gliano.*

Tuf jaunâtre qui forme des bancs très-épais, contenant de vrais lapilles, des paillettes de mica brun, et de petits prismes hexaèdres de scorille noir. *Tout près des sources de l'eau des fontaines.*

---

La terre blanche m'a donné ensuite :

| | |
|---|---|
| Silex. . . . . | 064. |
| Argile . . . . | 028. |
| Chaux . . . . | 004. |
| Oxide de fer . . | 004. |

Ainsi la composition des morceaux d'ialite et de la terre blanche, à l'exception de la petite portion d'oxide de fer qui se trouve dans cette dernière, est absolument la même, parce qu'on ne doit compter pour rien la petite différence dans la quantité de chaux. Je suis tenté de croire que lors du grand froissement, qui anciennement émoussa ces cristaux polyèdres, la terre blanche qui les enveloppe aujour-d'hui, a été formée par le résultat de l'érosion et de la violente trituration qu'ils éprouvèrent.

E

Pierre-ponce très-légère, à petites cellules rondes. Elle se trouve en gros morceaux arrondis tantôt bruns, tantôt rougeâtres ; toutes ses petites cavités sont émaillées d'une couche vitreuse. *Dans le champs de la ferme de Gianninapoli sous le Montebono.* (*)

Pierre brune, spongieuse, pesante, dure, étincelante, inaltérable aux acides, et parsemée de cristaux de *feld-spath. Elle forme des amas informes dans le hallier du Lamone.* (**)

Travertins calcaires, solubles avec effervescence dans les acides. Ils forment des bancs continus au-dessous des rochers de tuf. *Auprès du torrent Meleta · sous Pitigliano.*

---

(*) Soumise pendant seize heures au feu de fusion ; elle se fond en un émail opaque noir.

(**) C'est la seule pierre de toute cette contrée qui se rapproche de l'état de lave compacte : elle a beaucoup de rapport avec le *peperino* extrêmement dur, dont on fait les meules de moulin au *Montamiata.*

*Plantes du territoire de Pitigliano.*
## Autour de la terre.

Gypsophila saxifraga.
Thymus acinos.
Cardamine impatiens.
Turritis hirsuta.
Epilobium montanum.
Anthirrinum oruntium.
Reseda phyteuma.
Carduus leucographus.
Thalictrum aquilegifolium.
Vicia cracca.
——————— serratifolia.
Digitalis ferruginea.
Juglans regia.
Rumex acetosella.
Coronilla emmerus.
Campanula speculum.
Pisum ochrus.
Ligustrum vulgare.
Arctium lappa.
Centaurea cyanus.
——————— splendens.
——————— jacea.
Galega officinalis.
Lapsana zacintha.
Scultellaria peregrina.
Corylus avellana.
Fagus castanea.
Carpinus betulus.

Carpinus ostrya.
Acer campestris.
——————— Monspessulanum.
——————— pseudo-platanus.
——————— platanoïdes.
Spartium scoparium.
Helleborus fœtidus.
Osyris alba.
Celtis australis.
Cistus incanus.
Scrophularia betonicifolia.
——————— canina.
Sinapis alba.
Herniaria glabra.
Conium maculatum.
Artemisia vulgaris.
Veronica officinalis.
——————— agrestis.
——————— arvensis.
Gnaphalium stœchas.
Urtica urens.
——————— dioïca.
Scorzoneria picroïdes.
Hieracium cymosum.
Nardus stricta.
Bromus pinnatus.
Ammi majus.
Salvia sclarea.

E 2

*Inula salicina.*
——— *odora.*
*Gentiana centaurium.*
*Orobus niger.*
——— *tuberosus.*
*Geranium lucidum.*
*Dianthus armeria.*
*Trifolium incarnatum.*
*Mespilus Germanica.*
*Ferula ferulago.*
*Hippocrepis comosa.*

*Polypodium vulgare.*
——— *aculeatum.*
*Adiantum capillus veneris.*
*Asplenium scolopendrium.*
——— *trichomanes.*
——— *adiantum nigrum.*
*Lichen perlatus.*
——— *caninus.*
——— *resupinatus.*
*Hypnum alopecurum.*
*Marchantia conica.*

## Au bain de *Pitigliano.*

*Veronica anagallis.*
*Epilobium hirsutum.*

*Mnium hygrometricum.*

## A la *fonte dell' Oro.*

*Veronica beccabunga.*
*Sisymbrium nasturtium.*
*Cyperus longus.*

*Asplenium scolopendrium.*
*Viola tricolor.* Var. bicolor.
*Reseda luteola.*

## Au *Tosteto.*

*Pteris aquilina.*
*Geum urbanum.*
*Ilex aquifolium.*
*Thesium linophyllum.*
*Ononis reclinata.*
——— *minutissima.*
*Hippocrepis unisiliquosa.*
*Satureja montana.*

*Agrostemma githago.*
——— *coronaria.*
*Fragaria vesca.*
*Lotus ornithopodioïdes.*
*Thymus serpyllum.*
*Marrubium vulgare.*
——— *candidissimum.*
*Rubus cæsius.*

## Dans le *Pozzo dell' Orco.*

Chærophyllum sylvestre.
Geranium Robertianum.
Ficus carica sylvestris.

Asplenium scolopendrium.
————— ceterach.
Polypodium vulgare.

## Au *Pantano.*

Althæa officinalis.

Scirpus holoschœnus.

## Au *Voltone.*

Œnanthe pimpinelloïdes.
Rumex acetosella.
Trifolium pratense.
Campanula rapunculus.

Hypochœris radicata.
Ægilops ovata.
Quercus cerris.

## Dans la *Macchia del Lamone.*

Juglans regia.
Sorbus domestica.
Ilex aquifolium.
Fagus sylvatica.
Carpinus betulus.
Cratægus oxyacantha.
————— torminalis.
————— monogyna.
Evonymus Europæus.
Allium vineale.
Agrimonia eupatorium.
Ajuga reptans.
Melittis melissophyllum.
Betonica officinalis.

Tilia Europæa.
Acer pseudo-platanus.
————— campestris.
Carpinus ostrya.
Scrophularia vernalis.
Sanicula Europæa.
Circæa Lutetiana.
Tussilago farfara.
Momordica elaterium.
Erysimum alliaria.
Thalictrum aquilegifolium.
Ornithopus compressus.
Herniaria hirsuta.

Vers la rivière *Fiora*, sur le chemin qui
conduit à *Saturnia*.

| | |
|---|---|
| *Silene armeria.* | *Mespylus pyracantha.* |
| *Euphorbia cyparissias.* | *Trifolium rubens.* |
| *Sisymbrium pyrenaïcum.* | |

# CHAPITRE V.

## *Soana* et *Sorano*.

A trois milles de *Pitigliano*, on trouve
l'ancienne ville de *Soana*, où résidoit
autrefois l'évêque de ce diocèse ; le mauvais air l'a obligé depuis long-temps d'établir ailleurs sa demeure.

Cette ville est bâtie sur une vaste
esplanade, soutenue tout autour par des
roches de tuf extrêmement élevées, sur
la cime desquelles les murs sont établis.
La vaste enceinte de cette ville, ses rues
droites, parallèles, longues d'environ
un demi-mille, et bordées de nombreux
édifices, à demi ou entièrement détruits,

les restes de la citadelle et du palais des comtes et de l'aqueduc ; démontrent assez combien elle étoit grande et remarquable autrefois , lors même que l'histoire et la tradition ne nous l'assureroient pas. Elle existoit à une époque où les Etrusques n'avoient pas encore été subjugués par les Romains , dont elle devint une colonie. Il paroît que dès le septième siècle elle fut le siége d'un évêque , dont la signature se trouve sous ce titre dans le troisième concile de Constantinople. Mais la tradition rapporte qu'elle fut érigée en évêché dès le quatrième siècle. Les Comtes *Aldobrandeschi* possedèrent cette ville pendant long - temps ; elle passa ensuite par droit d'héritage aux *Orsini ;* puis elle tomba au pouvoir de la république de *Sienne* qui en fit la conquête. Aujourd'hui elle est presque entiérement anéantie : c'est avec raison que les *Pitiglianois* l'appellent la cité de Jérémie. Les dévastations des

Barbares venus du Nord, les guerres civiles des siècles postérieurs à l'an mille, les ravages, les destructions et l'abandon où resta presque toute la *Maremme* dans des temps encore plus voisins de nous, furent les causes premières de l'état de décadence où nous voyons aujourd'hui *Soana*. A ces causes se joignirent ensuite plusieurs raisons physiques, conséquences nécessaires des premières; telle que la dispersion des eaux excellentes qui venoient à la ville, mais dont l'aqueduc est rompu et abandonné; les bois élevés et épais qui se sont élevés tout autour, en empêchant la libre circulation de l'air, ont rendu son atmosphère extrêmement humide et mal-saine. Le lit mal-propre et encombré des deux torrens qui tournent autour de la la ville, et retiennent en été des eaux dormantes et qui croupissent, empeste tout le voisinage. Voilà ce qui fait qu'aujourd'hui sa population en hiver n'excède pas deux cents ames, et est encore beaucoup moindre en été. Avec cela il ne seroit ni difficile ni dispendieux de tirer cette ville de l'état de désolation dans lequel elle languit, si le voisinage & les circonstances aujourd'hui plus favorables de *Pitigliano* et de *Sorano* n'y mettoient une sorte d'obstacle. Ce qu'il y a actuellement de plus remarquable à *Soana*, c'est l'églife Métropolitaine qui vient d'être réparée & rétablie dans son ancienne simplicité : on peut dire qu'elle est belle et digne d'être conservée.

Tout le pays circonvoisin est, comme à *Pitigliano*, formé d'amas de matières volcaniques de la même nature, et disposées dans le même ordre que j'ai rapporté ci-dessus.

Curieux de savoir s'il n'y avoit pas dans les environs des mines de quelques espèces de minéraux , nous prîmes des informations parmi les gens du pays ; l'un d'eux nous conduisit pour nous en montrer une qu'il nous dit être très-considérable. Après une marche pénible pendant laquelle nous eûmes à essuyer les cha-

leurs du plein midi, nous trouvâmes cette
fameuse mine métamorphosée en un
chemin public taillé dans le tuf, près
du torrent appelé la *Fonollia*, peut-
être parce qu'il y avoit eu autrefois dans
cet endroit un moulin à foulon. Ce
chemin est étroit et si profondément
creusé dans le tuf, que ses côtés ont
vingt-cinq à trente brasses de hauteur per-
pendiculaire. Les chemins de cette espèce
s'appellent dans le pays *cava*; c'est ce
qui fut cause de notre erreur.

Nous partîmes ensuite pour *Sorano*.
Après avoir fait un demi-mille de chemin
au pied des montagnes de *Soana*, d'où
arrivoient par un aqueduc, les eaux
excellentes dont nous avons parlé, les
subſtances volcaniques disparurent tout-
à-coup, et furent remplacées par la pierre
de grès et la pierre cicerchine, qui vont
se réunir supérieurement avec le pays
calcaire au nord et au nord-est.

En descendant ensuite sur la gauche,
nous arrivâmes au *Poggio della Croce*,

tout près du mont Saint-Elme , que nous avions déjà visité. Nous y trouvâmes une grosse masse calcaire à la superficie , et dont l'intérieur étoit composé de stéatites. La partie calcaire est parsemée de petits fragmens d'asbeste de diverses couleurs qui se trouve encore plus abondant dans les stéatites rougeâtres , ou bien en forme de couches sur leur superficie , tantôt erratique et de couleur verte , tantôt céleste ou blanc , ou bien d'un vert de mer. L'asbeste par couches ainsi que l'erratique , est plus souvent lamelleux et compacte que fibreux. La terre même des campagnes est remplie de fragmens d'asbeste. Nous trouvâmes encore aux pieds de cette colline des cristaux de roche enchâssés dans cette brèche stéatitique.

Ne trouvant rien de plus dans ce pays calcaire , nous reprîmes le chemin de *Sorano* , dont nous nous étions fort éloignés ; en nous rapprochant de son territoire , nous retrouvâmes le tuf , les scories , et les autres

matières qui rendent aux yeux du naturaliste le pays absolument semblable à
celui de *Pitigliano* et de *Soana*. Nous
allâmes loger à *Sorano* chez *M.* *Scipione
Selvi* mon ami.

Cette terre, qui appartenoit jadis aux
comtes *Aldobrandeschi*, faisoit partie du
comté de *Pitigliano*, dont elle suivit le
destin. Aujourd'hui elle est gouvernée,
quant au civil, par un *Potesta*, et elle
relève pour le criminel, du Vicaire
royal de *Pitigliano*. L'air qui n'y est pas
vicié comme à *Soana*, y a ramené et
maintenu une population d'environ mille
ames, nombre considérable à proportion de la grandeur du lieu. Les maisons sont adossées autour d'un rocher de
tuf de figure irrégulière, et sont bâties
les unes au-dessus des autres. Il n'y a pas
une seule maison, si petite qu'elle soit,
dont la porte ne soit décorée de quelque
ornement d'architecture sculpté dans la
pierre, à raison d'une ancienne ordon-
nance du Corps municipal, qui décernoit

des récompenses à ceux qui se distinguoient par ces ornemens.

Au-dessus du pays caché autour des rochers de tuf, on voit la forteresse bâtie autrefois par le Comte *Niccolò Ursini* dans le seizième siècle ; le grand Duc Ferdinand I. y fit quelques agrandissemens ; mais aujourd'hui elle est à demi-détruite et en grande partie abandonnée.

Le tuf, facile à tailler et qui se durcit à l'air, a donné ici comme à *Pitigliano* la facilité de creufer des chambres, des magasins et des caves dont deux entre autres appartenant à Messieurs *Selvi*, sont d'une beauté surprenante, et vraiment magnifiques dans leur genre. Elles forment, hors de terre, de véritables colombiers ; leurs murs intérieurs sont divisés en une foule de petites niches quarrées, creusées dans le tuf, pour faire nicher des pigeons. Ces oiseaux ainsi que les colombiers faisoient partie des réserves, dont les Comtes étoient si cruellement jaloux, et au moyen desquelles ces petits despotes maintenoient leurs priviléges et leurs plaisirs exclusifs : d'où il résultoit qu'un pigeon, un lièvre ou un poisson sembloit avoir à leurs yeux plus de prix que l'existence d'un de leurs vassaux.

A la beauté des caves de *Sorano* correspond parfaitement la bonté des vins blancs, non pas doux, mais très-clairs et très-spiritueux, que les vignes voisines, qui sont très-bien cultivées, fournissent non-seulement aux *Soranois*, mais encore aux pays de la plus basse *Maremme*.

Après avoir examiné les roches de tuf et les lits de substances volcaniques les plus remarquables, nous ne trouvâmes absolument rien que nous n'eussions déjà vu à *Pitigliano*, à *Soana* et à *Castellotieri*. Mais au *Poggio Bindi*, à un mille de *Sorano*, il y a une carrière de marbre rouge veiné de blanc susceptible d'un assez beau poli pour servir dans les ornemens d'architecture. En remontant ensuite vers la ferme de *Monteciterna*, nous trouvâmes un rocher de pierre calcaire fissile et rougeâtre.

Ce marbre, ces pierres calcaires sont pareillement environnés de terres et de pierres volcanisées ; or, si ces dernières avoient été jetées et accumulées dans ces lieux immédiatement par la violence du feu, comment se feroit-il que ces bancs immenses et continus de pierres calcaires n'eussent pas été altérés et décomposés, & se présentassent, comme nous le voyons, aussi intacts que dans les lieux où il n'y a pas d'apparence de volcan ? Il paroît très-certain que le marbre et la pierre calcaire existoient avant les atterrissemens et les dépôts de substances marines qui vinrent les couvrir, les environner, puis les recouvrir encore des produits volcaniques que les flots de la mer, comme je l'ai déjà observé, transportoient d'une très-grande distance.

Sur l'avis que nous reçûmes qu'il se trouvoit quelques pierres curieuses au

*Poggio del Tesoro*, à six milles de *Sorano*, sur les derniers confins de la Toscane, nous nous déterminâmes à l'aller visiter. Nous traversâmes un pays absolument volcanisé : arrivés à cette colline que nous examinâmes dans tous ses points, nous ne trouvâmes qu'un tuf jaunâtre un peu celluleux, qui en formoit la charpente ; mais vers son sommet à son penchant méridional, nous rencontrâmes plusieurs groupes plus ou moins gros de cristaux jaunes, verts, bruns et noirs, les uns diaphanes, les autres à demi-diaphanes ou bien absolument opaques. Ces masses se sont trouvées être absolument des masses de colofonites et d'idiocrases, décrites dans le chapitre précédent ; elles n'en diffèrent qu'en ce que l'on voit mêlées dans leur capacité un grand nombre d'olivines plus ou moins transparentes. Ces olivines forment aussi quelquefois des groupes distincts, sans mélange d'aucune autre substance.

Plusieurs

Plusieurs cristaux de colofonites sont prolongés de telle manière qu'ils semblent des prismes octaèdres terminés par une pointe dièdre ; mais examinés avec attention, on voit que leur figure est une modification du parallélipipède rhomboïdal, prolongée d'un côté et incomplète, de façon qu'elle a l'air d'un prisme hexaèdre.

Cette variété de la colofonite est celle que l'abbé Haüy a nommée *Pirosseno*, ainsi que plusieurs autres *scorilles des volcans*, quoique ce cristal ne soit pas scorille ni exclusivement propre aux volcans. (*) Il y avoit cependant des prismes hexaèdres de mica qui ne sont point attirables

---

(*) Il n'y a personne aujourd'hui, à ce que je crois, qui ne reconnoisse que les *scorilles*, les *olivines*, les *vésuviens*, les *leucites*, les *quartz*, et autres semblables pierres cristalisées (que plusieurs croyoient autrefois un vrai produit des volcans, parce qu'elles se trouvent fréquemment parmi les matières qu'ils ont lancées), sont réellement antérieures aux volcans mêmes, qui les ont vomies le plus souvent peu ou point du tout altérées.

F

à l'aimant. Enfin nous fîmes dans cet endroit une ample récolte, et nous nous chargeâmes passablement, nous, nos chevaux et celui de notre guide.

Auprès de *S.ª Maria dell'Aquila* entre *Sorano* et *Pitigliano*, il y a une source d'eau minérale que nous fûmes visiter. Elle est un peu chaude ; elle fit monter à dix-neuf degrés mon thermomètre qui à l'air libre en marquoit vingt - cinq. Elle a un goût légérement acidule ; elle sort en abondance du fond d'une espèce de baffin fort négligé, en laissant échapper des bulles d'un fluide aériforme qui est un gaz acide carbonique.

D'après cela, et d'après d'autres observations, nous conclûmes que cette eau est d'une nature très-ressemblante à celle du bain de *Pitigliano*, qui, à vol d'oiseau, n'en est pas éloignée de plus d'un demi-mille.

Un peu plus loin, dans un lieu nommé les *Bagnoli*, sont deux autres sources d'eau chaude. La plus considérable est celle que l'on appelle *l'acqua della buca dei fiori*. Sa température alors étoit de vingt-six degrés. Elle est inodore, a un goût légérement salé; elle dépose ou incrufte peu, et ne manifeste pas de changemens sensibles. Prise à la dose de douze ou quatorze verres, c'est-à-dire de huit à neuf livres pesant, elle purge avec activité; ce qui la fait rechercher de beaucoup de gens qui s'en trouvent bien.

A l'aide des réagens, on y découvre des sels sulfuriques et muriatiques, mais en petite quantité. Ces lieux sont environnés d'énormes rochers de travertin, produits, selon toute apparence, par le travail antique et journalier de ces eaux.

Je n'ai rien de plus à ajouter sur le territoire de *Sorano*, dont la structure naturelle a tant d'analogie avec celle du *Pitiglianois*, que j'ai suffisamment décrite.

Nous retournâmes donc du côté de *Pitigliano*, et en nous écartant un peu du chemin qui y conduit, nous passâmes par le *Casone*, ferme qui faisoit autrefois partie du grand Duché, mais qui appartient aujourd'hui à la famille *Franci*. Elle ne contient pas moins de cinquante individus tous parens, tant au premier qu'au second degré. Nous comptâmes jusqu'à quatorze enfans tous réunis par hasard dans la même chambre, et tous frères ou cousins ; le plus âgé avoit huit ans. La veuve de l'aîné des frères étoit à la tête de cette maison ; elle gouvernoit avec une autorité patriarcale ; la grande et la petite famille, où, comme nous l'avons observé en général dans tous les pays voisins, règnent la paix, l'union et la vertu au suprême degré. Les mendians qui y passent ne demandent jamais en vain l'aumône et l'hospitalité à ces bonnes gens, que les dernières années de disette, et leur nombre qui va toujours croissant, ont aujourd'hui réduits à un grand état de détresse.

Il me seroit difficile de faire partager les sentimens d'intérêt et de compassion que m'ont inspirés la bonté et le malheur

de cette famille extraordinaire et si digne
d'estime. Mais qui pourra me blâmer de
l'avoir tenté ?

Nous couchâmes le soir à *Pitigliano*,
d'où nous partîmes le lendemain pour
continuer nos courses projétées.

*Minéraux de* Soana *et de* Sorano, *etc.*

Tuf volcanique tiré des environs de *Soana*.
Il est jaunâtre, léger, et tout parsemé
de *leucites*, de petits morceaux de
pierres ponces et de petites pierres de
tuf plus solide. (*)

Leucites opaques, rondes, friables, qui
s'effeuillent en lames presque concentriques. *Tirées du tuf précédent.*

Pierre calcaire rougeâtre, parsemée de
petites particules d'asbeste. *Tirée du
Poggio della Croce.*

Asbeste solide, lamelleux et bleuâtre. *Ibid.*

---

(*) Ce tuf, tenu pendant seize heures au feu de
fusion, s'y est réduit en un verre opaque, noir,
couvert d'une croûte rougeâtre.

*Idem.* De couleur vert de mer, en larges carreaux comme des glaces. *Ibid.*

*Idem.* Disposé en fibres longitudinales de diverses couleurs. *Ibid.*

Brèche stéatitique et asbestine. *Ibid.*

Stéatites avec des cristaux de roche. *Ibid.*

Marbre rouge , fleur de pêcher, veiné de blanc. *Tiré des caves de Poggio Bindi , près de Sorano.*

Amas d'idiocrases brunes et de colofonites jaunes et noirâtres , et de différentes grandeurs. *Au Poggio de Tesoro ; elles sont absolument semblables à celles de Pitigliano.*

Amas des mêmes colofonites , mais plus dures , plus diaphanes , et en cristaux plus alongés. *Ibid.*

Macle d'idiocrases noires *Ibid.*

Amas d'olivines agroupées ensemble, sans autre mélange. *Ibid.*

Amas de colofonites et d'olivines. *Ibid.*

Colofonites noires en cristaux isolés , fins et tellement prolongés qu'ils ressem-

blent à des prismes de scorilles. *Ibid.*
Mica noir en prismes hexaèdres. *Ibid.*
Groupes de mica prismatique et de
colofonites noires prolongées. *Ibid.*
Tuf tout parsemé de paillettes de mica brun
et de très-petites colofonites noires. *Ibid.*

*Plantes recueillies ou vues à Soana.*

*Pulmonaria officinalis.*
*Digitalis ferruginea.*
——— *lutea.*
*Salvia glutinosa.*
*Ervum hirsutum.*
*Euphorbia dulcis.*
*Cardamine impatiens.*
——— *amara.*
*Dentaria bulbifera.*
*Ballota nigra.*
*Stachys sylvatica.*
*Coronilla emmerus.*
*Orobus vernus.*
*Lathyrus aphaca.*
*Conium maculatum.*

*Ranunculus lanuginosus.*
——— *muricatus.*
*Melica uniflora.*
*Mercurialis perennis.*
*Bryonia dioïca.*
*Cornus mas.*
*Fraxinus excelsior.*
*Pteris aquilina.*
*Adiantum capillus veneris.*
*Asplenium scolopendrium.*
——— *trichomanes.*
——— *adiantum nigrum.*
*Polypodium vulgare.*
——— *filix max.*
——— *filix fæmina.*

## Dans les environs de *Sorano.*

*Fagus castanea.*
——— *sylvatica.*
*Sanicula Europæa.*
*Conium maculatum.*

*Stachys sylvatica.*
*Reseda luteola.*
*Chærophyllum sylvestre.*

# CHAPITRE VI.

*Saturnia , Montemerano et Manciano.*

APRÈS avoir passé des chemins étroits , souvent taillés profondément dans le tuf et à travers un pays absolument volcanique , nous arrivâmes à la rivière *Fiora*, (*) qui est à cinq milles de *Pitigliano*, ensuite traversant des bois et des lieux sauvages , et rencontrant souvent des restes de l'ancien chemin consulaire de Rome , nous arrivâmes à *Saturnia*, qui est à six ou huit milles au-delà de la *Fiora ;* nous logeâmes dans la maison *Colonnesi.*

*Saturnia*, ancienne ville *Etrusque* et colonie Romaine , dès les temps de la république , est située sur une col-

_______________

(*) Cette rivière se trouve nommée en latin *Arminia ;* *Armines* , et *Armenta.* Voyez l'*Itiner. marit.* la *Tav. Peutenger*, etc.

line extrêmement agréable , terminée par une plaine fort large, qui est couronnée tout autour, au commencement de son penchant, par des rochers de travertin, sur-tout de l'est à l'ouest. C'est sur ces rochers que sont bâtis les murs de *Saturnia* ; ils sont presque entièrement détruits , mais leur enceinte peut avoir deux milles et demi de circonférence. Ces murailles, le fort et autres bâtimens détruits ou à demi-ruinés , datent des siècles postérieurs à l'an mille.

Les indices d'antiquité que l'on y découvre , consistent en quelques restes de murs réticulés, où sont des conserves d'eau souterraines en assez bon état, formant une enceinte quarrée que l'on croit être et que l'on appelle le *Bagno antico,* et en quelques restes de murs bâtis de gros quartiers de travertin équarris et sans ciment , selon l'usage *Etrusque.* On voit encore dans quatre côtés opposés , en venant à la ville, quatre voies consulaires ou municipales des Romains, dont

les pavés formés de larges pierres quarrées très - profondément enfoncées , et
taillées en pyramides tronquées , conservent encore à leur surface les traces antiques des chars.

Au reste , on a trouvé dans différens
temps de petites idoles , des monnoies ,
des vases , des tombeaux et des inscriptions Romaines dans *Saturnia* et dans la
campagne adjacente. Son exposition , les
oliviers qui s'y sont perpétués , et le nom
de *Giardini* que porte encore la côte méri-
dionale de la colline , prouve évidemment qu'elle étoit cultivée et décorée
autrefois comme le comportoient le territoire et une telle ville. Mais les Lombards ,
avant et après les guerres féodales ou
*Siennoises* , l'ont constamment désolée ,
ainsi que ses campagnes , de manière
qu'elle ne peut plus se rétablir. Aujourd'hui elle est presque abandonnée.
Une église paroissiale , quelques maisons
éparses dans un vaste terrain , habitées
en été par une trentaine de personnes ,

et par environ deux cents en hiver, à raison du concours des travailleurs de la montagne : voilà l'état de *Saturnia* moderne. La partie de la plaine qu'occupoient autrefois des édifices antiques, est réduit aujourd'hui à quelques jardins, et à sept ou huit *moggies* de terres labourables. Mais si le propriétaire s'applaudit d'y voir mûrir une abondante moisson, le voyageur gémit, en y contemplant le résultat des ravages et de la désolation. *Nunc seges ubi Troja fuit.*

Du côté du sud, au pied de la colline, est le *bagnio di Saturnia.* Il consiste en un grand bassin contigu à deux petits bains. L'eau sort du fond du grand bassin en bouillonnant fortement ; de là elle passe, en partie, dans les petits bains, se réunit ensuite dans une espèce de réservoir, et va, à peu de distance de là, faire tourner un moulin dont les roues et les charpentes qui touchent l'eau, sont couvertes d'un tartre blanc, ainsi que les pierres et les plantes sur lesquelles elle passe :

Cette eau est chaude et sulfureuse : sa puanteur, quand le vent est au nord, est insupportable : elle porte l'infection dans tout le voisinage et dans *Saturnia* même, par ses vapeurs épaisses et fétides. Elle sort, comme nous l'avons dit, en bouillonnant ; sa température fit élever mon thermomètre à trente degrés. Quand elle est en repos, elle perd promptement son goût sulfureux, mais elle conserve pendant quelque temps un goût acidule qui n'est pas désagréable : elle incruste de tartre calcaire compacte et de soufre, les parois et le fond du bassin et des lieux où elle passe. Gaz acide carbonique, gaz idrogène sulfuré, carbonate de chaux, solfate de soude et de chaux, et muriate de chaux : tels sont les principes dont les expériences que j'ai faites, m'ont fait voir qu'elle est composée.

Ces bains par immersion sont fort utiles aux hommes et aux animaux, dans la cure des maladies cutanées. On recueille le lotus chargé du soufre que l'eau a déposé au fond du bassin ; on en fait de petites masses rondes, et on le vend, ainsi séché, aux bergers, qui, après l'avoir ramolli dans l'eau, en font des frictions à leurs brebis quand elles ont la gale : ce remède est souvent très-efficace, à raison du soufre qu'elle contient.

Mais les sources de ces eaux minérales se trouvant au pied de la colline de *Saturnia*, qui est-ce qui a pu donner naissance à ces masses, à ces crêtes énormes de travertin qui dominent cette colline dans une si grande élévation ? Autrefois il y avoit des bains naturels dans cette ville, et on les y remarque encore : on a même vu, il n'y a pas très-long-temps, l'eau chaude sortir du fond de leur bassin. Cette circonstance et l'aspect des travertins me font croire, je pense avec raison, que dans une antiquité très-reculée, antérieure à la fondation de *Saturnia*, l'eau chaude du bain que nous voyons aujourd'hui, jaillissoit sur la cime aplanie, mais très-élevée de cette colline ; qu'en

y accumulant des incrustations et des sédimens , elle parvint à former ces masses
de travertin, qui, à force de s'élever et
de s'étendre , finirent par obstruer l'ouverture de la source, au point de la faire
disparoître : qu'ainsi ces eaux , forcées à
se faire jour ailleurs, furent obligées de
déboucher dans la plaine voisine , où on
les voit aujourd'hui, jusqu'à ce qu'elles
s'y soient formés de nouveaux obstacles ,
qui les obligent encore à changer leur
cours.

Du côté du couchant, à un mille de
*Saturnia* , on voit une autre eau minérale
sortir d'une roche de travertin. Ce lieu
se nomme le *Bagno Santo*. Cette eau est
accidule et saline, ce qui fait qu'on l'emploie comme apéritive et désobstruante.
Elle ne contient ni fer ni soufre , et avec
cela , elle est très-susceptible, par ses sédimens et par ses incrustations, de former
des tartres et des travertins.

Enfin , nous abandonnâmes les restes dé-
plorables de *Saturnia* pour aller à *Merano*,

bourg qui en est éloigné de trois milles. Il est situé sur une colline dont le noyau est de pierre de grès, et entouré d'oliviers touffus et vigoureux. Le nombre des habitans est d'environ quatre cents. Il y a jurisdiction civile, et il relève pour le criminel du Vicaire royal de *Manciano.*

Mais, ne trouvant rien qui pût exciter notre curiosité, à l'exception de quelques plantes que nous y recueillîmes, nous poursuivîmes notre marche jusqu'à *Manciano,* où nous arrivâmes après quatre milles de chemin. Mon compagnon de voyage y logea chez M. l'archiprêtre *Romoli,* et moi j'allai chez M. *Santori,* vicaire royal, dont l'habitation est située sur le sommet de la colline, dans l'ancienne forteresse dont on a fait un prétoire.

*Manciano* faisoit autrefois partie des possessions des *Aldobrandeschi,* d'où il passa aux *Orsini ;* et enfin aux *Siennois.* L'air passe pour y être médiocrement bon. Ses habitans, devenus plus aisés et plus industrieux par l'aliénation et par la répartition des biens communaux, montent à plus de sept cents en été, et environ à quinze cents en hiver; le pays augmente de jour en jour en population, en manufactures et en cultivateurs.

Son territoire n'offrit rien à nos recherches et à notre collection ; ce qui nous détermina à diriger promptement nos pas du côté de *Capalbio*, vers des contrées plus basses et maritimes.

Nous marchâmes à travers de vastes forêts de *cerri*, en nous détournant souvent tantôt à droite, tantôt à gauche ; en examinant les rochers et les plantes. Nous vîmes les bancs accoutumés de pierre de grès, de pierre calcaire massive ou fissile, et de schiste bleuâtre ; mais un peu plus sur la gauche, nous trouvâmes un pays tout siliceux, avec des cristaux de montagne, des quartz à demi-diaphanes et opaques, avec des brèches très-belles et fort dures dont j'aurai occasion de parler plus amplement dans la suite.

nous

Nous arrivâmes enfin à *Capalbio* , qui est à seize milles de *Manciano*, et nous y logeâmes chez D. *Giuseppe Mezzabarba*, chapelain - curé.

*Minéraux recueillis à* Saturnia.

Incrustations calcaires blanches, solubles et effervescentes dans les acides. *Formées par l'eau del Bagno di Saturnia.*

Petits pains de loto déposé par cette même eau. L'analyse m'a fait connoître qu'elle contient du soufre en abondance, un dixième de chaux , peu de fer et très-peu de silex.

Brèche silicée composée de petits cailloux quartzeux blancs et roses dans un ciment granuleux, rougeâtre , également siliceux. *Abondant entre Manciano et Capalbio.*

*Plantes recueillies ou observées aux environs de* Saturnia.

| | |
|---|---|
| *Cynosurus cristatus.* | *Dactylis glomerata.* |
| *Thymus serpyllum.* | *Medicago polymorpha intertexta.* |
| *Bromus mollis.* | |
| *Lolium perenne.* | *Morus nigra.* |
| *Malope malacoïdes.* | *Lotus siliquosus.* |

G

## Sur les murs de *Saturnia*.

Cynara cardunculus.
Veronica agrestis.
Euphorbia platyphyllos.
Cucubalus behen.

Ammi majus.
Convolvulus Cantabrica.
Plumbago Europæa. En italien *caprinella*.

## Aux bains de *Saturnia*.

Tamarix Gallica.
Reseda lutea.
———— phyteuma.
Ranunculus muricatus.
Samolus Valerandi.
Althæa officinalis.
Thalictrum flavum.

Ononis spinosa.
Spiræa filipendula.
Satyrium hircinum.
Scirpus holoschœnus.
———— palustris.
Juncus acutus.

## A Montemerano.

Lychnis dioïca.
Rubia tinctorum.
Erysimum alliaria.
———— officinale.
Myosotis lappula.

Bryonia dioïca.
Trifolium repens.
Chærophyllum sylvestre.
Geranium molle.
Lotus dorycnium.

# CHAPITRE VII.

### *Capalbio* et la *Marsiliana*.

*CAPALBIO* est un bourg situé au haut d'une colline qui domine une plaine très-vaste qui s'étend jusqu'à la mer, et d'où l'on découvre, du côté de la terre, une immense étendue de pays. Il faisoit autrefois partie de la comté d'*Aldobrandeschi*. Il passa aux *Orsini*, et puis sous la domination Siennoise en 1410, dont il suivit le sort. Il est aujourd'hui gouverné par un *Potesta*, et relève pour le criminel du Vicaire royal de *Manciano*.

*Capalbio* étoit autrefois très-florissant ; ses abondantes productions le mirent plus d'une fois dans le cas de subvenir aux besoins de la république de *Sienne*. Ses plaines fertiles se couvroient d'abondantes moissons ; les collines qui l'avoisinent étoient tapissées de vignes et de forêts d'oliviers. Aujourd'hui ses plaines sont hérissées de *farnie*, hêtres, de chênes, de cerres et de *marruche;* ses riches côteaux chargés jadis de vignes et d'oliviers, n'offrent plus que des bois et des halliers impénétrables, qui rassemblent des plantes inutiles, au milieu desquelles on trouve encore quelques ceps de vignes et quelques pieds d'oliviers sauvages, probablement les seuls restes de l'ancienne culture.

Quoique ce bourg soit sur une colline élevée et découverte, fort aérée et salubre en apparence, l'air y est cependant très-lourd en hiver, même dans le printemps, et très-mal sain et véritablement dangereux en été et pendant une grande partie de l'automne. Quelle peut être la fatale cause de l'altération et de la destruction de la santé, non-seulement des habitans de *Capalbio*, mais encore de ceux en général qui ont fixé leur séjour dans la *Maremme*. Ce n'est pas une cause seule, mais plusieurs qui concourent tantôt ensemble, tantôt en

partie à rendre foibles, maladifs et infir-
mes, les habitans de ces contrées. D'abord
les eaux stagnantes qui croupissent sans
mouvement dans les fossés, les marais,
dans les étangs, et qui exhalent toujours
des vapeurs empestées, et spécialement
lorsque la saison commence à se réchauf-
fer, lorsqu'elles viennent à se retirer
et à se dessécher en partie par la ces-
sation des pluies, et par l'action plus
vive des rayons du soleil. Alors les
plantes marécageuses qui se pourrissent
en restant à sec, donnent lieu à des
exhalaisons pestilentielles et fétides, qui
vont infecter tous les pays circonvoisins. De plus, le *schirocco* et les autres
vents du midi qui soufflent plus fréquemment en été, et qui ont naturellement
la propriété de causer la langueur, l'engourdissement, l'affaissement et la fièvre
même, lorsqu'ils passent sur les marais et
les étangs situés près de la mer, charient
avec eux des miasmes putrides, et vont
porter l'infection dans une fort grande

G 3

étendue de pays. D'un autre côté, les bois et les broussailles épaisses qui couvrent des terrains considérables, s'opposent à la libre circulation des vents de terre, et arrêtent les vents du midi, qui y entretiennent toujours une atmosphère humide ; aussi s'en exhale-t-il pendant la nuit un air pestilentiel, qui, par les raisons que j'ai dites, ne peut jamais se renouveler entièrement pendant le jour. En effet, on a remarqué que les maladies des habitans des *Maremmes* sont causées le plus souvent par les fraîcheurs du matin et du soir; ce qui me semble indiquer que les exhalaisons nuisibles des bois qui commencent le soir, ne sont dissipées le matin que long-temps après que le soleil s'est élevé sur l'horizon.

Il n'y a rien de si nuisible à la santé, que le défaut d'eau pure et salubre à boire. Dans la majeure partie de la *Maremme*, des eaux grossières, terreuses, pesantes, souvent infectées par la décomposition des vers et des insectes, provenues de fontaines bourbeuses, ou conservées sans précaution soit dans des barils ou dans des conduits, soit dans des puits ou des citernes mal construites et plus mal soignées encore ; voilà quelles sont celles que l'on emploie journellement pour boisson et pour l'usage de la cuisine ; on peut juger des effets fâcheux qu'elles peuvent produire sur le corps humain.

On ne doit pas regarder, en outre, comme indifférente à la santé des *Maremmiens* la mal-propreté des habitations des pauvres gens, qui logent le plus souvent dans de méchantes cabanes mal construites en rase campagne, ou dans de mauvaises maisons fort mal-propres dans les villages.

Enfin, j'ai été frappé de l'intempérance qui règne en général chez les *Maremmiens*, à laquelle j'attribue les fréquens accidens et les maladies dont ils se préserveroient facilement au moyen de l'exercice, et d'une plus grande sobriété.

Ces fâcheuses circonstances', réunies à celles qui sont générales à toute la *Maremme*, ont à peu près anéanti *Capalbio*. Si on en excepte une population étrangère et momentanée de quelques ouvriers qui travaillent dans les bois, et de bergers qui en descendent en hiver, ainsi que des autres parties de cette province, le nombre de ses propres habitans n'excède pas cent trente personnes, et à peine de quarante en été. Aux habitans de ce pays, aujourd'hui couvert de bois, ont succédé un grand nombre de sangliers et de chevreuils, dont on fait la chasse avec beaucoup de succès. On y trouve aussi quantité de tortues terrestres, et beaucoup de martres très-recherchées des chasseurs, à raison du prix de leur peau. Mais le menu & gros bétail n'y peuvent subsister en sûreté ; ces bois fourmillent de loups, et il est difficile de les détruire par la facilité qu'ils ont à s'y cacher.

Au pied de la colline de *Capalbio*, il y a une carrière de plâtre ou d'albâtre luisant, très-blanc, compacte et d'un grain très-fin. On en tire du plâtre bon à bâtir; le banc d'où il se tire, est assez beau et assez gros pour servir à toutes sortes d'ouvrages ; on pourroit même en faire des statues et des colonnes. Mais à quoi peuvent servir ces matériaux pour les beaux arts dans un lieu d'où la santé et la vie se sont éloignées ?

Nous allâmes de là à *Monteti* : c'est ainsi que s'appelle une montagne très-élevée , voisine de *Capalbio* , et que l'on voit très-bien d'une grande partie de la *Maremme*. A sa base , nous apper-çûmes bientôt la pierre de grès fissile disposée en grands filons ; ensuite parut le quartz informe et opaque, entre-mêlé de fréquens cristaux de roche , auquel succède ensuite une belle brèche silicée, avec des lapilles de quartz tantôt blanc , tantôt rouge , tantôt sanguin , dans un empâte-ment granuleux, ou gris , ou rougeâtre , ou brun. Enfin, un peu plus haut , nous trou-vâmes des filons de schiste et des cris-taux de roche dans quelques lames où quelquefois ils se trouvent renfermés

En-dessous et sur le penchant de la montagne , nous trouvâmes vers la moitié de sa hauteur , tant du côté du midi que du côté du couchant , des sources abondantes d'une eau limpide , légère, fraîche, et très agréable au goût. Il seroit très-facile et peu dispendieux , de parvenir à réunir ces eaux qui se dispersent inutilement, et de les conduire dans des canaux au pied de *Monteti* et de la colline voisine de *Capalbio* , pour rétablir et préserver la santé de ses habitans des maladies qui les affligent. Mais ce projet qui pourroit bien se réaliser avec le temps, peut paroître chimérique et inutile , dans l'état de dégradation continuelle où se trouve aujourd'hui ce malheureux pays. Au sommet de *Monteti* nous trouvâmes , sans nous y attendre , un ouvrage fort singulier fait de main d'homme.

Il consiste en une aire ou plate-forme d'environ deux cents pieds de diamètre. Elle est environnée d'un mur fait de pierres de taille sans ciment , et flanqué en dehors par un bastion qui descend en talus jusqu'à un terre-plein obscur, qui a l'air d'un fossé, qui aujourd'hui eſt comblé. Ce terre-plein a à peu près vingt-neuf pieds de large, et eſt entouré d'un autre petit bastion de terre rapportée qui s'élève un peu, et forme une espèce de couronnement. Ce petit bastion descend également en talus jusqu'à un autre terre-plein creux qui est pareillement couronné d'un petit bastion de terre rapportée, semblable au second, de manière que de celui-ci jusqu'au premier il y a une distance de soixante et seize pieds en droite ligne. On voit à la première enceinte et la plus intérieure les traces d'une entrée, au dehors de laquelle sont encore les vestiges de deux édifices ronds, ou de deux tours qui sont rasées et construites de pierres sans ciment, qui défendent l'entrée de chaque côté. La plate-forme intérieure qui forme la cime de la montagne, est encombrée de hêtres, d'érables, d'arbustes nombreux, et d'autres plantes sauvages. Mais on n'y voit aucune apparence d'édifice, aucun vestige d'habitation. Les gens du lieu appellent cet endroit la *castellaccia di Monteti* ; peu d'entre eux l'ont vu, à cause de son élévation, des broussailles qui l'environnent, et de son éloignement des chemins ordinaires, de manière qu'on ignore absolument son origine et son usage.

Il peut se faire que lorsque les troupes dévastatrices des brigands venus du Nord inondèrent la malheureuse Italie, et qu'ils portèrent la mort et la désolation jusques dans ces *Maremmes*, la *Castellaccia di Monteti* fut pour les malheureux habitans l'asile où ils se réfugièrent, jusqu'à ce que ce terrible orage fût passé. Peut-être qu'ils s'y cachèrent, lorsque dans le dixième siècle la rage des Sarrasins vint comme un ouragan furieux dépouiller et ruiner ces malheureuses provinces maritimes de l'Italie. Peut-être que ce lieu fortifié et ainsi masqué par la hauteur de la montagne et par le bois, servit de place forte aux troupes dans le temps des guerres civiles qui eurent lieu après l'an mille, lorsque les Seigneurs des bourgs de la *Maremme* se faisoient la guerre entre eux, ou se défendoient contre la prépondérance de la république de Sienne, ou bien lorsque celle-ci disputoit le terrain aux armes victorieuses des Impériaux et des Florentins, et qu'elle combattoit encore pour sa liberté expirante. (*)

Après avoir traversé des bois et des montagnes, nous passâmes de *Capalbio* à la *Mar-*

---

(*) S'il est vrai, comme le prétend *Court-de-Gebelin* auteur du *Monde primitif*, que les premières colonies qui ont peuplé l'Italie soient provenues des Celtes, opinion qui est confirmée par les observations de l'abbé *Chaupy*, peut-être que cette enceinte fut construite dès les temps les plus reculés pour placer au milieu de sa plate-forme les urnes sépulcrales et les dépouilles des héros de ces peuples grossiers et superstitieux, afin de perpétuer et consacrer la mémoire de ceux qui avoient bien mérité de leur nation. Les Celtes avoient véritablement cet usage. On trouve encore de nos jours des enceintes semblables dans les isles Hébrides, et sur-tout dans l'isle d'*Arran*, dont les habitans appellent ces monumens *gairn* ou *charne* en langue Erse, qui est l'ancien Celtique, conservé dans ces isles et dans les montagnes d'Ecosse ; lorsqu'ils se recommandent à leur patron,

*siliana.* Ce village fut autrefois muré et fortifié par les comtes *Aldobrandeschi*; il est aujourd'hui une possession de l'illustre maison des *Corsini*, qui, par la vigilance et l'activité du prince D. *Tommaso*, est devenue la plus magnifique et la mieux administrée des terres de la *Maremme*. Elle est située sur une colline d'où elle domine une vaste plaine extrêmement fertile en grains, en foin, en pâturages, coupée en ligne droite par le milieu, et arrosée par la rivière *Albegna*, qui, après un cours d'environ huit milles,

---

ils finissent leur prière par ce vœu « *curri mi cloch* » *er do charne;* c'est-à-dire, *j'ajouterai une pierre à* » *votre tombeau.* » Voyez *Recueil des voyages au nord de l'Europe,* etc. tome *I*, page 193 et *suiv.* de la *traduction Françoise.* On trouve des monumens semblables dans le pays des Tartares Jourten, et plusieurs autres qui leur ressemblent dans divers endroits de l'Allemagne, et sur-tout dans la Marche de Brandebourg, où le peuple les appelle *Lits de géans.* Voyez les *Voyages de Pallas,* page 420 et *suiv.* de la *trad. Françoise.* Tout ceci, et l'extinction totale de toute tradition relative à la construction dont nous avons parlé, pourroient bien faire regarder avec raison la *Castellaccia* comme un monument des plus anciennes populations de ce pays.

en ligne directe, va se décharger dans
la mer. La partie inférieure et maritime
de la *Maremme*, qui est aujourd'hui en-
semencée ou en pâturages, ou bien en
bois et en taillis, appartient à l'état
d'*Orbetellano*. Mais la partie supérieure qui
est la possession la plus riche de l'*Azienda*
de la *Marsiliana*, est mieux cultivée,
plus soignée et plus fertile.

Les monts circonvoisins sont couverts
de chênes, de cerres, de liéges, d'é-
rables, d'ormes et de caroubiers; ou
bien d'arbres de Judée, d'oliviers et
d'une foule d'arbustes qui ne laissoient
pas que de rendre notre marche pénible
et difficile.

Auprès de *Marsiliana*, on trouve trois
fontaines, dont la plus abondante s'appelle
la *fonte dei Bischeri*. Elle sort d'une roche
vive, qui n'est point travaillée; on la
voit sourdre à travers de gros cailloux.
Son eau est limpide, légère, et très-
agréable au goût; elle ne dépose point,
et contient fort peu de sels terrestres. Ses
bonnes qualités et le besoin qu'on en

a dans le pays, la rendent digne d'être recueillie, pour en former une fontaine qui, soignée et bien entretenue, seroit d'une grande utilité pour la santé et l'agrément de ceux qui habitent la *Marsiliana.*

Mais en été ce pays est infecté des émanations pernicieuses du marais de *Talamone* et de l'étang d'*Orbetello*, situés du côté de la mer au sud & à l'ouest, qui se retirent et se dessèchent dans cette saison. Les vents du midi viennent ensuite y apporter une infection affreuse, et le vent de l'ouest qui rase les plaines de la mer voisine, et qui devroit arriver salubre et frais, perd lui-même cet avantage en traversant l'atmosphère empesté qui règne au-dessous des marais de *Talamone.*

Après avoir été accueillis chez l'agent du prince D. *Tommaso Corsini*, nous quittâmes bientôt la *Marsiliana*, très-intéressante du côté de l'économie rurale, mais fort peu pour ce qui regarde l'histoire naturelle.

Enfin,

Le voisinage nous décida à diriger notre voyage du côté de l'état des *Presidi*, qui appartient au roi de Naples. On comprend sous cette dénomination un pays maritime qui faisoit autrefois partie de l'état *Siennois*, mais qui en fut détaché lorsque Philippe II, roi d'Espagne, le céda à Côme I$^{er}$ de Médicis.

Sortis de la plaine de la *Marsiliana*, sur la gauche, ainsi que des états du grand Duc de Toscane, nous arrivâmes aux vignes d'*Orbetello*, situées au pied des montagnes sur le bord de la plaine. Ces vignes cultivées à basse tige dans une vaste étendue, et plantées avec régularité et avec une grande propreté, forment un coup d'œil infiniment agréable. On voit souvent dans les haies qui les séparent, s'élever des agaves d'Amérique, forts et vigoureux, que l'on appelle communément aloès, et connus des habitans du pays sous le nom de *pittes*. Les fortes pointes dont l'extrémité de leurs feuilles sont armées, sont très-propres à éloigner les voleurs de nuit. Enfin, après avoir marché pendant quatorze milles, nous arrivâmes à *Orbetello*.

### *Minéraux recueillis à* Monteti.

Belle brèche silicée rougeâtre.

Schiste de couleur plombée, qui renferme dans sa composition du quartz informe et des cristaux de roche.

### *Plantes recueillies ou vues sur les murs de* Capalbio.

*Capparis spinosa.*

*Solanum nigrum.*

*Malva sylvestris.*

*Plantago psyllium.*

*Sonchus tenerrimus.*

*Campanula crinus.*

*Ficus carica sylvestris.*

## A Monteti.

*Quercus suber.*

*——— cerris.*

*Quercus ilex.*

*——— robur.*

*Sorbus domestica.*

*Fraxinus excelsior.*

*——— ornus.*

*Arbutus Unedo.*

*Cornus mas.*

*Pistacia lentiscus.*

*Acer Monspessulanus.*

*——— campestris.*

*Acer platanoïdes.*

*——— pseudo-platanus.*

*Myrthus communis.*

*Rhamnus paliurus.*

*Daphne Gnidium.*

*Trifolium arvense.*

*Polygonum convolvulus.*

*Cistus Monspeliensis.*

*Rosa canina.*

*——— rubiginosa.*

*Andropogon gryllus.*

*Scutellaria peregrina.*

| | |
|---|---|
| *Allium ampeloprasum.* | *Lichen ciliaris.* |
| *Polycarpon tetraphyllum.* | *———— farinaceus.* |
| *Agrostis canina.* | *———— calycaris.* |
| *Asphodelus ramosus.* | *———— perlatus.* |
| *Convolvulus athæoïdes.* | *Hypnum sericeum.* |

# CHAPITRE VIII.

## *Orbetello et Portercole.*

**O**RBETELLO, *Portercole*, *Porto S. Ste-*
*phano* et *Talamone*, ainsi que leurs terri-
toires respectifs, forment l'état des *Presidi*,
qui détaché, comme nous l'avons dit, du
domaine *Siennois*, appartient aujourd'hui
au roi de Naples. *Orbetello* en est la capitale.

Cette ville est placée à l'extrémité
d'une langue de terre au milieu d'un lac,
dont les eaux l'entourent de tous côtés,
excepté la langue de terre par laquelle
nous y entrâmes. La juridiction ecclésiastique d'*Orbetello*, de *Porto S. Stephano*,
et de l'isle *del Giglio*, appartient à l'Abbé
des trois Fontaines, c'est-à-dire de

S. Anastase, *ad aquas salvias*, près de Rome, et S. M. Sicilienne fait régir tout le pays des *Presidi*, par un gouverneur politique et militaire; sa population passe pour être de deux mille ames, en comptant la garnison Napolitaine. Le coloris des habitans indique suffisamment la salubrité de cette contrée. Mais *Orbetello* est dépourvu d'eau douce, si l'on en excepte quelques citernes, de sorte que ses habitans sont obligés de faire venir en baril de l'eau bonne à boire du mont *Argentario*, qui est tout près. L'excellence de ces eaux ne contribue pas peu à les préserver des émanations contagieuses de la *Maremme*. Les anciens Écrivains ne font pas mention d'*Orbetello*, ce qui donne lieu de croire qu'il tire son origine des derniers siècles. Peut-être que le lac qui est très - poissonneux y a attiré des familles qui faisoient leur métier de la pêche, et les a invitées à s'y établir. Peut-être faut-il attribuer à ce motif l'abandon total et la ruine d'*Ausidonia*, qui est tout près, et dont nous parlerons bientôt.

Quoi qu'il en soit, je prie les *Orbi-tellans* de me pardonner si je crois leur patrie moderne, tandis qu'ils désireroient la faire passer pour ancienne. (*)

---

(*) Quelques Orbitellans prétendent, que leur ville étoit autrefois l'ancienne *Cosa;* ils fondent cette opinion sur deux inscriptions gravées sur la pierre; l'une d'elles est placée à un des angles de la place publique, et l'autre est dans la muraille extérieure de la porte de terre.

Voici la première de ces inscriptions, mais elle est tellement effacée par le temps, qu'il est presque impossible de la lire :

IMP. CÆS. M. AURELIO
ANTONINO, AUG. PIO FELICI
PARTH. MAX. BRIT. MAX.
PONT. MAX TRIB. POT.
XVI. IMP. II. COS. III. PP.
RESPUBLICA COSANORUM.
INFATIGABILI
INGENTIA EJUS.

Voici la seconde inscription :

IMP. CÆS. M. ANTONINO
GORDIANO P.P.
AUG. PONT. II.
RESPUBLICA COSSANORUM.
DEVOTA NUMINI
MAJESTATIQUE IPSIUS
D. D.

H 3

Le lac ou étang d'*Obetello* communique par de petits bras étroits et tortueux avec la mer qui lui fournit de l'eau salée et du poisson. Cette communication est ancienne, car Strabon (dans son livre 5. ) le nomme Λιμνοθαλαττα c'est-à-dire lac marin.

Une élévation prolongée, c'est-à-dire une levée formée par les sables du rivage

---

Mais ces deux inscriptions y ont sûrement été apportées de la ville véritable de *Cosa*, et ne prouvent en rien l'opinion des habitans du pays.

D'autres, fondés sur l'autorité de *Lami*, prétendent, pour prouver son antiquité, qu'elle tire son nom du latin *urbs Vitelli*, et font dériver celui-ci d'un nommé *Mosco*, qui en grec correspond au mot *Vitello*, qui autrefois avoit une maison de campagne dans cet endroit, comme ce célèbre Auteur a tenté de le prouver, en commentant une inscription Grecque du cinquième ou sixième siècle, trouvée dans *Orbetello*. De sorte que, selon lui, *Vetello* vient de *Mosco*, et *urbs Vitelli* de *Vitello*, et *Orbetello* en droiture d'*urbs Vitelli*.

> Alphane *vient d'Equus sans doute,*
> *Mais il faut avouer aussi*
> *Qu'en venant de là jusqu'ici,*
> *Il a bien changé dans la route.*

sépare le lac de la mer à l'ouest, et se prolonge ainsi jusqu'au côté septentrional du mont *Argentario* ; de l'autre côté, un isthme également prolongé, et qui n'a pas communément plus d'un demi-mille de large, forme la séparation entre ce lac et la mer au sud.

On fait dans ce lac d'abondantes pêches de divers poissons, et sur-tout d'anguilles (*murena anguilla*) d'aiguilles (*esox Belon.*) et de muges que l'on nomme en Italie, *cefali* (*mugil cephalus*) : ils y viennent de la mer par le détroit dont nous venons de parler ; et lorsqu'ils veulent en sortir, ils trouvent la passage fermé, de sorte qu'ils deviennent la proie des pêcheurs privilégiés, qui payent chaque année un canon à la ferme royale. Le canon, dans le temps de l'établissement de cette contribution, valoit plus de quatre mille ducats. Mais ce privilége ne s'étend pas à tout l'étang ; au-delà de l'enceinte qui forme l'objet de la ferme, et qui est fermée par des pieux et des branches d'arbre plantées dans la vase, tout le monde a la liberté de pêcher, à la seule charge de passer *gratis* la garnison et les ordonnances que le Gouvernement envoie. La pêche s'y fait le plus communément pendant la nuit, avec du feu allumé à la proue, pour appercevoir le poisson sur lequel on lance une espèce de harpon que les Italiens appellent *fiocina*. (*) Il est très-curieux, dans les nuits tranquilles de l'été, de voir un grand nombre de ces barques, former sur l'eau une illumination continuellement mobile et toujours changeante.

Ce lac fournit aussi une bonne quantité de *cardium edule*, testacée que l'on appelle dans le pays *gallina*, et qui est bon à manger. Mais le produit le plus lucratif de la pêche, est l'anguille, que les *Parzionali*, comme on les appelle, font frire et mariner dans le vinaigre, pour les envoyer dans l'intérieur des terres. D'un autre côté, cet étang qui fournit de si grands

---

(*) C'est une espèce de fourche de fer, composée de plusieurs dents aiguës, fines et droites.

avantages à *Orbetello* , ne laisse pas que d'en incommoder les habitans , par la grande quantité de conferves , d'ulva et d'autres plantes aquatiques , qui , déracinées et jetées sur le rivage par les vents, encombrent tous les environs de la ville , et en s'y pourrissant en été , exhalent une puanteur insupportable.

Dans les grands froids de l'hiver , l'eau de ce lac ne gèle que sur les bords ; mais dans l'hiver rigoureux de 1789, il fut complètement glacé , ce qui fit mourir une si grande quantité de poissons, que lors du dégel , l'eau étoit toute couverte d'huile animale ou de poissons morts.

Après nous être embarqués sur un petit bateau à fond plat , comme tous ceux dont on se sert sur l'étang , nous abordâmes au bout d'une demi-heure, et nous prîmes le chemin de terre par l'isthme , qui est beaucoup plus large de ce côté , et qui sépare le lac de la mer. Après deux milles de chemin , nous arrivâmes à *Portercole* , où nous logeâmes chez M. l'archiprêtre *Genuari.*

*Portercole* est un bourg situé sur le bord de la mer, bâti singulièrement en terrasses, les unes sur les autres, sur le revers escarpé d'un petit promontoire, seulement du côté de la terre. Au sommet de ce promontoire, il y a un fort qui couronne ce bourg, et qui domine le port et la mer de tous côtés. Une petite garnison suffit pour le garder, ainsi que les deux forteresses voisines du mont *Filippo* et de la *Stella*, situées sur denx rochers, vis-à-vis l'un de l'autre, de manière à croiser le feu de leurs batteries.

Le fort du mont *Filippo*, que le gouverneur nous permit de visiter dans le plus grand détail, est situé dans le fond du golphe ou anse. Il est construit à grand frais, et avec toute la prévoyance possible ; mais ces forts et ces fortifications, soit à raison de la longue durée de la paix, soit que le gouvernement Napolitain n'y attache pas une grande importance, à cause de son éloignement, et de ce qu'il est ainsi séparé de ce royaume, sont extrêmement négligés.

A un demi-mille de *Portercole* à l'ouest, il y a un rocher qui s'élève du milieu de la mer, et qu'on appelle l'*Isoletto*; nous y abordâmes avec facilité par la pointe qui regarde la haute mer. Son étendue est fort petite en proportion de sa hauteur, car elle n'a pas plus de quatre à cinq cents pas de circonférence. Sa charpente est calcaire, à l'exception du côté qui regarde le nord, qui est formé d'une brèche jaunâtre, mêlée et très-dure.

Je n'aurois pas fait mention de cet islot, si nous n'avions pas recueilli quelques plantes sur ses penchans et sur son sommet, et si je ne me rappellois des contusions et des écorchures que nous en rapportâmes, pour nous être obstinés, malgré les représentations de nos matelots, à en descendre par le côté opposé qui est extrêmement escarpé, et qui est garni d'un hallier et de broussailles, qui nous alloient jusqu'à la ceinture, tandis que nous avions sous les pieds des pierres mouvantes, sur lesquelles nous trébuchions à chaque instant. Nous arrivâmes donc à *Portercole*, harassés, déchirés, les jambes meurtries, et fort mécontens de notre brillante expédition de l'*Isoletto*.

*Portercole* est très-ancien; il étoit certainement beaucoup plus considérable autrefois qu'il ne l'est de nos jours. Les anciens géographes et les itinéraires en parlent sous cette même dénomination, quoique quelquefois on le nomme *Porto-Cosano*, à cause de son voisinage de *Cosa*. Aujourd'hui sa population n'est que d'environ trois cents ames, sans compter la garnison. Ses collines et la vallée adjacente, sont plantées de vignobles, qui produisent des vins excellens, parmi lesquels on distingue le vin qu'on nomme *Riminese*; il est blanc, clair, très-spiritueux, et tel, quand on le fait avec soin et qu'il a vieilli, qu'il ne le cède à aucune liqueur de l'Europe. Tel étoit celui que nous fit boire notre hôte, qui le fait faire avec une attention particulière. Mais cette culture est très-coûteuse, par le défaut d'ouvriers, et par la nécessité où l'on est d'en employer d'étrangers, qui font payer très-cher le peu d'ouvrage qu'ils font, et la peine qu'ils prennent de quitter leur patrie. Cet inconvénient n'existoit pas autrefois, selon ce que disent les vieillards du pays. Les habitans de *Portercole* étoient alors plus nombreux, plus aisés, et les campagnes circonvoisines mieux cultivées et dans une plus grande étendue.

Les guerres entre les Espagnols et les Allemands furent fatales à ces contrées : d'abord, en 1708, lorsque les troupes Allemandes, sous les ordres du général Vetzel, chassèrent les Espagnols de l'état des *Presidi*, et plus funestes encore lorsque le général Montemar commandant les Espagnols, s'en empara de nouveau. Lors de cette dernière expédition surtout, les campagnes furent absolument dévastées, et tout ce malheureux pays fut dépeuplé et réduit à la misère ; ce qui fut causé, comme il arrive ordinairement dans ces sortes de calamités, non-seulement par les places fortes qui se trouvoient dans ce pays, mais encore par son voisinage des forteresses importantes.

*Mantua væ miseræ nimiùm vicina Cremonæ.*

Voilà comment les superbes vignes tant vantées de *Portercole*, qui pouvoient le disputer en bonté et même en avantage aux meilleurs vins d'Espagne, sont réduites aujourd'hui à un objet de fort peu d'importance.

Combien ne voyons-nous pas d'indolence, d'infidélité, de prévention et d'aveuglement dans les relations de la plupart des voyageurs atrabilaires ultra-montains, lorsque rendant compte de choses qu'ils ont plutôt effleurées qu'observées, ils se plaisent à accuser les misérables habitans isolés de quelques cantons de l'Italie. Ils s'exhalent en déclamations déjà tant de fois rebattues ; et, pour paroître plus sages et plus exacts que nous, ils déplorent dans des phrases emphatiques et pompeuses, la décadence ou même l'abandon total des terres, qui anciennement étoient riches et fertiles, et qui pourroient encore l'être aujourd'hui.

Mais que ces déclamateurs pensent un peu aux maux qu'ils nous ont faits tant de fois; qu'ils prennent la peine de voir que tous ces malheurs qu'ils attribuent si légérement aux Italiens eux-mêmes, n'ont été causés que par la dévastation et la désolation qu'y ont apportées dans tous les temps, les ennemis et même les nations amies, qu'ils considèrent combien il faut de temps, combien d'années de paix sont nécessaires pour ramener l'antique splendeur et la prospérité d'un pays malheureux, pour la destruction duquel toutes les erreurs politiques et la fureur militaire ont si souvent conspiré: on verra bientôt cesser leur étonnement et les reproches d'une mauvaise humeur, plus prompte à relever le mal que le bien, et plus empressée de répandre sans examen le blâme et la critique, que les louanges.

### *Plantes recueillies ou vues dans l'étang d'Orbetello.*

*Potamogeton gramineum.*
———— *maritimum.*
*Conferva dichotoma.*

*Ulva intestinalis.*
———— *compressa.*
*Chara vulgaris.*

### *Autour de l'étang d'Orbetello.*

*Artemisia maritima.*
*Salicornia herbacea.*
———— *fruticosa.*
*Althæa officinalis.*
*Arenaria rubra marina.*
*Inula crithmifolia.*
*Statice limonium.*
*Plantago coronopus.*
*Hordeum marinum.*
*Triglochin palustre.*

*Atriplex portulacoïdes.*
———— *laciniata.*
*Frankenia levis.*
*Malva sylvestris.*
*Tamarix Gallica.*
*Pteris aquilina.*
*Juncus acutus.*
*Scirpus maritimus.*
*Arundo phragmitis.*

### *Sur les murs d'Orbetello.*

*Reseda lutea.*
*Bromus distachyos.*

*Poa rigida.*

### *Sur les petites collines qui couronnent les vignes et la plaine d'Orbetello.*

*Phillyrea media.*
*Reseda fruticulosa.*
———— *luteola.*

*Smilax aspera.*
*Plumbago Europæa.*
*Calendula arvensis.*

*Hordeum*

*Hordeum geniculatum.*  
*Briza minor.*  
*Daucus visnaga.*  
*Allium sphærocephalon.*  
*Arundo ampelodeomos.*  
*Euphorbia platyphillos.*

## Le long du fossé Bocca d'oro, en allant d'Orbetello à Portercole.

*Vitex agnus-castus.*  
*Viburnum tinus.*  
*Cornus mascula.*  
*Ballota nigra.*  
*Scrophularia auriculata.*  
*Epilobium hirsutum.*  
*Sium nodiflorum.*  
*Solanum dulcamara.*

## Autour de Portercole.

*Thapsia garganica.*  
*Convallaria latifolia.*  
*Silene Gallica.*  
*Teucrium iva.*  
*Hypericum montanum.*  
*Pastinaca opoponax.*  
*Rhinanthus viscosa.* Encicl.

## Sur les murs de la forteresse de Portercole.

*Clypeola maritima.*  
*Valeriana calcitrapa.*  
*Conyza sordida.*

## Dans l'Isolotto auprès de Portercole.

*Pistacia lentiscus.*  
*Myrthus communis.*  
*Rosmarinus officinalis.*  
*Rhamnus alaternus.*  
*Olea Europæa sylvestris.*  
*Teucrium fruticans.*  
——— *flavum.*  
*Cistus incanus.*  
*Coronilla glauca.*  
*Anthyllis barba Jovis* (*)  
*Globularia alypum.*  
*Lotus hirsutus.*  
*Clypeola maritima.*  
*Schœnus nigricans.*  
*Gentiana centaurium.*  
*Cinaria maritima.*

---

(*) L'*Isolotto* est le seul endroit, où nous ayons trouvé cette plante.

I

# CHAPITRE IX.

## *Ancidonia* ou *Cosa.*

DE *Portercole*, en allant vers le levant, la mer forme un golphe semi-circulaire, qui est terminé du côté opposé par un promontoire très-élevé, sur la pointe duquel on aperçoit les ruines d'une ville, connue dans les derniers siècles, sous le nom d'*Ansidonia*, et que je reconnus, comme je le dirai ci-après, pour être l'ancienne *Cosa*. La proximité nous détermina à la visiter ; nous nous embarquâmes sur un bâtiment qu'on nomme dans le pays *gozzo*, et à l'aide d'un fort vent de terre, nous eûmes bientôt traversé le golphe, et nous débarquâmes à la *Torre di S. Biagio*, située précisément au-delà de ce promontoire, à six grands milles de *Portercole*.

Le long du rivage, nous vîmes les ruines de murs antiques qui s'élevoient un peu au-dessus de la mer, mais dégradés et presque totalement rasés ; des masses énormes de maçonnerie baignées et entourées par les flots ; une galerie ou un bain, dont les hautes murailles sont taillées dans la roche calcaire de la montagne même ; des pavés on ne peut plus artistement composés de petits cubes d'émail de couleur d'azur, verts, blancs, ou de pierres colorées, et disposées en compartimens plus communs, formés d'un grand nombre de petits prismes longs de pierres calcaires de diverses couleurs ; le tout uni et scellé ensemble par un ciment de chaux extrêmement fort : enfin, d'autres restes d'édifices somptueux qui s'étendent le long du rivage dans un espace d'environ trois cents pas.

Sur le dernier côteau de la colline ou du promontoire, on voit un grand éclat ou fente de la roche calcaire, extrêmement élevé, sinueux et fort long, qui

s'étend jusqu'à la mer , et présente à l'intérieur de chaque surface des parties saillantes , exactement correspondantes aux
parties concaves qui leur sont opposées.
Nous jugeâmes que ce grand éclat que
l'on nomme dans le pays , je ne sais pourquoi , *lo spacco della Regina* , a été causé
par quelque violent tremblement de terre;
mais avec cela ce monument ne correspond pas à la grande curiosité qu'excite
tout ce que l'on raconte d'étonnant à
ce sujet. ( * )

Nous quittâmes le rivage, et en nous
avançant vers la vallée voisine , nous
vîmes d'abord des restes d'édifices et
de conserves d'eau ; et un peu plus en
avant dans la campagne, encore un grand
nombre de ruines de bâtimens antiques , de
celliers , de bains , de maisons rustiques ,

____

( * ) Cet éclat est précisément la *Cava* , dont *Faʒio
degli Uberti* fait une longue et ridicule histoire dans
le chap. 9 du livre ʒ , de son *Bittamondo*.

« Ivi è ancora ovè fue la *Sendonia*.
» Ivi è la *Cava* ove andamo a torme.
» Si crede Christo , ovvero le Demonia, etc »

et d'autres constructions semblables, dont l'intérieur des murs étoit en grande partie formé d'assises alternatives de pierres quarrées, et de pierres plus petites, et de briques arrondies avec beaucoup de solidité et d'élégance.

Enfin, nous arrivâmes à une voie Romaine, pavée de larges quartiers de pierre, où l'on voit encore de distance en distance les traces des anciens chars. C'étoit la voie Aurélienne, qui tire son nom d'*Aurelius Cotta*, homme consulaire, qui la fit construire au commencement du sixième siècle depuis la fondation de Rome. (*)

_______________________

(*) La voie Aurélienne n'arrivoit véritablement qu'au *foro Aurelio*, qui, selon l'Itinéraire d'Antonin, étoit à vingt-cinq milles de là, du côté de Rome. M. Emilius Scaurus censeur, à l'aide du butin remporté dans la guerre contre les Liguriens, la continua le long de la mer, au-dessous de *Cosa* et de *Roselle*, jusqu'à *Pise* et jusqu'aux *Vadi Sabazi*, auprès de Savone ; ensuite, dans des temps postérieurs, elle fut prolongée jusques dans la Gaule Narbonnoise, tantôt prenant le nom de *via Aurelia*, tantôt celui de

Ce chemin nous conduisit jusqu'à près de la moitié de la côte du mont d'*Ansidonia* ; un de ses embranchemens conduisoit à cette ville , et il se prolongeoit en descendant en pente douce vers le côté opposé de la colline. Nous suivîmes ce dernier chemin qui étoit bordé à droite et à gauche d'un grand nombre d'oliviers sauvages, restes des anciens oliviers qui avoient anciennement existé , et d'une grande quantité de masures, souvent totalement rasées, et de ruines de maisons, qui autrefois bordoient la voie Aurélienne, et faisoient l'ornement de ces campagnes. Parmi toutes ces ruines , il y en eut une qui nous frappa. Elle étoit composée de trois murailles seulement

---

*via Emilia Scaura*, du nom de son continuateur. Cette voie avoit plusieurs embranchemens qui conduisoient à diverses colonies et municipes plus ou moins voisins, ce qui les faisoit appeler *viæ vicinali* ; de là les Romains donnèrent cette même dénomination aux chemins vicinaux des autres voies consulaires , militaires et prétoriennes.

d'environ dix-neuf pieds de longueur chacune. L'intérieur de ces murs', outre l'ouvrage réticulé, si fréquent dans tous les murs bâtis par les Romains, présentoit quinze cavités, dont cinq sur chaque mur, à égale distance les unes des autres, à environ huit pieds d'élévation au-dessus du sol actuel, que les ruines ont exhaussé d'environ trois pieds. Ces cavités forment autant de niches d'environ un pied d'ouverture, dont la partie supérieure est en forme d'arc, formé par des briques posées sur tranche. Dans chacune de ces niches, il y a un vase de terre cuite qui est muré, et dont la forme est telle, que ses bords supérieurs se trouvent au niveau du plan inférieur de la niche. Je n'y ai vu aucun vestige de fenêtre; le mur où devoit être la porte est détruit, celui qui est vis-à-vis est terminé par un comble, ce qui fait présumer que ce bâtiment étoit couvert d'une voûte, qui aujourd'hui n'existe plus.

J'en ai pris le dessein; on verra dans la planche que je joins ici l'exacte représentation de cette construction dans l'état où elle étoit en 1793. (*)

---

(*) Il y a une construction à-peu-près semblable sur le chemin de Naples, tout près de *Castellone de Gaete*, dans le royaume de Naples, que les gens du pays appellent le *tombeau de Vitruve*; le mur qui donnoit sur le chemin où devoit être la porte, y manque également. Les niches dont l'intérieur est en voûte, formée par des briques posées sur tranche, contiennent chacune trois vases ou urnes cinéraires, placées en triangle et enclavées pareillement jusqu'aux bords dans le plan inférieur de la niche; la majeure partie de ces urnes étoient entières; je conserve dans ma collection des fragmens de quelques-unes d'entre elles, que l'on avoit brisées. L'intérieur de ces trois murs, dont j'ai tiré le dessein, fait voir tout autour à quatre pieds au-dessus de la terre, une arête ou commencement de voûte plus ou moins saillante en divers endroits, qui atteste que le rez-de-chaussée de ce tombeau étoit voûté, laissant au-dessous un espace vide et obscur, que les broussailles et les épines dont il étoit comblé m'empêchèrent d'examiner. L'espace compris entre la naissance de cette voûte et le commencement des niches, est réticulé presque aux deux tiers. Le reste de l'espace est revêtu de briques posées à plat. Le pourtour des niches est formé de briques posées sur côté, et leur intérieur

Il y a autour de ce monument des ruines
de plusieurs autres édifices antiques, qui

---

est en briques. Les ceintres sont entourés dans les
intervalles des uns aux autres, et même à un demi-
pied au-dessus de toutes les niches, d'un revêtissement
d'ouvrage réticulé, qui est terminé par un mur de
pierres ordinaires, mais échantillonnées. Quant au
sommet du mur, il étoit tellement détruit qu'il ne
présentoit aucun vestige de voûte.

Tout près de ce monument, est une tour hexagone
très-bien conservée, couronnée de créneaux, qui a
vingt-six pieds, trois pouces de haut, sur trente-six
et demi de circonférence à la base ; son mur a deux
pieds d'épaisseur au bas, et un pied seulement au
sommet ; les créneaux ont seize pouces de haut, sur
dix-neuf d'ouverture : au-dessus est une plate-forme
de neuf pieds de diamètre de dedans en dedans. Du
côté qui regarde le tombeau dont je viens de parler, est
une petite porte cintrée, qui a cinq pieds, sept pouces,
six lignes de hauteur, jusqu'au plus haut du cintre,
sur un pied, huit pouces de large ; tout l'intérieur de
cette tour est divisé en bandes alternatives de briques
posées à plat, et de pierres échantillonnées en forme
de briques ; chacune de ces bandes a vingt-deux
pouces de large.

Il paroît par tous les autres monumens que j'ai
vus, et notamment par celui que l'on nomme dans
le pays, la *tour de Cicéron*, qui se trouve à un demi-
mille plus loin, en allant du côté de *Gaëte*, et sur

formoient autrefois, selon toute apparence, une petite ville ou une espèce de

---

le même chemin qui étoit autrefois la voie Appienne,
que les anciens avoient coutume d'élever sur le bord
des chemins publics, des tours ou aiguilles qui aver-
tissoient les voyageurs, que dans le voisinage se trouvoit le tombeau de quelque personnage célèbre.

La *tour de Cicéron*, est située au fond du golphe de
Gaëte, au milieu d'une enceinte quarrée, qui aujour-
d'hui est plantée d'oliviers abandonnés, sur chacun
desquels sont entrelacées des vignes, dont le raisin ne
mûrit pas assez et produit de mauvais vin. Le mur de
cet enclos, quoique ancien, est bien conservé, et est
couronné de pierres de taille de quatre et de cinq
pieds de long, dont le dessus est taillé en dos d'âne
pour l'écoulement des eaux. La tour qui tombe en
ruine et dont la base est quarrée, étoit autrefois
revêtue de pierres silicées de cinq à six pieds de long
sur deux de large, et dix-huit pouces d'épaisseur,
on en a enlevé la majeure partie pour bâtir ; l'intérieur
présente une voûte extrèmement élevée, soutenue au
milieu par une colonne hexagone de cinq pieds de
diamètre, dont chaque côté correspond à ceux du mur
intérieur qui forme pareillement un large hexagone, et
qui ont chacun une niche qui semble être destinée à
recevoir des statues. Ce rez-de-chaussée sert aujour-
d'hui d'étable aux chèvres du fermier de l'enclos.
Au-dessus de cette voûte, il y a une espèce de
chambre couverte d'une autre voûte en briques, à

faubourg, le long de la voie Aurélienne, qui, située au milieu des vignes

---

laquelle je parvins avec beaucoup de peine, en grim-
pant en dehors sur les pierres ruinées qui souvent
se détachoient sous mes pieds, et en m'accrochant
aux *genista juncea*, aux *pistacia lentiscus*, aux *oliviers
sauvages*, aux *myrtes* et autres arbustes dont ces ruines
sont couvertes. Cette dernière voûte est surmontée
d'un petit bâtiment, en forme de guérite, à demi-ruiné.

A moitié de la colline, qui est derrière la tour
de Cicéron, qui n'en est séparée que par la voie
Appienne, est un lieu qu'on appelle l'*Acerbara* ou
l'*Acerba ara*, où est le véritable tombeau de Cicéron.
On croit que c'est dans l'endroit de la voie Appienne
qui correspond à l'*Acerba ara* que Cicéron fut assassiné
par les satellites d'Antoine. L'*Acerba ara* située sur
un penchant hérissé de rochers aigus, presque inac-
cessibles, n'offre qu'un amas de ruines informes,
qui ne peut donner aucune idée de la manière dont
le tombeau étoit construit. Mais une découverte
propre à prouver que c'étoit vraiment là où étoit
le tombeau de Cicéron, c'est celle que fit un voyageur, nommé M. Négre, quelques jours avant que
j'allasse visiter cet endroit intéressant pour l'histoire,
et de laquelle je ne crois pas qu'aucun voyageur ait
encore parlé. Il trouva, à une cinquantaine de pas
au-dessous de ces ruines, une pierre tumulaire,
d'environ six pieds de long, dont le dessus représentoit
en relief un homme couché, ayant la main sur la
poitrine et enveloppé de la robe consulaire, dont
la tête étoit toute défigurée. ( *Note du traducteur* )

et des oliviers, devoit former un séjour commode et très-agréable.

Je crois qu'il n'est personne qui ne pense avec moi, que le monument antique que je viens de décrire n'ait été autrefois un *colombario*, ou un pétit sépulcre destiné à conserver les cendres d'une famille *Cosane*. (*)

On sait que dans les murs des *colombari* étoient distribuées diverses petites niches que l'on nommoit *loculi* ou *ollari*, dans lesquelles on plaçoit des vases de terre cuite ou pots de terre. Tantôt il y en avoit une seule, tantôt deux réunies côte à côte, et où l'on renfermoit les cendres d'une famille, des parens, c'est-à-dire des affranchis, et même quelfois celles des esclaves. On sait encore

_______________

(*) Dans une antiquité très-reculée, les Errusques avoient coutume de conserver les cadavres entiers, comme les Egyptiens. Après cela ils adoptèrent l'usage de les brûler, pour détruire, selon eux, tout reste de lien entre le corps et l'ame. Cette idée, toute erronnée qu'elle est, est encore plus philosophique que celle qui donna lieu à la préparation des momies.

que ces urnes étoient fermées par des couvercles de marbre ou de terre cuite, avec des titres ou des inscriptions relatives aux personnes dont on conservoit les cendres. Dans le *colombario* dont nous venons de parler, il n'y a qu'un rang de niches, et chacune d'elles ne contient qu'une urne. Peut-être chaque vase ne contenoit-il les cendres que d'une seule personne; peut-être aussi que les propriétaires étoient dans le goût de mêler les cendres de leur famille, ce que prouvent plusieurs inscriptions trouvées dans des monumens semblables; et comme celui dont nous parlons est dans un lieu bien découvert et fort exposé, les couvercles et les titres des urnes auront sans doute été emportés, ou plus vraisemblablement rompus et dispersés par des ignorans, dans des temps plus éloignés.

Il est vrai que l'on pourroit croire aussi que ces vases étoient des *olle vergini*, c'est-à-dire qui n'avoient point encore servi, mais que le propriétaire préparoit, de son vivant, pour lui et pour ses descendans; et qui n'ayant pas été employées, sont restées ainsi sans titre et sans inscription.

Nous continuâmes, en suivant la voie Aurélienne, à descendre jusqu'à la plaine. Là commence une élévation ou isthme, appelé la *Feniglia*, qui a environ un demi-mille de large, et se prolonge, comme je l'ai dit, jusqu'au *monte Argentario*, dans un espace de quatre milles. Il sépare de ce côté le lac d'*Orbetello* de la mer, et fournit d'excellens pâturages pour le gros et le menu bétail.

Dans ce lieu, qui est tout voisin du *monte di Ansidonia* et de la mer, nous observâmes dans la plaine beaucoup de ruines de murs détruits et rasés, bâtis avec des pierres, des briques et des fragmens de vases antiques, tantôt contigus les uns aux autres, tantôt isolés et séparés. On voit que ces murs sont d'ancienne et très-solide construction, mais ils ne conservent aucun caractère qui puisse faire juger de l'espèce de bâtimens qu'ils formoient.

Ayant quitté la plaine, qui ne nous offroit qu'une uniformité peu intéressante, nous revînmes sur nos pas du côté d'*Ansidonia* ; après avoir franchi des bois, des halliers, des rochers et des ruines, nous nous retrouvâmes au même lieu où la voie Aurélienne se divise, et détache une de ses bifurcations d'environ seize pieds de large qui monte à la ville. Ce chemin nous conduisit à une grande porte à demi-ruinée, où sont encore les murs qui formoient l'avant-porte. Ne nous souciant pas de nous renfermer encore dans la ville, nous suivîmes les sentiers qui tournent tout autour de ses murs, qui sont encore fort remarquables, quoiqu'en partie ruinés de vétusté, et totalement détruits en certains endroits.

Ces murs, ainsi que la porte et l'avant-porte, sont faits de pierres énormes aplanies, trapézoïdes, et si grosses que deux seules côte à côte suffisent pour former l'épaisseur des murs, qui, dans les endroits où ils sont le moins épais, ont près de sept pieds.

Ces pierres , au moyen des angles saillans et rentrans , que l'on y a ménagés avec beaucoup d'art , sont liées et unies les unes avec les autres avec tant de solidité , et leur propre poids surtout les retient si bien en place, qu'elles n'ont pas besoin de ciment , comme en effet, on n'en y a point employé. Les ruines des murs antiques Etrusques à *Fiezoles* , à *Cortone* , à *Volterra* , à *Rosolle* , à *Populonia* , sont construits de la même manière ; mais aucuns de ces murs (*) ne présentent cette ingénieuse et facile manière d'assembler les pierres : on peut en voir le dessein exact dans la figure que nous en avons donnée. Ces pierres sont

---

(*) Les pierres des murs Etrusques de *Cortonne* , de *Fiesoles* et de *Volterre* , selon Gori dans son *Musée Etrusque* , sont taillées à dents de scie ou dentelées dans leurs assemblages, ce qui les lie on ne peut plus solidement ensemble.

Les murs de l'ancienne Calidonie , dont *Ciriaco Anconitano* , dans son voyage d'Illirie , donne le dessein, sont à-peu-près assemblés de la même manière que ceux de *Cosa*.

calcaires ,

calcaires, ainsi que la charpente de la montagne, d'où il paroît qu'on les a tirées, tant pour les murs de la ville que pour les édifices de l'intérieur.

L'enceinte des murs, qui peuvent avoir deux milles de circuit, couronne entièrement le sommet de la colline, qui forme une plate-forme, tantôt unie, tantôt légérement en pente sur laquelle étoit bâtie la ville. Au-delà des murs, la montagne forme une pente douce du côté de la terre ; et un précipice du côté de la mer, qui en baigne la base depuis la *Torre di S. Pancrazio* jusqu'à celle de *S. Biagio.*

En considérant la plate-forme unie de cette ville, au sommet de cette montagne, et en pensant aux moyens qu'employèrent les anciens Étrusques pour en bâtir les murs avec des masses de pierre si énormes, on est tenté de croire qu'ils les ont taillées et enlevées sur la cime même de cette montagne, d'où ils les ont conduites sans grande difficulté un

K

peu sur le penchant, ou au moins sur une portion de la pente qu'ils auront aplanie tout autour pour les y rouler et les y transporter plus commodément. Ainsi, en même temps qu'ils aplanissoient le sol de la ville, ils déblayoient le terrain à mesure, et ils en transportoient les pierres qu'ils entassoient les unes sur les autres à leur place, et évitoient par ce moyen les travaux qui eussent été nécessaires pour les élever.

Lorsque nous nous fûmes avancés au milieu des ruines de la ville, nous fûmes frappés d'abord, par une haute muraille construite de pierres tufacées, minces et plates qui se trouvent sous le sable de la plaine d'*Orbetello*. Je ne saurois déterminer à quelle espèce d'édifice ce mur pouvoit servir. Nous y trouvâmes, au milieu des fermes, une superbe coquille en limaçon, ( *lumachella* ) composée de petites coquilles consolidées ensemble, sans apparence d'aucun ciment naturel qui les lie.

Un peu plus avant, dans la partie la plus élevée de la ville, nous vîmes une grosse muraille de pierres équarries, longue de plus de cinquante-deux pieds, de trente ou trente-deux d'élévation, sans créneaux, sans ouvertures, ayant seulement dans le haut quelques apparences de fenêtres ruinées. Il y a autour plusieurs autres murs qui lui sont parallèles ou perpendiculaires, mais plus ruinés et presque de niveau à la terre.

Tout cela donne l'idée d'un grand édifice public ou d'un palais ; et je serois assez tenté de croire que ce sont les restes d'une église chrétienne qui y existoit dans le temps où *Cosa*, durant les siècles de barbarie, recommença à exister sous le nom d'*Ansidonia* ; nous recueillîmes beaucoup d'*oricella* sur le côté de cette grosse muraille qui regarde le couchant.

Enfin, dans cette ville antique et désolée tout est en ruine, et à peu près détruit. Les pierres entassées confusément encombrent

le terrain fort au large , et les ruines
mêmes sont ensévelies sous les arbustes,
et sous mille autres plantes sauvages
qui s'y sont naturalisées. Ce qu'on y remarque d'entier et de bien conservé, ce
sont des espèces de grandes galeries souterraines et voûtées. Leur forme , les matériaux dont elles sont construites , et sur-tout
l'enduit dont elles sont revêtues en dedans ,
prouvent évidemment que ce sont des
réservoirs d'eau.

Les anciens Étrusques et Romains ,
lorsqu'ils fondoient des villes , et lorsqu'ils
conduisoient des colonies , avoient une
attention particulière d'y faire aboutir des
chemins de communication commodes , et
de les pourvoir en tout temps d'abondantes
eaux pures et salubres , qu'ils faisoient
venir de loin par des aqueducs , ou bien
en recueillant les eaux de pluie dans des
réservoirs dépuratoires et dans des conserves. Plus cet objet étoit grand et im-
portant , plus ils multiplioient les frais et
les ressources de l'art pour donner de la

solidité, et assurer, pour ainsi dire, l'immortalité à ces sortes d'ouvrages. De manière que tandis que la plupart des autres monumens de l'antique magnificence ont succombé aux injures des temps, nous voyons encore de nos jours de longs fragmens très-bien conservés, des chemins publics Étrusques et Romains ; de même plusieurs aqueducs antiques entretenus, servent à leurs premiers usages, et ceux qu'on a abandonnés montrent encore, par les vastes ruines qui existent, quelles étoient leur magnificence, leur étendue et leur solidité. Ainsi, les restes hideux de *Saturnia*, de *Roselle*, de *Populonia*, de *Cosa*, et d'autres villes désertes, offrent encore, au milieu de leurs ruines difformes entassées les unes sur les autres, des réservoirs d'eau le plus souvent entiers, et qui se sont si bien maintenus, qu'ils pourroient très-bien encore remplir l'objet pour lequel ils ont été construits.

Si cette contrée maritime, devenue si sauvage et si dépeuplée, étoit autrefois vivifiée par un grand nombre de villes, de bourgs, par de nombreux habitans, et par des campagnes fertiles et bien cultivées, je crois devoir en attribuer la raison aux voies de communication qui y existoient, plus encore à l'abondance d'eaux salubres dont elle étoit pourvue ; deux moyens les plus efficaces pour préserver des effets pernicieux d'un air humide, épais et pesant.

Enfin, vers la partie occidentale de la ville, nous trouvâmes les restes d'un arc de triomphe antique et simple. Sa hauteur étoit médiocre, sans ornemens, et formé par un grand arc au milieu de deux autres plus petits. Plus de la moitié s'étoit écroulée de vétusté, il n'y avoit plus en place qu'un morceau du grand arc, et un des arcs latéraux qui étoit encore entier. Sa base étoit ensévelie sous les ruines, et son sommet étoit tronqué et dégradé. Au lieu de trophées et d'autres ornemens, qui, peut-être ont été détruits par le temps ou par la main des hommes, on y voyoit végéter avec vigueur un gros pied de sabine, plante qui abonde sur tous les rivages voisins. J'ai cru à propos de donner dans la planche IV, le dessin des ruines de cet arc de triomphe.

Tels sont les misérables monumens de la grandeur d'une ville, qui, à ce que jé crois, pouvoit seule disputer avec toutes les autres cités antiques des Étrusques, pour l'agrément et la beauté de la situation.

Au lieu des superbes édifices qui en embellissoient l'intérieur ; au lieu des nombreux édifices sacrés et profanes qui embellissoient et animoient ses environs ; au lieu des côteaux de vignes et de champs d'oliviers, qui décoroient la pente douce de la montagne, la fertile vallée voisine, ainsi que les collines dont elle est couronnée en devant ; l'œil ne découvre à présent qu'un amas de ruines, un aspect sauvage et de désolation qui réveillent sans cesse un sentiment de compassion et de regret inexprimable. Tout concourt à prouver que cette ville ruinée, connue de nos jours sous le nom d'*An-sidonia*, est l'antique *Cosa* ou *Cossa* : c'est là que la placent Strabon, Pline, l'Itinéraire maritime d'Antonin, la *Tavola Peutingeriana*, et l'*Anonimo Ravennate*. Lorsque *Rutilio Numaziano* côtoyoit le rivage, en allant de Rome en France, il vit les ruines de *Cosa* avant d'arriver à *Portercole* où il s'arrêta ; ce qui convient précisément à *Ansidonia*, qui est sur une colline sur le bord de la mer avant *Portercole*, lorsqu'on vient d'*Ostia* et de *Civita-Vecchia*.

Une autre preuve décisive, sont les murs antiques de cette ville, construits, comme je l'ai dit ci-dessus, d'énormes pierres de taille aplaties et assemblées sans ciment, à la manière des autres grands édifices des Étrusques qui furent les fondateurs de *Cosa*.

De plus, ces réservoirs d'eau qui existent encore, indiquent au moins le siècle des Romains, dont *Cosa* étoit une colonie, et qui étoient aussi curieux de prendre ces précautions que les Étrusques eux-mêmes.

Enfin, l'arc de triomphe dont j'ai parlé, appartient sans contredit à la colonie Romaine, soit qu'il ait été élevé en l'honneur de quelque empereur venant de remporter des victoires sur les Ultra-montains, soit qu'il ait été consacré par les Pisans à la gloire d'Auguste, bienfaiteur signalé et protecteur de leur ville.

Il ne faut pas s'arrêter à l'autorité et à l'assertion de *F. Leandro Alberti* et de *Targioni*, qui n'ont point vu les choses par eux-mêmes, et qui ont été induits à erreur par des relations infidelles. Le premier, dans sa description de l'Italie, pense avec *Annio Viterbiense*, et avec *Volaterrano*, que *Cosa* fut située sur le mont *Argentario*, où il n'existe aucune trace ni aucun site qui correspondent avec cette antique cité. *Targioni* ensuite, dans l'exposition de l'Itinéraire d'Antonin et de la *Tavola Peutingeriana* ( Viag. tom. IX, p. 204. ) prétend que *Cosa* étoit située dans l'isthme

du mont *Argentario*, tout près d'*Ansidonia*. Mais tout l'isthme *della Feniglia*
s'étend en plaine continuelle, depuis la
colline d'*Ansidonia* jusqu'auprès de *Portercole*, où commencent seulement les
collines et les élévations sans aucun vestige de ruines et d'antiquités, et sans
aucune correspondance avec le site de
*Cosa.*, indiqué par les Auteurs anciens.

Mais que peuvent avoir été les édifices
rasés de la *Feniglia*, et les ruines d'anciennes constructions de la tour de *S. Biagio ?* Quant aux premiers, je ne sais à quoi
l'on peut les attribuer avec certitude, parce
que, comme je l'ai déjà observé, on ne peut
y distinguer aucun signe distinctif qui en
indique la figure ou la destination. Ni les
inscriptions anciennes et modernes, ni
l'histoire, ni la tradition, ne nous donnent
aucun éclaircissement à cet égard.

Mais il est très-naturel de penser que
*Cosa*, située sur une colline, et inaccessible du côté de la mer, sur le bord
de laquelle elle domine, en formant un

énorme précipice, ait eu à la droite du côté du rivage qui est aplani, et sur la droite du mont *Scalo*, des magasins, des logemens tant publics que particuliers, et d'autres édifices semblables nécessaires au commerce de mer, qui peuvent former, à ce que je crois, les ruines de la *Feniglia*. (*)

A l'égard des ruines de la tour de *S. Biagio*, je n'hésite point à assurer que ce sont positivement les restes de *Succosa*. En effet, dans la *Tavola Peutingeriana*, et dans l'*Anonimo Ravennate* (**) on voit sous cette dénomination un pays que l'on trouve avant d'arriver à *Cosa*, en venant de Rome, précisément comme se trouve

---

(*) Dans la *Tavola Peutingeriana*, on voit noté à neuf milles de la rivière d'*Albegna*, un lieu dont il ne reste que la seule syllabe *co*, peut-être y a-t-on voulu désigner ces édifices, ou l'établissement de la *Feniglia*. Mais ce titre ancien, plein d'erreurs et de transpositions, mérite à peine d'être cité faute d'autres.

(**) ——— *Ad novas, Subcosæ, Cosa, ad portum Cossam, etc.* Anon. Raven. lib. IV.

la tour de *S. Biagio*, située au-dessous de cette ville, et dont le nom s'accorde pareillement avec le nom ancien; (*) dans ses ruines mêmes on retrouve le luxe et la magnificence qui convenoient à l'escalier d'une ville aussi considérable.

Je pense donc, après avoir déterminé ainsi la position de *Succosa*, comme je crois l'avoir démontré, qu'*Ansidonia* que nous voyons ruinée, fut autrefois *Cosa*. Cette ville ancienne fut bâtie par les Étrusques *Volsques*, et devint ensuite une colonie Romaine. Tite-Live lui fait l'honneur de penser qu'elle conserva une fidélité inébranlable pour ce peuple dans les temps les plus difficiles de la République, lorsque les désastres terribles de la seconde guerre Punique ébranlèrent et firent même révolter plusieurs villes soumises ou alliées. Peut-être qu'en récompense d'une si rare fidélité, on la déclara municipe, comme l'appelle Cicéron dans son discours contre Verrès ;

***

(*) *Succosa*, c'est-à-dire *sub Cosa*.

c'est-à-dire qu'on lui donna le privilége de se gouverner par ses propres lois.

Auguste la protégea spécialement, la répara, et lui donna le nom de *Julia Cossa;* elle se soutint non-seulement jusqu'au temps de Pline, qui la met au nombre des villes anciennes Étrusques ; mais encore jusques sous l'empire de Marc-Aurèle, et sous le troisième des Gordiens, comme le prouvent les deux inscriptions que j'ai rapportées ci-devant. *Rutilio Numaziano,* qui l'observa vers l'an 416, tout près de la mer, la décrit dans le premier livre de son Voyage, comme déjà ruinée depuis long-temps, et absolument déserte :

> *Cernimus antiquas nullo custode ruinas,*
> *Et desolatæ mœnia fæda Cosæ.*

Il semble cependant que sa destruction ne remonte pas au-delà de la moitié du troisième siècle ; car *Gordiano,* auquel une des inscriptions ci-dessus est dédiée, fût tué l'an 244. La tradition que *Rutilius* rapporte en plaisantant, est que les *Cosans* furent obligés de quitter leur ville à cause de la multitude des rats dont elle étoit infestée. (*)

On ignore pendant combien de temps la ville de *Cosa* resta ainsi déserte et inhabitée. Il paroît pourtant assez vraisemblable que sur ses ruines mêmes on en construisit une autre, à laquelle on donna le nom d'*Ansidonia*. S'il n'en étoit pas ainsi, on trouveroit dans cette dernière

---

(*) La désertion non-seulement de *Cosa*, mais encore de plusieurs autres pays, fut attribuée par les anciens, à la quantité prodigieuse de rats qui les désoloient. Pline dit que ces animaux chassèrent de leur pays, les habitans de la *Troade* ainsi que ceux de *Giaro*, une des isles Cyclades. De nos jours c'est une chose connue, que tous les dix ou douze ans il descend des montagnes de la Scandinavie et de la Laponie, des troupes innombrables de gros rats sauvages que l'on nomme *lemmar* ou *leming*, qui dévastent entièrement les campagnes par lesquelles ils passent. Les gens simples de ces contrées, effrayés de la prodigieuse quantité de ces animaux, et des ravages qu'ils font, les croyant tombés du ciel pour la punition de leurs péchés, font des prières publiques, et s'imposent des pénitences pour faire cesser ce fléau.

un plus grand nombre d'édifices ruinés,
et ceux-ci seroient moins défigurés. Mais
*Ansidonia*, elle-même désolée et détruite,
selon toute apparence, par les Sarrasins,
lorsque dans le dixième siècle ils dévas-
tèrent la rivière maritime de Toscane et
de Gênes, disparut alors entièrement; aujourd'hui il n'en reste plus que des ruines
qui attestent l'ancienne grandeur de *Cosa*.

J'aime à me flatter, au surplus, que l'on
me pardonnera, si, ému par le spectacle
qu'offroient les tristes restes d'une ville,
autrefois si remarquable et si bien située,
je n'ai pu m'empêcher de donner quelque
soin à déterminer son ancien site, et à
décrire ce qui a pu en échapper aux injures du temps, d'après deux voyages
faits exprès dans ce pays. *Recordare* (dit
Pline le Jeune) *quid quæque civitas fuerit,
ut non despicias, quod esse desierit.*

## *Minéraux.*

Tables de tuf calcaire, qui se trouve par
couches sous le sol sablonneux de la

plaine d'*Orbetello* ; il est effervescent et soluble dans les acides , etc.

Terre prise dans le *Spacco della Regina*, dont on se sert pour nettoyer les ustensiles de métal. Elle est un peu granuleuse, et composée d'une quantité prépondérante de calcaire , peu de fer et de très-peu d'argile.

Perles trouvées dans la coquille de pinnes marines pêchées dans la mer auprès de *Portercole*.

Belle coquille en limaçon , formée de petites *camites* et de *cardites* réunies et soudées ensemble sans aucun ciment apparent. *Dans les ruines d'Ansidonia.*

*Plantes recueillies ou vues à Ansidonia,
sur le rivage sablonneux.*

| | |
|---|---|
| Salsola soda. | Rhamnus paliurus. |
| Chelidonium glaucium. | Myrthus communis. |
| Bunias cakile. | Pistacia lentiscus. |

Dans un sol un peu marécageux.

| | |
|---|---|
| Salicornia herbacea. | Scirpus maritimus. |
| Artemisia cærulescens. | |

Dans

# Dans une grotte au pied de la montagne d'*Ansidonia*.

*Ranunculus sceleratus.*            *Adiantum capillus veneris.*

## En gravissant la montagne d'*Ansidonia*.

*Cistus Monspeliensis.*
———— *incanus.*
———— *guttatus.*
*Myrtus communis.*
*Rosmarinus officinalis.*
*Spartium junceum.*
*Juniperus sabina.*
*Cercis siliquastrum.*
*Ulmus campestris.*
*Pistacia terebinthus.*
*Quercus robur.*
———— *ilex.*
———— *suber.*

*Lycium Europæum.*
*Teucrium fruticans.*
*Daphne Gnidium.*
*Biscutella lævigata.*
*Asclepias vincetoxicum.*
*Lagurus ovatus.*
*Vicia cracca.*
*Psoralea bituminosa & angustifolia.*
*Buphtalmum spinosum.*
*Asphodelus ramosus.*
*Pimpinella peregrina.*
*Centaurea galactites.*

## Parmi les ruines d'*Ansidonia*.

*Olea Europæa sylvestris.*
*Laurus nobilis.*
*Fraxinus ornus.*
*Rhamnus paliurus.*
*Scriola æthnensis.*
*Anethum feniculum.*
*Verbena officinalis.*
*Tragopogon porrifolium.*
*Malva sylvestris.*
*Hordeum marinum.*

*Avena fatua.*
———— *sterilis.*
*Gallium mollugo.*
*Sideritis Romana.*
*Tamus communis.*
*Scabiosa integrifolia.*
———— *arvensis.*
———— *columbaria.*
*Bromus tectorum.*
*Scorzonera picroides.*

L

*Allium album.*
*Papaver rhoeas.*
*Delphinium staphisagria.*
*Andryala integrifolia ç si-*
*nuata.*
*Eryngium campestre.*
*Thlaspi bursa pastoris.*
*Lepidium iberis.*
*Secale villosum.*
*Borrago officinalis.*
*Nigella Damascena.*

*Fumaria capreolata.*
*Melissa nepeta*
*Osyris alba.*
*Plantago lanceolata.*
*Geranium molle.*
*————— dissectum.*
*Lactuca scariola.*
*Carduus nutans.*
*Scolymus Hispanicus.*
*Centaurea solstitialis.*

Sur les ruines d'une porte de la ville on voit les plantes ci-après, fortes et vigoureuses.

*Celtis australis.*
*Pistacia terebinthus.*

*Rhamnus paliurus.*
*Acanthus mollis.*

Sur un mur antique, grande quantité de

*Lichen roccella.*

Auprès de ce mur.

*Stipa pennata.*

# CHAPITRE X.

## Le Mont *Argentario*. Le *Ritiro dei Passionisti*. Porto S. Stephano.

Après être retournés à *Portercole*, le jour suivant nous nous acheminâmes vers le mont *Argentario*. C'est un promontoire, qui par son rétrécissement forme un isthme entre la mer et le lac d'*Orbetello*, mais il s'élargit ensuite, et forme une péninsule d'environ sept milles dans sa plus grande largeur, et d'un peu moins de vingt-cinq de circonférence; son milieu est occupé, dans toute sa longueur, par une chaîne continuelle de collines, qui, en se ramifiant de chaque coté vers la mer, forment dans leurs intervalles de longues et étroites vallées.

Nous commençâmes donc à gravir à travers ces collines, et après avoir fait cinq milles par des chemins escarpés,

L 2

et essuyé une pluie à verse pendant une heure, nous arrivâmes bien mouillés et harassés au *Ritiro dei PP. Passionisti*. C'est dans ce lieu inculte, désert et sauvage, que se retira, au rapport des vieillards, le père *Paolo*, pour y faire pénitence avec un petit nombre de compagnons ; il y fonda l'institut des Missionnaires Passionistes, qui font seulement des vœux simples, qui leur permettent de s'en aller ou être renvoyés, s'ils ne s'accommodent pas de la règle de cet institut, ou s'ils ne conviennent pas à la règle elle-même ; de façon qu'il n'y a nulle contrainte, et une chose assez rare, c'est que la paix, l'ordre et la bonne volonté règnent parmi eux. Ils vivent dans une grande pauvreté, et les aumônes sont le seul moyen de subsistance de la maison professe et de la maison du noviciat qui en est éloignée de plus d'un demi-mille.

Nous nous arrêtâmes trois jours dans ce monastère, et nous passâmes ce temps à en examiner les environs et les penchans élevés des montagnes , entre autres la *Cima delle tre Croci* , nom que l'on donne à la partie la plus élevée de la péninsule, et qui est à quatre milles du *Ritiro*. Nous vîmes dans le chemin des filons de pierre calcaire verdâtre, fissile et lamelleuse, au point qu'elle sembloit un véritable schiste ; des masses énormes d'une belle brèche silicée, dont l'empâtement étoit tantôt rouge avec des lapilles quartzeuses blanches ou opaques, ou demi-diaphanes ; tantôt d'un empâtement blanc avec des lapilles rouges de différentes nuances (*) : nous trouvâmes aussi de grands bancs de pierre calcaire en masse, avec des filamens quartzeux , dont la cime nue de la montagne est formée.

----

(*) J'ai trouvé depuis une grande quantité de brèche silicée dans la Maremme ; il paroît que ses masses ont ainsi une longue correspondance continuée, car elle forme le noyau des montagnes Pisanes mêmes, comme je l'ai observé, dans mon Traité des bains de Pise, pages 24 et 38.

L 3

En nous reposant sur le haut *delle tre Croci*, nous découvrîmes tout l'ensemble du mont *Argentario*; l'œil y découvre aisément dans le lointain, à l'ouest, l'isle d'Elbe, la Corse et la Sardaigne; au sud-ouest, l'isle *del Giglio*, autrefois *Igilium*, habitée par les Toscans, *Gianuti* autre-fois *Dianium* ou *Artemisia*, et plus loin *Monte Cristo*. Ces deux dernières ne sont plus habitées aujourd'hui; elles deviennent souvent l'asile et la retraite où se cachent les Corsaires Barbaresques, qui infestent impunément ces mers, et portent l'épou-vante, la misère et la désolation parmi les familles pauvres des pêcheurs et des autres gens de mer.

Du *Ritiro*, nous passâmes à *Porto S. Stefano*, qui en est éloigné de quatre à cinq milles; et comme nous y fîmes deux voyages, les instances obligeantes que l'on nous fit, nous déterminèrent à loger la première fois chez M. l'archiprêtre D. *Giovan Batista Costa*; et la seconde, chez M. D. *Bernardino Bausani*, lieute-nant de Roi de *S. Stefano*.

Ce port, selon la tradition, étoit un assemblage de quelques maisons de mariniers et de pêcheurs ; mais aujourd'hui la population est tellement augmentée qu'on y compte jusqu'à mille habitans. La pêche fut l'origine de cet établissement, et elle s'y continue avec activité.

Ses habitans se sont apperçus que la terre fournit une subsistance qui coûte du travail, à la vérité, mais qui est plus sûre et plus variée ; plusieurs, en conséquence, se sont attachés à cultiver non-seulement les vallées voisines, mais encore les montagnes éloignées, de manière qu'aujourd'hui on n'y voit de tous côtés que des champs de blé, des côteaux de vignes, d'oliviers, et des châtaigneraies.

Le port est formé par un simple golfe ou anse, en face duquel est ce qu'on appelle la *Tonnara*, c'est-à-dire l'endroit où se tendent des filets pour prendre les thons. Nous nous y trouvâmes dans le temps de la pêche : un matin nous vîmes lever les filets, ils contenoient cent dix thons ; on les envoie tout frais dans divers pays de la Toscane ou de l'Etat Romain ; et si on en a une trop grande quantité, on les coupe par tranches, on les fait sécher au soleil, et on les met dans l'huile pour les conserver, et les vendre ensuite peu à peu. La pêche du thon commence ordinairement en Mars, et continue jusqu'à la fin d'Octobre, parce que ce poisson qui va en troupe passe d'abord en venant de la mer Noire dans la Méditerranée, et repasse ensuite pour retourner dans la mer Noire.

Pendant notre séjour dans ce lieu, nous visitâmes, le plus souvent à pied, toute la partie du mont *Argentario*, que nous n'avions pas vu du *Ritiro* ; nous le parcourûmes au long et au large, même en le côtoyant dans une barque : nous vîmes dans un fossé de la vallée appelée le *Campone*, des morceaux d'un très - beau jaspe vert, nous en suivîmes les traces et nous en trouvâmes enfin de grosses masses à fleur de terre, sur la plage *del*

*Pispino.* La brèche silicée de diverses couleurs dont nous avons parlé, règne en abondance de ce côté.

Plus haut, se trouve une vieille tour qui tombe en ruine, et qui s'appelle *Argentiere*, ainsi que la colline sur laquelle elle est située. Le peuple des environs ne songe que trésors et enchantemens ; en nous voyant armés d'un marteau et d'une pioche, ils nous prirent pour des *cava-tesori* ( cherche - trésors ) ; de manière que chaque fois que nous nous arrêtions pour gratter la terre, nos guides, croyant à chaque moment voir paroître un trésor, ne levoient pas les yeux de dessus nous : enfin, pour le dire en passant, la tournée que nous fîmes, et le genre de nos recherches, donnèrent de nous, à ces gens idiots, naturellement portés à croire aux choses merveilleuses et terribles, les idées les plus étranges et les plus désagréables.

Cependant ces noms de mont *Argentario*, de l'*Argentiere* et de l'*Argentarola*, prouvent que ce promontoire a toujours passé pour contenir des mines d'argent. Ce qui a pu donner lieu à cette illusion, sont, je pense, le *mica* argenté, dont les pierres calcaires, les schistes et les terres froissées sont couvertes ; les tables minces, blanches et luisantes de pierre calcaire fissile, qui en se décomposant se réduit en une terre brillante ; et l'éclat d'une grande quantité de gabbres qui y abondent : car le vulgaire imagine aisément trouver ce qu'il désire.

Sur la colline *dell' Olmo*, on trouve de grandes masses de pierre calcaire toute caverneuse, et qui est presque une pierre-ponce ; de là, nous commençâmes à descendre vers la mer du côté du midi.

Sur le rivage appelé *il mar Morto*, on voit le spectacle hideux d'éclats de rocher, de masses culbutées, de ruines, et de précipices formés par des roches calcaires, qui encombrent la terre et la mer ; elles renferment souvent des cristaux de roche très-limpides.

En traversant le promontoire d'un autre côté , par la *costa delle Scorpacciate* , par le *poggio degli Spini bianchi* , par la *Valle del Castagno*, le *poggio di S. Pietro* et par la *torre della Punta* , où nous trouvâmes des masses longues de plus de trois pieds d'un très - beau spath calcaire blanc ondulé , nous arrivâmes de nuit à *S. Stefano.*

Nous fîmes encore quelques courses sur mer, pour en visiter les côtes et les sinuosités , qui vulgairement s'appellent *cale.* Sur la rive d'un de ces sinus, appelé la *cala grande* , à la droite de *S. Stefano*, nous vîmes de grandes masses de jaspe rouge pâle avec des veines de quartz blanc, les brèches ordinaires silicées, et de gros quartiers de *gabbro* vert clair à écailles micacées, trèsluisans, transparens et très - larges. On y trouve aussi, mais non pas aussi abondamment ni en si gros quartiers, des bancs de *macigno* d'un vert foncé avec des taches claires ; il est formé de lapilles

durs qui rendent ces taches plus claires,
et d'un fond d'une consistance plus tendre
et plus obscure. Ce fond est magnésien ;
les lapilles sont silicés, je les ai reconnus
depuis être des *feld-spath*.

Enfin ces diverses espèces de brèches,
continuellement transportées, et alternativement rejetées par les flots sur la
grève, à force d'être roulées et froissées,
se réduisent en petits cailloux, dans lesquels le fond ou ciment plus tendre, se
consume jusqu'à se polir, tandis que les
lapilles plus durs résistent davantage ; et
quoiqu'ils prennent eux-mêmes le poli,
ils restent cependant relevés et saillans
sur l'empâtement qui en fait la base.
Ainsi ces cailloux sont de véritables
*variolites*, dont nous pûmes observer
tout de suite la formation mécanique,
qui certainement peut être applicable à
toutes les autres *variolites*. Si plusieurs
d'entre elles diffèrent, soit par l'empâtement ou par les lapilles, cependant
elles se rapportent aux nôtres, en ce

que le fond ou ciment en est plus tendre, et les noyaux ou lapilles plus durs et plus résistibles ; à cela près , si elles sont roulées et rongées également dans toute leur superficie , elles entrent dans le nombre des cailloux ordinaires. Si ensuite on trouve des *variolites* à une grande distance de la mer , je pense également qu'elles doivent leur origine aux anciens dépôts , ainsi que les couches immenses de *glaise* marine que nous remarquions dans la terre , et que les eaux des torrens et des fleuves découvrent, détachent des anciens lits, et transportent avec elles.

Auprès de la grève on rencontre fréquemment des rochers , quelques - uns absolument sous les eaux , d'autres submergés en partie, sont, ou une continuation des rochers du promontoire, ou bien en sont détachés , et sont croulés sur le bord de la mer. (*)

_________________________________________

(*) Rutilius décrit élégamment l'embarras et les difficultés que l'on éprouve à côtoyer le mont *Argen-*

Trois des plus considérables et des plus étendus de ces rochers se distinguent par le nom d'isle. L'un est l'*Isolotto* voisin de *Portercole*, dont j'ai fait mention au chapitre VIII ; les deux autres se nomment, l'un l'*Isola Rossa*, et l'autre l'*Isoletto dell'Argentarola* : ce dernier, malgré sa riche dénomination, n'est autre chose qu'une roche en grande partie calcaire, mais si escarpée et d'un si difficile accès, que nous ne pûmes y monter qu'en nous accrochant des pieds et des mains ; nous n'y recueillîmes que quelques plantes assez communes, et quelques échantillons de rocher que nous prîmes, parce que les uns étoient couverts d'une multitude innombrable de *balani*, ou parce que du côté où ils étoient exposés au froissement des ondes, ils étoient émaillés d'une couche noire formée peu à peu par les flots, qui alternativement les baignoient

---

.*tario*, à raison précisément de ces rochers qui existoient de son temps sur le rivage :

« Vix circumvehimur sparsæ dispendia rupis,
Nec sinuosa gravi cura labore caret ».

et les laissoient à sec. Il seroit difficile de deviner l'origine de cette sorte d'enduit, si on ne l'avoit pas vu sur les lieux mêmes. (*)

*L'Isolotto dell'Argentarola*, s'élève entre la *cala grande*, et le *capo dell'Uomo*, qui forme la pointe saillante de la péninsule.

*L'Isola Rossa* est beaucoup plus intéressante. Elle est détachée à quelques pas du rivage méridional, près le lieu appelé *il Mar morto*. Elle tire son nom de la couleur qui y domine. Elle est très-escarpée de tous côtés. Elle s'élève au-dessus des eaux, à la hauteur de cinquante brasses tout au plus,

---

(*) Cet enduit est mince, luisant, très-lisse, souvent globuleux ; il est absolument semblable pour l'apparence à un émail. Telle est aussi la couche, dont j'ai vu couvertes plusieurs pierres exposées aux eaux des lagunes de *Serrazzano*. L'analyse comparative m'a démontré que le carbonate de chaux et l'oxide noir de fer, composent ces deux enduits. Le mécanisme de leur formation paroît aussi être le même, c'est-à-dire l'arrivée et la retraite alternative des eaux qui y forment ce dépôt, et qui après cette formation continuent de les rouler et de les polir.

Elle a environ trois cents pas de circonférence; nous ne nous attendions pas
à trouver dans un aussi petit espace une
récolte également riche, variée et abondante. Nous y trouvâmes des terres et
des pierres rouges, vertes, azurées, jaunes
et blanches : des solfates de fer, de cuivre
ou composés de l'un et de l'autre; des filons
de sulfures ou pirites de fer ou de cuivre
jaune brillant; des efflorescences de solfate,
d'argile, des quartz diversement colorés,
et autres beaux minéraux semblables. Enfin
notre récolte fut aussi riche que l'aspect du
lieu sembloit nous promettre d'être intéressant et instructif. Nous eûmes occasion de
remarquer comment les sulfures métalliques
exposés à l'air libre, à l'humidité de l'atmosphère et au choc des eaux de la mer, s'a-
mollissoient, se dissolvoient et se décomposoient ; comment le soufre qu'elles contenoient étoit peu à peu acidifié par l'oxigène de l'air et de l'eau ; comment le
nouvel acide sulfurique, en s'emparant du
fer et du cuivre des sulfures décomposés,

les

les salifioit, et formoit les trois solfates dont je viens de parler : comment ces solfates mêmes décomposés par les eaux de la mer et de la pluie, se cristallisoient, après que celles-ci s'étoient évaporées, ou bien en circulant sur la surface et dans l'intérieur du rocher, et y rencontrant des pierres calcaires et argileuses, couvroient ces dernières, et se décomposoient alternativement, en donnant naissance à de nouvelles combinaisons, telles que le sulfate de chaux et d'argile qu'on y remarque en abondance. Enfin, nous voyions comment les particules de fer et de cuivre ainsi précipitées s'insinuoient dans les terres, dans les pierres, s'y réunissoient, et leur communiquoient les plus vives couleurs.

Toutes ces observations se présentent à l'œil de l'observateur attentif, dans un si petit espace qu'il mérite d'être visité par quiconque est attiré au mont *Argentario*, par l'amour de l'histoire naturelle.

M

La plage qui en est très-voisine, n'annonce dans ses productions aucuns rapports avec l'*Isola Rossa*. Il est pourtant assez vraisemblable que ces filons de sulfures communiquent de ce côté avec la péninsule, mais sont profondément cachés au-dessous du niveau de la mer.

Dans les parties les plus boisées et les plus élevées du *mont Argentario*, on trouve, outre un grand nombre de lièvres et de renards, beaucoup de sangliers, de chevreuils, de porc-épics et de hérissons. Tous ces animaux font l'amusement des chasseurs; mais d'un autre côté, ils gâtent beaucoup les productions des pauvres cultivateurs. Nous avons souvent trouvé sur nos pas des petits *lucignoli*, (*Anguis fragilis L.*) qui ne font aucun mal, malgré le faux préjugé répandu à leur égard. Dans le bocage du bas et entre les rochers, on trouve fréquemment des vipères (*Coluber Berus L.*) qu'on voit particulièrement en mars et en avril, saison de leurs amours.

Cette péninsule abonde en sources d'eau légère, limpide, fraîche, et très-saine. Telles sont les fontaines de *S. Pietro*, *delle Scorpacciate*, *del Pispino* et *dell'Appetito* : cette dernière, sur-tout par sa légéreté et la facilité avec laquelle elle passe, est extrêmement propre à débarrasser les habitans de la *Maremme*, des obstructions et des enflures du bas-ventre, qui sont très-fréquentes dans plusieurs endroits de cette contrée.

En effet, les Maremmiens, invités par la bonté et l'abondance des eaux, et par l'air de la mer rafraîchi par les vents périodiques du couchant, et sur-tout par celui que l'on nomme maestral, viennent tous les ans s'établir dans ce lieu, et le plus grand nombre s'y purgent, et parviennent à se guérir de leur état cacochyme, et de leurs infirmités.

### *Minéraux.*

Jaspe vert où sont disséminées quelques petites taches blanches. *A la piaggia del Pispino*, auprès de *S. Stefano*.

Pierre calcaire fissile, blanche, légèrement verdâtre, et tombant en décomposition. *Dans la Vallée appelée le Campone.*

Spath calcaire blanc ondulé, détaché de grosses masses de même substance. *Au-dessus de la Torre della Punta.*

Jaspe rouge très-beau, avec des lapilles et des veines de quartz blanc. *Dans les champs della Caccierella.*

Queux silicé, rouge, lamelleux et fissile, entre-coupé de quelques lames stéatitiques verdâtres. Les lames de cette pierre sont disposées en fibres longitudinales. *On la trouve en filons au-dessus du gabbro.*

Gabbro très-luisant, verdâtre, composé de stéatites d'un vert clair, et d'abondantes et larges lames de mica blanc et transparent. *A la Cala grande.*

Gabbro vert clair, avec des couches et des veines de petits cristaux de delfinites. *Ibid.*

Variolites et cailloux formés de lapilles émoussées et arrondies, d'un blanc verdâtre, et d'un empâtement vert-brun, granuleux, avec quelques veines de quartz blanc. L'empâtement est magnésique dur : les lapilles sont des feldspaths beaucoup plus durs, de manière que le froissement qu'ils ont éprouvé par le roulis de la mer, a plus usé l'empâtement que les lapilles ou cailloux, de sorte que ces derniers sont ordinairement saillans, et forment les variolites. *Ibid.*

Le fer entre dans l'empâtement, comme partie colorante.

Pierre magnésique granuleuse, verdâtre, stratifiée dans les rochers du rivage, sur la surface desquels on remarque de petites protubérances d'un vert plus clair et étincelantes, avec des veines blanches quartzeuses.

Quoique dans cette pierre les lapilles soient un peu plus tendres, et ne pénètrent pas jusques dans sa substance, je

crois pourtant que ses éclats et ses fragmens roulés par les flots ont donné naissance aux variolites précédentes.

Cailloux quartzeux très-blancs, avec des
veines vertes également silicées, trouvés
sur le rivage. *Ibid.*

Brèche silicée à empâtement granuleux,
très-petit, avec des lapilles anguleux
ou diaphanes, ou demi - diaphanes,
blancs et rouges. Cette brèche est dure
et susceptible d'un beau poli. *Ibid.*

Brèche calcaire, rougeâtre, très-belle,
couverte d'un enduit composé de très-
petits cristaux de spath calcaire. *Ibid.*

Pièces de roche calcaire, couvertes d'un
enduit noir, très-luisant, de carbonate de chaux et d'oxide de fer, déposés par les flots de la mer. *Dans
l'Isolotto dell'Argentarola.*

Amas de sulfures jaunes, luisans, tissus
très-petits de fer, de cuivre, avec d'autres bruns, tous empâtés dans une matrice calcaire. *Dans l'Isola Rossa.*

Sulfures gros, informes, jaunes; de fer et de cuivre, dont une partie tomboit en décomposition. *Ibid.*

Incrustations de sulfate de fer et de sulfate de cuivre, provenans de la décomposition des sulfures ci-dessus. *Ibid.*

Terre blanchâtre imprégnée de sulfate de fer et de sulfate d'argile, très-abondante aux pieds des rochers. *Ibid.*

Pierres rouillées, noires à cause du fer des sulfures décomposés, qui s'y est décomposé et incorporé. *Ibid.*

Pierre granuleuse argillaceo - silicée avec de grosses veines marquées de vert et d'azur. D'après les essais que j'ai faits, je me suis assuré que le vert provient du fer, et que l'azur dérive du cuivre précipité par les solfates décomposés, et qu'il n'y reste aucun atome d'acide sulfurique. *Ibid.*

Croûte composée de cristaux de roche amoncelés et teints en jaune, en violet et en brun par le fer. *Ibid.*

Pierre calcaire, avec des cristaux de roche et de spath calcaire, avec des veines brunes et noires d'oxide de fer. *Sur le rivage del Mar Morto.*

## *Plantes du Mont Argentario.*

*Fagus castanea.*
*Fraxinus ornus.*
———— *excelsior.*
*Quercus robur.*
———— *ilex.*
———— *cerris.*
———— *suber.*
*Cercis siliquastrum.*
*Populus tremula.*
*Corylus avellana.*
*Ulmus campestris.*
*Ilex aquifolium.*
*Chamærops humilis.* (1)
*Cratægus torminalis.*
———— *monogyna.*
———— *oxyacantha.*
*Arbutus unedo.*
*Juniperus sabina.* (2)
*Pistacia lentiscus.*
*Myrtus communis,* Italica.
*Rosmarinus officinalis.*
*Phyllirea latifolia.*
———— *angustifolia.*
*Nerium oleander.* (3)

*Lonicera caprifolium.*
———— *etrusca.*
———— *peryclimenum.*
*Cytisus sessilifolius.*
*Daphne Gnidium.*
———— *alpina.* Olivella.
———— *laureola.*
*Teucrium fruticans.*
———— *chamædris.*
———— *flavum.*
———— *montanum.*
———— *polium.*
*Ceratonia siliqua.* (4)
*Rhamnus alaternus.*
*Cistus monspeliensis.*
———— *incanus.*
———— *salvifolius.*
———— *Italicus.*
———— *guttatus.*
———— *fumana.*
*Lythrum hyssopifolia.*
*Smilax aspera excelsa.*
*Spartium scoparium.*
———— *spinosum.* Spinorazze.

Spartium junceum.
Prunella vulgaris.
Erica vulgaris.
———— arborea.
———— scoparia.
———— multiflora.
———— mediterranea.
Anthyllis vulneraria.
Convolvulus althæoides.
———— cantabrica.
Allium album.
———— triquetrum.
Hypericum montanum.
Cucubalus behen.
Campanula hybrida.
———— rapunculus.
Psoralea bituminosa, C Angustifolia.
Centaurea crupina.
———— cichoracea. (5)
———— paniculata.
Asphodelus ramosus 3. (6)
Lotus hirsutus.
Globularia vulgaris.
———— alypum.
Thesium linophyllum.
Ononis minutissima.
———— viscosa.
Astragalus Monspessulanus.
Rumex acutus.
Sedum reflexum.

Coris Monspeliensis.
Gentiana centaurium.
Chlora perfoliata.
Gnafalium stœchas.
Polygala vulgaris.
Gladiolus communis.
Prasium majus.
Œnanthe pimpinelloïdes.
Echium Italicum.
Trifolium arvense.
———— angustifolium.
———— melilotus Italicas.
Plantago major.
———— lanceolata.
Ægilops ovata.
Angelica sylvestris.
Poterium sanguisorba.
Arundo ampelodesmos. Saracchio.
Ophrys arachnites.
Cineraria maritima.
Crithmum maritimum.
Sherardia muralis.
Milium lendigerum.
Betonica officinalis.
Asperula lævigata.
Orobus tuberosus.
Digitalis lutea.
Potentilla recta.
Tormentilla erecta.
Cyclamen Europæum.

Lapsana communis.
Lychnis dioica fl. rubro.
Viola canina.
Stachys hirta.
———— sylvatica.
Helleborus fœtidus.
Lithospermum purpureo-cæru-
leum.
Orchis abortiva.
Ophrys arachnites.
Vicia serratifolia.
Urtica pilulifera.
Momordica elaterium.
Dipsacus sylvestris.
Euphorbia spinosa.
Onosma echioïdes.
Cheiranthus alpinus.
Pinpinella saxifraga.
———— peregrina.
Ruta graveolens.
Cyperus flavescens.
Agrostis alba.
Scirpus setaceus.
Rotboella incurvata.
Scilla maritima.
Carduus palustris.
Acanthus mollis.
Satureja montana.
Thymus serpyllum.
Lathyrus aphaca.
Clinopodium vulgare.

Geranium columbinum.
Chelidonium majus.
Fragaria vesca.
Sanicula Europæa.
Geum urbanum.
Prenanthes muralis.
Veronica officinalis.
———— chamædris
———— anagallis.
———— beccabunga.
Eryngium campestre.
Ornithogalum pyrenaïcum.
Lavatera arborea. (7)
Pteris aquilina.
Polypodium vulgare.
———— aculeatum.
Adiantum capillus veneris.
Asplenium ceterach.
———— adiantum nigrum.
———— trichomanoïdes.
Lycoperdon stellatum.
Chara vulgaris.
Lichen caninus.
———— saxatilis.
———— perlatus.
Hypnum gracile.
———— alopecurum.
———— cincinnatum.
———— sericeum.
———— viticulosum.
———— crista castrensis.

(1) *Phenix humilis* de Cavanilles. Matthiole qui la nomme *Palma minore*, dit qu'elle croît spontanément dans la Maremme de Sienne ; nous l'avons trouvée assez rarement et seulement sur le rivage du mont *Argentario* parmi les rochers, vis-à-vis l'*isola dell'Argentarola*.

(2) On trouve la Sabine très-abondamment sur le mont *Argentario* ; elle y végète avec tant de vigueur, qu'il y en avoit sur la côte *delle Scorpacciate*, qui étoient aussi grands que les chênes les plus antiques : nous fûmes dans le cas d'y remarquer qu'elle est souvent monoïque. Elles croissent sur les plaines maritimes, ou au moins dans les lieux qui sont voisins ou en face de la mer. Le *crithmum maritimum*, la *cineraria maritima*, le *convolvulus althæoïdes*, le *prasium majus*, la *globularia alypum*, le *teucrium fruticans*, le *rosmarinus officinalis*, ont, comme la sabine, besoin du voisinage de la mer.

(3) Cette belle plante naît aussi spontanément sur le mont *Argentario*, parmi les rochers sur le rivage.

(4) Nous trouvâmes le caroubier, *ceratonia siliqua*, auprès de *S. Stefano* autour des vignes, et dans d'autres lieux cultivés ; les plantes en étoient rares et petites ; il est plus que probable qu'elles y ont été cultivées et transportées d'ailleurs.

(5) Cette plante placée avec raison par M. Civillo, parmi les chardons, sous le nom de *carduus cichoraceus*, fut autrefois transportée du mont *Argentario* dans le jardin botanique de Pise, où on la cultive encore ;

elle fut décrite et dessinée par Tilli, sous le nom de *jacea foliis cichoraceis, caule alato, flore purpureo.* Voyez C. Hort. Pis. p. 84. Tab. 27, nous en avons trouvé une grande quantité.

(6) M. Tilli donne encore la figure de cet asphodèle, Tab. 13, qu'il nomme *asphodelus albus ramosus maximus, etc.,* c'est l'*asphodelus ramosus, foliis variegatis.* Comme il le donne comme indigène au mont *Argentario,* nous le plaçons dans notre catalogue, quoique nous ne l'y ayions pas vu.

(7) *Linné* fixe le pays natal de cette plante, entre Pise et Livourne, où elle n'a jamais existé, ou au moins où elle ne se retrouve plus. Le seul endroit où nous l'ayons remarquée, est l'isle de l'*Argentarola.*

---

Je ne veux pas finir ce Chapitre, sans faire une mention particulière de l'utile plante que l'on nomme en Italie le *saracchio, arundo ampelodesmos, foliis radicalibus planis, margine scabris, acutis, caulinis vaginantibus convolutis, panicula secunda.* Cirill. fascicul. II. Plant. rar. Regni Neapolit. *Micheli,* dans le temps duquel on ne croyoit pas que le *saracchio* se trouvât en Toscane, l'apporta du royaume de Naples dans le jardin de Florence, et le nomma *gramen avenaceum, altissimum glabrum , foliis asperis , panicula penè aristata ( glumis ad basim villosis ) caule pleno rigido.* Voy. Cat. Hort. Flor. p. 44 et Cat. Hort. Pis. pag. 74.

Cette plante est employée à beaucoup d'usages économiques ; sur le mont *Argentario*, on se sert de ses feuilles pour faire des cordes et des filets pour la *tonnana* (filets disposés pour prendre les thons ) ; on en couvre les cabanes , on en fait des brosses pour empeser les toiles , et toute la plante sert de nourriture aux bestiaux. M. *Civillo* rapporte que dans l'*Abbruzze* où le *saracchio* est appelé *bisa busi , cannucce , intorti di povir homm.* ( Voy. Cupan. Hort. Cathol. p. 90. Luigi Anguillara parere 12 , p. 214 ) on se sert de ses feuilles et de ses tiges pour faire des vans pour le blé , des paquets pour faire filer les vers à soie quand ils se disposent à faire leurs cocons : il ajoute que dans les *plages* de la Sicile on s'en sert non - seulement pour faire des filets et des cables pour les navires , mais encore pour attacher les vignes. Pline nous rapporte que dès son temps le *saracchio* étoit particulièrement employé à ce dernier usage. On pourroit de plus, se servir de ses feuilles pour en faire des cages à exprimer l'huile , des paniers ou muselières ( * ) pour les mulets, des nattes appelées en Italie *stoje*, et des nattes à longs brins pour les pieds , et réserver les cannucce pour faire des nattes plus grosses , et des canniches ( ** ) ( *cannicci* ) extrêmement grandes. ( *** )

---

( * ) Ces muselières en usage dans une grande partie de l'Italie , servent à envelopper la bouche des mulets , des ânes et même des chevaux de campagne , soit pour les empêcher de se détourner de leur chemin pour paître ça et là , soit pour renfermer la portion de fourrage destinée à leur repas ; ce panier pend beaucoup au-dessous de la tête de ces animaux ; mais ils sont si bien accoutumés à cela , qu'ils savent très-bien baisser la tête et l'appuyer contre terre , pour pouvoir atteindre le fourrage qui est au fond. ( *Note du Traducteur.* )

( ** ) J'appelle ainsi ces nattes minces , faites de roseaux et de petites cannes fendues en plusieurs parties.

( *** ) Cette plante fait l'objet le plus essentiel de l'industrie et du produit de certaines parties maritimes

Au reste, le *saracchio* réussit très-bien dans un sol frais et humide ; nous l'avons parfaitement multiplié de semence.

---

du royaume de Naples, et sur-tout de Gaète. Les montagnes circonvoisines sont couvertes de cette espèce de graminée ; on l'emploie à demi-sec, dans le temps de la récolte, et en hiver on l'humecte un peu pour le rendre plus flexible : mais en hiver pour l'assouplir davantage, on le bat ▪poignées avec un battoir de bois sur une pierre lisse ; après quoi les femmes, les enfans même, dès l'âge de cinq ans, en font des cordelettes grosses comme le petit doigt, sans autres instrumens que leurs doigts : on n'emploie la filière ou le rouet que pour réunir ces cordelettes, lorsqu'on veut former de gros cables. Les femmes font pareillement à la main des tresses plates à quatre cordons, larges de quatre doigts, qu'elles assemblent et cousent ensuite côte-à-côte, pour faire des portoires pour les bêtes de somme : ce sont des espèces de vastes bissacs, qui servent à transporter toute espèce de denrées, et même des fumiers. Ces mêmes tresses servent à faire ce qu'ils appellent des couffins, espèces de paniers flexibles avec lesquels on porte à la main toute espèce de provision. Il seroit trop long de rapporter toutes les manières dont cette plante est employée, et pourroit l'être encore dans l'économie domestique. (*Note du Traducteur.*)

# CHAPITRE XI.

## La Torre di S. Liberata.

APRÈS être partis de *S. Stefano*, nous nous acheminâmes le long du rivage vers la *Torre di S. Liberata*, qui est à environ trois milles. Nous eûmes occasion de voir, chemin faisant, le lieu d'où l'on tire une grande quantité de *cocci* rompus, et de vases antiques encore tout entiers. Comme des amphores, ( *amfore* * ) des vases lacrymatoires, des pateres, tous en terre cuite, grossiers et sans vernis.

---

(*) J'appellerai ainsi de longs vases pointus à la base que l'on fichoit dans le sable, dans les caves ou celliers pour y conserver le vin ; j'en ai vu une très-grande quantité dans les ruines de Pompéia, rangés côte-à-côte et un peu inclinés les uns sur les autres, dans l'ordre selon toute apparence, où on avoit coutume anciennement de les placer. ( *Note du Traducteur.* )

Dans

Dans ces lieux on en trouve des souterrains remplis, signe évident qu'il y a eu là beaucoup de fabriques de ces divers ustensiles. Nous vîmes des amphores hautes d'environ une brasse et demie soit avec pied, soit sans pied, suivant l'usage auquel on les destinoit. La figure 2 de la planche troisième représente en petit une de celles que l'on y trouve le plus souvent, soit entières, soit rompues.

On sait que c'est précisément dans ces amphores que les anciens Étrusques qui excelloient dans l'art de faire des vases, renfermoient les cendres des morts ; ils les couvroient de tablettes de marbre ou de terre cuite, sur lesquelles ils gravoient souvent les titres et les inscriptions relatives aux défunts, et les plaçoient ensuite dans les niches pratiquées dans les murs des cryptes ou dans des trous pratiqués dans le pavé même. Cet usage fut ensuite adopté et conservé long-temps chez les Romains, grands

N

imitateurs des rits et opinions religieuses des Étrusques.

Ces amphores servoient encore, et même plus fréquemment, à conserver le vin, l'huile et le miel ; de manière qu'il n'est pas étonnant que l'on en ait fabriqué une si grande quantité dans un pays où le miel, l'huile et le bon vin devoient se recueillir en si grande abondance. (*)

---

(*) On remplissoit ces vases de vin nouveau, on en lutoit l'ouverture avec un mastic composé de poix et de plâtre, on les ensévelissoit sous terre ou dans des niches pratiquées dans les murs des celliers ; leur base de figure conique ou au moins décroissante, les rendoit très-faciles à enfoncer en terre, à les en tirer et à les y replacer au besoin. Le vin y achevoit lentement de fermenter, s'y perfectionnoit, s'éclaircissoit, et la lie se précipitoit au fond de sa partie la plus étroite ; de manière qu'au bout de plusieurs années, on goûtoit le vin par l'ouverture du vase même, ou par un petit trou formé par le potier dans le col du vase ; et quand il étoit parvenu à sa perfection, on le soutiroit du vase au moyen d'une pompe, en laissant la lie dans le fond, et on le servoit sur les tables où l'on se faisoit honneur de sa bonté et de sa vétusté Les Étrusques et les Latins n'étoient pas les seuls à faire usage de ces amphores,

Aujourd'hui les habitans du pays creusent continuellement dans les lieux où ils espèrent trouver ces sortes de vases, non par amour pour les beautés antiques; mais pour les briser, soit qu'ils les trouvent entiers ou rompus, les piler, y mêler de la chaux, et en faire une espèce de ciment ( * ) qu'on nomme en Italie *calcistruzzo*, dont ils

---

il paroît que les Grecs s'en servoient également pour conserver le vin; c'est du moins ce que prouvent les médailles de *Chio* ou de *Scio*, sur lesquelles on voit le plus souvent la figure de ces vases ou d'une grappe de raisin, et dont ces Insulaires se servoient pour prendre note de la quantité et de la qualité de leurs vins.

(*) On voit facilement par les ruines qui existent encore, que le ciment formé avec les vases broyés et mêlés avec de la chaux choisie, a été usité dans ces pays, dès l'antiquité la plus reculée. Cet enduit est précisément ce que les Latins appelloient *opus Segninum*, ( en Italien *opera Segnina*, ) parce que précisément la ville de *Segni* étoit réputée pour la perfection de ces sortes d'ouvrages, qui passoient pour y être mieux travaillés que par-tout ailleurs. *Fractis etiam testis utendo sic, ut firmiùs durent, tusis calce addita, quæ vocant signina.* Plin. lib. 35, cap. 46.

se servent pour cimenter les terrasses qui couvrent ici les maisons comme à Naples.

Enfin , nous rencontrâmes souvent sur notre chemin, tantôt sur le rivage même, tantôt dans des lieux qui en étoient peu éloignés , des ruines d'anciens édifices ; les plus remarquables et les plus nombreux se trouvent auprès de la *Torre S. Liberata.* Nous fûmes dans le plus grand étonnement à l'aspect de ces magnifiques monumens , dont personne ne nous avoit prévenus. Pensant alors que ce seroit une manière étrange de voyager que de ne pas s'arrêter à contempler ces vestiges de l'antiquité ; je crois aujourd'hui que je ne puis guère me dispenser d'en donner ici une succincte description. A plus de cent pas du rivage et de la Tour dont j'ai parlé, on voit au pied des montagnes un édifice ou vaste chambre voûtée, de soixante-deux pieds de long sur vingt-huit de large, et d'environ dix-huit de hauteur. Son rez-de-chaussée est un peu au-dessous du niveau du terrain extérieur, et sur-tout du côté qui regarde le penchant de la montagne. Le rez-de-chaussée, les côtés des murs et la voûte, étoient revêtus à l'intérieur d'un superbe enduit ou ciment, épais de deux pieds ; mais si massif, si compacte et si dur, que mon gros marteau tranchant rebondissoit en le frappant, comme sur une enclume. Ce ciment est composé de chaux choisie, de pierres calcaires et silicées du mont *Argentario*, broyées, et triturées avec un mélange, qui donne une teinte jaunâtre à toute la masse.

Nous n'y remarquâmes d'autres ouvertures que deux fenêtres rondes, ou œils de bœuf vis-à-vis l'un de l'autre dans les deux murs opposés, et les plus étroits de l'édifice, mais si élevés qu'ils touchoient à la voûte. Leur cintre extérieur est tout formé d'anses d'amphores de la fabrique voisine. Aujourd'hui un de ces œils-de-bœuf a été taillé dans sa partie inférieure à coups de ciseau, de sorte qu'il forme une

N 3

espèce de porte d'entrée ; on voit aisément dans sa coupe, l'épaisseur et la solidité du ciment.

Dans la voûte ainsi que sur les murs, on voit l'empreinte et les jointures des planches que l'on avoit disposées en long, ayant leurs extrémités posées sur l'extrémité des autres en recouvrement, et qui formoient la charpente sur laquelle on avoit jeté le ciment tout frais. Cette construction ingénieuse et solide s'appelloit *opera formacea*. A l'extrémité la plus élevée des murs, on voit plusieurs bouches de tuyaux de terre cuite.

Toute cette bâtisse est revêtue extérieurement d'un mur très-fort ; et du côté ou à raison du terrain qui va en pente, elle est plus dégarnie à la base et plus exposée, elle est renforcée par des espèces de contrescarpes ou de jambes de force ; on y voit encore les attaches et les entailles dans lesquelles elles étoient enclavées. Autour de cette construction, se présentent d'autres ruines le plus souvent rasées, et tellement défigurées, que l'on chercheroit en vain à en découvrir le dessein et l'usage.

Il est aisé de voir que cet édifice étoit destiné à contenir de l'eau ; un aqueduc dont nous rencontrâmes les vestiges à fleur de terre sur la montagne qui domine cet endroit, et sur-tout dans le chemin qui conduit au *Ritiro dei Passionisti*, recueilloit les eaux des fontaines perpétuelles de ces penchans, et les conduisoit en droiture dans cette conserve ou *château d'eau*, comme l'appelloient les anciens ; j'ai dit *en droiture*, parce que les eaux de ces montagnes, sur-tout de ce côté, sont si légères, si limpides et si pures, qu'il n'y avoit pas besoin de les retenir pour les épurer dans aucune piscine dépuratoire, (*piscina limaria.*) De ce château d'eau, les eaux se distribuoient, selon toute apparence, dans les maisons situées en-dessous, selon les besoins respectifs.

N 4

En descendant ensuite vers la Tour, à la droite de celui qui regarde la mer, on trouve à travers les jardins et les vignes plusieurs chambres souterraines voûtées, et garnies de toniques (*) extrêmement fortes ; quelques-unes de ces chambres, et une entr'autres, située sur le rivage, porte sur ses murs le reste d'un enduit coloré, dans le genre de ceux que l'on voit dans les maisons de la ville de Pompéia. Peut-être que quelques-uns de ces édifices étoient des piscines ou bains froids, dont les anciens se servoient avec tant de succès ; peut-être servoient-elles de caves aux maisons construites au-dessus du terrain, et qui aujourd'hui sont

_______________

(*) Je donnerai ce nom dérivé de l'Italien et du Latin à l'enduit de ciment destiné à luter hermétiquement les lieux propres à contenir de l'eau, et que l'on trouve dans toutes les conserves, bassins et autres monumens anciens, le plus souvent ces toniques sont doublées et renforcées d'un sédiment très-dur formé par le dépôt des eaux, comme on le voit sur-tout à la piscine admirable de Baya, auprès de Naples. ( *Note du Traducteur.* )

détruites et rasées. Au surplus, il seroit difficile d'en expliquer bien positivement l'usage.

En tournant ensuite sur la gauche, auprès de la Tour, nous trouvâmes l'ouverture d'une galerie souterraine, obscure et droite; nous y entrâmes, après nous être munis de lumière. Elle a cent vingt-quatre pieds de long, sur plus de six de large; et sept de hauteur, quoique son plain pied soit couvert de décombres.

A une certaine hauteur, on voit trois ou quatre bouches de conduits de terre cuite, par lesquels l'eau probablement y arrivoit. Vers la moitié de sa longueur, on trouve deux ouvertures, l'une d'un côté, l'autre de l'autre, qui communiquoient avec deux chambres latérales et obscures.

A l'autre extrémité de cette galerie sont plusieurs chambres et cabinets contigus, dont la plus remarquable est ruinée d'un côté, et entière de l'autre; ce qui fait juger qu'elle étoit ronde autrefois, voûtée, et sans fenêtre latérale. Peut-être que c'étoit autrefois un bain de vapeurs, qui, selon la coutume des anciens, avoit une ouverture au milieu de la voûte, pour l'ouvrir et le fermer à volonté, afin d'en régler la température.

Mais il n'est pas facile, à ce que je crois, de bien déterminer à quel usage cette galerie étoit destinée. Ce ne pouvoit pas être un bain ; car, outre sa structure qui n'annonce rien de semblable, l'obscurité qui y règne, semble s'opposer à cette supposition. Il est vrai que les bains Étrusques et Romains n'avoient point de fenêtres latérales. Ils ne recevoient de jour que par une ouverture pratiquée au sommet de la voûte. Ici, on ne voit aucune apparence d'ouverture ni de fenêtre ; la bouche des canaux dont j'ai parlé, le ciment et la forte tonique des murs et de la voûte, semblent prouver que l'eau y entroit et y passoit, ou bien qu'elle la recevoit de la conserve que j'ai décrite, ou enfin qu'elle servoit de réservoir, où se déchargeoit le superflu ou le trop-plein des petits bains ou chambrettes qui étoient sur les côtés. Peut-être aussi que ces bouches de terre cuite, n'étoient autre chose que des conduits destinés à laisser échapper les vapeurs des bains chauds.

Il se pourroit que la galerie fût un de ces souterrains, que les Latins appelloient *specus*, et qui servoient de passage et de communication entre le *conclave* ou spogliatojo, le *laconico* ou étuve, le *lavacro* ou le vrai bain, le *detersorio* ou *untuario*, le *frigidario* ou piscine ; et quantité d'autres accessoires, que par luxe, et pour plus de commodité, on joignoit aux bains, comme on ajoutoit aux théâtres, l'amphithéatre, les bibliothèques, les *triclini* ou salles à manger, et toutes les autres chambres qu'exigeoit un pareil établissement.

Presque tous les édifices de *S. Liberata*, la grande conserve, la galerie, toutes les chambres et cabinets de ces lieux intéressans, offrent des monumens nombreux de l'*opera formacea*, c'est-à-dire des murs et des voûtes formées et moulées avec du ciment (calcitruzzo) liquide (*). On y voit l'empreinte et les jointures régulières des madriers et des planches qui formoient l'encaissement, ou le moule en bois de la voûte et de la construction. Mais ces murs et ces voûtes, formant tous ensemble, une masse assez solide pour résister à l'injure des temps pendant des siècles, sont recouverts d'une tonique ou enduit très-beau et très-solide, qui représentent précisé-

---

(*) *Gori*, dans le tome III du Musée Étrusque, rapporte, comme un exemple unique de semblable construction antique, l'*Opera formacea*, que l'on trouve dans la piscine Étrusque de Volterre, qu'il a décrite. En effet, cette espèce d'ouvrage, qui a été fréquemment usité en Espagne et en Afrique, avec de la terre argileuse et pâteuse, étoit très-rare en Italie. *Quid? non in Africâ, Hispaniaque ex terrâ parietes, quos apellant* formaceos *, quoniam in formâ circumdatis utrinquè duabus tabulis insarciuntur veriùs, quam instruuntur, ævis durant, incorrupti imbribus, ventis, ignibus, omnique cæmento firmiores?* Plin. lib. 35. cap. 4.

ment l'*opera arenata*, et l'*opera marmo-*
*rata*, décrits par *Vitruve*, et par *Pline*.
La première consiste en une couche très-
épaisse, formée à plusieurs reprises, d'un
ciment composé de chaux et de sable
brun qui étoit, selon toute apparence,
une pouzzolane extrêmement fine. Ce
ciment est couvert extérieurement d'un
enduit lisse, luisant, d'un blanc jaune,
composé de chaux et de spath calcaire
transparent, blanc et jaune, broyé extrêmement fin. Ce second, précisément
plus blanc, plus compacte et moins
gros, est le *marmorato*, ( marbre ).
On voit que pour le former, on employoit également le marbre, et le spath
calcaire pilé.

Tout cet enduit ou ciment à former
des toits, fait de sable et de marbre
broyé, est si égal et si bien distribué,
que l'empreinte et les jointures des planches, qui formoient le château pour
bâtir la voûte, quoiqu'un peu applaties,
se laissent encore voir bien clairement.

A ces chambres et à ces ruines, succède une autre galerie ou terrasse découverte, large de vingt-deux pieds, et qui s'étend dans un espace d'environ trois cent quatre-vingt-huit pieds le long du rivage, et qui domine la mer. Les murs qui la bordent de chaque côté, sont bas et à demi-détruits; mais comme on ne voit point de décombres de leurs ruines, il y a lieu de croire qu'ils n'étoient pas beaucoup plus élevés, dans le temps qu'ils étoient dans leur entier.

Dans toute la longueur du mur qui est du côté de terre, on voit une quantité de niches planes ou meurtrières, fermées dans le fond, à la distance d'environ sept pieds les unes des autres. Elles ont pu servir à y placer des statues, des bustes ou autres ornemens semblables; peut-être aussi, y avoit-on planté des vignes, ou autres plantes grimpantes, propres à ombrager agréablement cette galerie. Je pense encore que cette magnifique promenade d'été, pouvoit servir de lieu d'étude pour la course des hommes, soit comme spectacle, soit comme exercice ; parce que ces magnifiques constructions étoient fort usitées chez les Romains , pour embellir leurs bains , lorsqu'ils apportèrent de la Grèce et de l'Asie , les richesses et le luxe qui en est la suite.

Du côté opposé qui donne sur la mer, une quantité de petites chambres, à la suite les unes des autres , mais ruinées en grande partie, bordent la galerie dans toute sa longueur. Elles sont adossées au mur de cette même galerie ; mais elles sont plus basses, de manière que leur voûte dépasse de fort peu son rez-de-chaussée , et ne lui ôte pas la vue de la mer. Ces chambrettes sont toutes voûtées , soutenues au milieu par un gros pilastre quarré, et divisé en deux étages, dont le plus bas est tout près de la mer ; mais à une élevation telle cependant, qu'il est au-dessus du niveau de l'eau,

même lorsque la marée vient à croître.
Il est vraisemblable que c'étoit autrefois un quartier destiné aux gens de mer
et aux esclaves.

De distance en distance, on voit, entre deux chambres contiguës, des conduits en forme de voûte, entiers et
droits, dont l'embouchure est dirigée vers
la mer. Ils partent perpendiculairement
d'un autre conduit plus considérable, qui
parcourt toute la surface supérieure de
la galerie, du côté de la terre ; on l'apperçoit dans divers endroits, à travers
les ruines du mur. Il peut se faire que
ces conduits eussent reçu les eaux des terrains supérieurs, afin que la galerie elle-
même, ni les chambres inférieures n'en
fussent pas endommagées ; puis les se-
conds conduits les rendoient à la mer.
Il seroit possible aussi, que ce fussent
les dégorgeoirs par lesquels s'écouloient
les eaux qui avoient servi aux bains ;
car c'est précisément aux bains que

commencent

commencent ces conduits ; (*) mais l'intéressant spectacle de ces lieux ne se termine
pas là. Au-dessous de la tour même, on
voit les fondations, et pour ainsi dire,
le plan en grand d'un édifice magnifique et spacieux, (voyez la planche V.)
dont les murs gros, massifs, et rasés
uniformément à fleur d'eau, forment un
long parallélogramme *a b c d* de cent

---

(*) Parmi les ruines de cet endroit, nous remarquâmes plusieurs des larges briques ou tuiles, dont
se servoient les Anciens, beaucoup supérieures à celles
que nous faisons aujourd'hui, tant par leur grandeur,
que par leur forme et leur consistance. Ces briques
sont rectangles, longues d'environ deux pieds et demi,
larges de deux au moins, échancrées d'un côté, et ayant
deux cannelures latérales. De sorte que la brique supérieure se plaçoit de manière que son extrémité échan-
crée posoit sur l'inférieure, et celle-ci ensuite s'en-
chassoit dans les cannelures latérales de la première.
Dans leur empâtement argileux, on voit, mêlés à
toute leur substance, des lapilles silicés très-petits,
et des paillettes de mica ; ce que j'ai souvent remarqué dans les briques antiques. Ce qui faisoit qu'elles
ne se retiroient pas trop, et ne se déformoient pas
lors de la cuisson, qui au contraire leur donnoit
plus de solidité et plus de consistance.

*La fig. 3 de la planche III représente une de ces briques.*

O

soixante et dix pieds de longueur, sur plus de cent treize de large. Cet édifice est contigu au rivage, du côté du mur, qui se prolonge en *s* jusqu'en *s t*. L'autre côté opposé, un peu prolongé et renforcé en *e*, est en face de la mer. Vis-à-vis ce prolongement du mur, on voit le fondement ou la base solide *r u x z*, d'une espèce de tour, à quatre côtés, isolée dans la mer. Elle est pareillement rasée à fleur d'eau. Ses dimensions sont de plus de trente pieds en *u x*, et de vingt-quatre pieds en *r u*. Le plan intérieur du grand édifice est distribué en trois compartimens réguliers, *o m n*, et deux espèces de canaux latéraux, *hi*, *ig*, qui se réunissant à angle droit, suivent, en dedans, deux côtés du bâtiment, et sont couverts en *k k*. Toutes ces grosses murailles, tant l'externe que celles qui forment intérieurement les compartimens, sont construites de *calcistruzzo*, ciment extrêmement dur, et sont pareillement rasées. Les compartimens intérieurs et spécialement le rhomboïdal, présentent par-tout des restes de conduits.

A la marée montante, ces fondations sont toutes couvertes d'eau ; et quand elle descend, elles ne restent jamais entièrement à sec. Je me fis transporter en bateau, pour reconnoître cet édifice de près ; j'en fis le tour, je montai dessus, j'en pris la figure et les dimensions, mais avec beaucoup de temps, parce que, lorsque les flots venoient à s'élever, j'étois obligé de passer dans mon bateau, qui nous accompagnoit toujours, ou de me tenir ferme sur la partie la plus élevée de ces ruines, où, malgré cela, j'avois toujours les pieds dans l'eau. D'après le dessein et les dimensions que j'en ai prises, j'ai fait dessiner la planche que je joins ici ; elle servira, plus que toutes les descriptions, à donner une idée de ce grand et magnifique édifice.

La figure, la distribution, les conduits, le site, tout enfin, me fait penser que ces fondemens ruinés, appartenoient autrefois à des bains somptueux d'eau de mer, qui devoient s'élever, avec la même magnificence, au-dessus de son niveau. La mer forme dans cet endroit un grand golfe sémi-circulaire, d'environ dix à douze milles de diamètre. L'extrémité du mont *Argentario* d'un côté, le cap *Talamone* de l'autre, et dans le fond, le *Tombolo d'Orbetello* avec une plage fort longue, bordent ce golfe du S. O. jusqu'au N. O. L'ouverture la plus large de ce golfe est précisément en face des vents de l'occident, qui y soulèvent les flots sans aucun obstacle, et les poussent avec impétuosité jusque sur la plage. Le côté ou la pointe gauche de cet édifice étoit exposé en plein à la violence de ces vents et au heurtement des flots qui auroient finis par l'endommager, et peut-être par le renverser ; s'il n'avoit été garanti de l'impétuosité de la mer, par le mur renforcé en *a e*, et par la tour massive et à quatre angles, *r u x z*, qui lui servoit de mole et de défense, contre lequel la fureur des ondes venoit se briser.

Après avoir satisfait notre curiosité , en examinant ces ruines magnifiques , nous fûmes naturellement tentés de rechercher à quel antique édifice elles pouvoient autrefois appartenir. Il n'est pas nécessaire de réfuter l'opinion mal fondée , de ceux qui prétendent que la ville Étrusque de *Cosa* étoit située dans ce lieu , puisque nous avons reconnu que c'est celle qui s'appelle aujourd'hui *Ansidonia*. Ces ruines ne sont point les restes d'une ville ; ce sont les ruines d'anciens et vastes édifices qui appartenoient à la famille *Domizia* , qui possédoit , sur le promontoire *Cosa* ou du mont *Argentario* , et dans l'isle *del Giglio* , des maisons , des fermes , des esclaves , des affranchis , des colons , et une grande tonnière , (tonnara) dont *Strabon* lui-même fait mention. (*) De façon que *Domitien* ,

---

(*) Ὑπόκειται δ' Ἡρακλέους λιμὴν καὶ πλησίον λιμνοθάλαττα καὶ παρὰ τὴν ἄκραν τὴν ὑπὲρ τοῦ κόλπου θυννοσκοπεῖον lib. 5.

Aujourd'hui une barque ancrée dans un poste avancé fait l'office d'observatoire pour la pèche , d'où les mariniers épient et annoncent l'arrivée des thons dans l'enceinte des filets.

pendant la guerre civile, pouvoit, avec ses gens seulement, armer sept vaisseaux, pour aller s'emparer de Marseille. (*) La pêcherie des thons ou la thonnière étoit vraisemblablement au lieu où se trouve aujourd'hui *S. Stefano*, vis-à-vis duquel on prend encore tous les ans, aux mois de mai et de juin, une grande quantité de thons. La maison de campagne, les bains, et tous les autres édifices somptueux de cette puissante famille, étoient précisément auprès de la *Torre S. Liberata*. La longue suite de chambres uniformes, qui s'étendent le long du rivage, étoient probablement le quartier des esclaves, des gens de mer, et des pêcheurs.

Au reste, tout cet établissement étoit connu chez les Latins, sous la dénomination de *Cetarie Domiziane*, (**) nom

---

(*) *Profectum item Domitium ad occupandam Massiliam navibus actuariis septem quas Igili, et in Cosano à privatis coactas, servis, libertis, colonis suis impleverat.* **Cæs.** de bell. civ. lib. I.

(**) Ce lieu est désigné sous cette dénomina-

tiré de la Thonnière elle - même , qui mit à portée cette famille Romaine de bâtir avec autant de magnificence.

---

tion , dans l'*Itinerario Romano* , appelé improprement d'*Antonino Augusto* , édition d'*Aldo di Venezia* , 1518 , comme il suit :

*A portu Herculis in Citaria portus* M. P. VIIII.

*Ab Incitaria Domitiana positio.* M P. III.

*A Domitiana Almiania fluvius habet positionem* M. P.

Mais dans l'edition de *Wesselingius* d'Amsterdam 1735 , on trouve cette version différente :

*A portu Herculis in Cetaria Domitiana positio* M. P. IX.

*In Cetaria Domitiana positio* M. P. III.

*A Domitianis Almina fluvius habet positionem* M. P. IX.

Cette dernière me semble plus exacte et plus concordante avec la localité que j'ai exposée. En effet , ce qu'on appelle *Cetaria Domitiana* doit être précisément le *porto S. Stefano* , où l'on pêche encore aujourd'hui le thon. Mais si dans la seconde citation , au lieu de *in Cetaria Domitiana* , on lit *a Cetaria Domitiana* , nous trouvons exactement , tant pour l'ordre que pour la distance , l'établissement ou la *Villa Domiziana* , dont nous voyons les magnifiques ruines , à la *Torre S. Liberata*. Ainsi on peut conclure que , selon l'édition de l'*Aldo* , la Thonnière étoit un port , comme celui de *S. Stefano* qui en occupe la place ; et que la *Villa Domiziana* étoit une simple station , qui alors s'appelloit *Posizione* , ou station peu sûre , comme elle l'est encore de nos jours. Après cela , la diversité dans les noms ,

Mais il est temps de continuer notre voyage, et de laisser aux amateurs de l'antiquité, le soin d'examiner ces divers objets ; nous pouvons assurer que les ruines magnifiques de *S. Liberata* et d'*Ansidonia* les dédommageront amplement de la peine qu'ils auront prise de venir les visiter.

## CHAPITRE XII.

Départ du *Mont Argentario. Talamone.*

NOUS nous jettâmes dans une petite barque que je frétai, avec trois mariniers, et nous quittâmes le mont *Argentario.* Notre patron, nommé *Zi Paolo*, homme courageux et d'humeur

les sites, et dans les distances que l'on remarque dans différentes éditions de cet Itinéraire, est provenue en grande partie, d'anciennes erreurs de copiste ; et encore de l'arbitraire avec lequel on a voulu, dans les derniers siècles, corriger ce manuscrit, très-incorrect par lui-même, sans avoir vu par soi-même les lieux dont il s'agit.

gaïe, pourvoyoit à tout dans cette navigation à vent contraire : car des deux autres mariniers, l'un étoit ivre; et l'autre, vieux et imbécille, n'étoit occupé qu'à mâcher, sans dents, une grande provision de *baccelli*.

Le brave *Zi Paolo* faisoit tout son possible pour dissiper l'ennui de notre lente navigation, en nous racontant, avec ingénuité, diverses aventures relatives aux corsaires Barbaresques; sujet ample et favori des relations des pauvres gens de ce pays, comme dans d'autres endroits on raconte des histoires de loups et de revenans. Il n'oublia pas sa propre histoire particulière, et nous raconta comment un jour, poursuivi par des corsaires, il perdit ses compagnons ainsi que sa barque, se sauva, en s'accrochant à des rocs escarpés de l'isle de *Gianuti*, où il eut beaucoup de peine à se cacher parmi les rochers et les broussailles; comment enfin, quelques jours après, sa famille, le cherchant par-tout, le trouva demi-mort de fatigue, de faim, et de l'intempérie de l'air ; et comment il fit représenter son aventure dans un tableau qu'il offrit à l'église en forme de vœu.

Cependant, comme je me trouvois vis - à - vis l'embouchure du fleuve *Albegna*, ( Albinia, ou selon l'Itinéraire maritime, qui est encore incorrect ici, l'*Almina* des Latins ) l'envie me prit de mettre pied à terre, et de visiter le *Tombolo* ( la levée ). Nous entrâmes donc dans ce fleuve, par son embouchure ; nous quittâmes nos mariniers, en leur recommandant de se trouver au fleuve *Osa*, et nous nous acheminâmes par la voie de terre. Nous ne tardâmes pas à tomber dans la voie *Aurelia* qui, dans cet endroit, n'est point pavée, mais seulement maçonnée ou enduite de terre glaise, ( *terrapienata* ) comme on faisoit dans les voies consulaires, et dans les lieux où l'on avoit de la peine à trouver de la pierre. (*) Cette voie passant, comme je l'ai observé, au-dessous de *Cosa*, tournoit autour du lac d'*Orbetello*, puis se rapprochant vers la mer, elle côtoyoit, au moyen d'un pont, l'*Albegna*, et par le *tombolo*, (la levée) arrivoit jusqu'à l'*Osa*. Nous trouvâmes des fragmens fort longs et très-droits de cette voie, qui est encore fort élevée, quoiqu'elle traverse un pays entièrement sablonneux.

Elle est souvent interrompue et couverte de *marruches*, qui nous embarrassoient

_______________

(*) Les anciens Romains prenoient tous les soins imaginables, pour rendre durables ces voies consulaires en maçonnerie : ils les chargeoient beaucoup, ils en élevoient le terrain, ils les recouvroient de chaux et de cailloux ou de gravier ; ils les battoient fortement, et pour les tenir sèches et aérées ils abatoient les arbres et les halliers circonvoisins. Cette espèce de construction les faisoit distinguer, sous le nom d'*aggeres*. En effet, *Rutilio Numaziano* appelle ainsi la *voie Aurelia*, qui avoit été détruite, en même temps que les autres pays de la Toscane, par l'armée d'Alaric, roi des Visigoths.

« *Postquàm Tuscus ager, postquàm Aurelius agger*
» *Perpessus Geticas ense vel igne manus*, etc.

et nous déchiroient , sans nous donner le moindre ombrage ; obligés en même temps de marchèr sur un sable mouvant, dans lequel nous ne pouvions affermir nos pas ; exposés au soleil, à l'heure la plus brûlante de la journée ; ennuyés de l'uniformité et de la stérilité du terrain , nous soupirions en vain après notre barque et la mer. Enfin, nous la trouvâmes à l'embouchure de l'*Oja* , après cinq grands milles de chemin , que les difficultés de la marche nous fit paroître beaucoup plus longs.

Le petit fleuve *Ofa* , qui souvent se gonfle au point de n'être plus guéable, passe près de la mer , sous un pont Romain à demi - ruiné , que traversoit le la *voie Aurelia.* Ce fleuve baigne, dans cet endroit , le pied d'une colline fort élevée sur laquelle nous montâmes , et qui est connue sous le nom de *Talamonaccio.* Elle s'avance sur la mer , et sur son sommet qui est aplani , se trouve un fort abandonné , dégradé , et sur le point d'être entièrement ruiné. Ce fort

donne son nom à la colline , d'après l'opinion mal fondée où sont les habitans du
pays, que c'est là où étoit autrefois l'antique
*Telamone*. La charpente de cette montagne est une pierre de grès jaunâtre ,
à laquelle succède , sur la côte opposée ,
le roc de brèche silicée. (*) A peu
de distance du penchant de cette colline , un peu plus avant dans les terres ,
sont deux mares d'une eau stagnante ,

---

(*) Je crois que c'est sur ces collines que les deux
consuls Romains , *C. Attilius Regulus*, et *L. Emilius
Papo* mirent en déroute les Gaulois , conduits par
les rois *Concolitanus* et *Aneoreste*, l'an de Rome 529,
comme le rapporte *Polybe*. Les Gaulois y étoient descendus de la *Valdichiana*, en fuyant l'armée Romaine,
et ne voulant pas risquer , par l'incertitude d'une
bataille , le riche butin qu'ils avoient fait. Ils
avoient donc résolu d'emporter avec eux, dans leur
pays, toutes les richesses qu'ils avoient pillées, en
passant par la *voie Aurélienne*, et par le pays des Liguriens, qui étoient leurs amis et leurs confédérés.
Mais arrivés à cet endroit, et investis dans le même
instant, par devant et par derrière par les deux armées Romaines, ils laissèrent sur ces collines tout
leur butin, leurs deux Rois, et cinquante mille sol-
dats , tant tués que blessés.

fétide et froide , que l'on nous désigna sous le nom de bains , ce qui nous engagea à les visiter. Il est inutile de dire combien nous maudîmes les relations exagérées que l'on nous avoit faites , lorsqu'au lieu de bains nous ne trouvâmes que deux mares infectes.

Enfin , nous nous rembarquâmes , et après avoir traversé un bras de mer , nous arrivâmes à *Talamone* , où nous fûmes accueillis chez M. *D. Bernardino Stoppa* , lieutenant royal de ce port et de ce fort.

Il est très-certain que ce port antique, dont fait mention *Polybe* , *Pomponius Mela* , *Ptolomée* et plusieurs autres Auteurs , passe pour avoir été bâti par *Telamon* père d'*Ajax* , et un des Argonautes ; ce qui lui a fait donner par corruption le nom de *Talamone.* (*) Il a

______

(*) *Portus Telamon.* M. l'abbe *Lanzi* , en voulant écarter cette étymologie presque fabuleuse , pense que ce nom peut provenir de la courbe que forme le port qui ressemble , en quelque manière , au *balteo* qui en-

subi divers changemens ; enfin , après avoir été séparé de l'Etat Siennois, sous *Philippe II* , il fait aujourd'hui partie de l'état des Presides , appartenant au royaume de Naples.

Le Bourg est situé sur une côte très-élevée à l'ouest , et qui domine sur la mer presque perpendiculairement : il est entouré de murs , et au haut de la colline est un fort , gardé aujourd'hui par un petit nombre d'invalides. Il ne contient pas plus de cent vingt habitans , avec quelques étrangers qui y viennent en hiver. Le port consiste en une anse ou golfe fort beau , mais si peu profond et si encombré , que les felouques elles-mêmes , si elles sont bien chargées , peuvent difficilement atteindre la terre. S'il étoit nettoyé , au moyen des pontons et à grands frais , on en pourroit faire un

touroit la poitrine des anciens militaires , et qui précisément s'appelloit en grec : Τελαμων. Il cite encore plusieurs monnoies antiques de *Telamone*. Voyez *Saggio di ling. Etrusc.* Tom. 2. p. 82.

port très-vaste et très-commode ; mais, outre qu'il est très-exposé à l'impétuosité du vent du Nord , à quoi pourroit servir un port vaste dans des pays qui ont si peu à donner et à recevoir? Une brèche composée de divers cailloux, souvent entrecoupée ou couverte de couches ou de tables quartzeuses , fait la base et le noyau de la colline de *Talamone* ; elle s'étend le long du rivage occidental l'espace d'environ un mille. Succèdent ensuite des filons d'un schiste très-tendre et des bancs fort épais de jaspe, mêlés à de grands filets quartzeux , et souvent à de petits cristaux de montagne.

Nous recueillîmes sur le rivage, des fucus , des zoophytes , des testacées et d'autres corps marins, ainsi que divers cailloux de gabbro et de granit que les flots y avoient apportés d'ailleurs.

Nous allâmes ensuite visiter les marais ou étangs de *Talamone* , situés entre la terre et la mer , à l'est du Bourg. Ils sont formés de la réunion des eaux stagnantes plus

basses

basses que le rivage lui-même, que les
sables poussés par les vagues et les algues
encombrent et élèvent continuellement.
Un canal de communication, entre les
étangs et la mer, amène souvent les
eaux de cette dernière dans le marais,
lorsqu'elle est grosse et agitée ; mais elles
coulent rarement des étangs dans la
mer. Lorsque ces eaux viennent à s'évaporer pendant les chaleurs de l'été, toutes
les plantes marécageuses, toutes les matières extractives, animales ou végétales,
qui restent à fleur d'eau exposées aux
ardeurs du soleil, se corrompent, se
pourrissent, et exhalant une puanteur
extrême, infectent l'air de tous les
pays circonvoisins, et même de ceux
qui sont plus éloignés, s'ils se trouvent exposés aux vents du midi, qui ont passé
auparavant sur ces marais. Ainsi le voisinage des étangs de *Talamone* est regardé,
en été, comme très-dangereux pour *Magliano*, *Montiano*, *Pereta* et tous les
lieux adjacens.

P

*Quæ premit æstivæ sæpè paludis odor.*

Cette infection jointe à plusieurs autres raisons , est telle que des plaines assez vastes et naturellement fertiles , restent absolument incultes et abandonnées , ne produisant que des bruyères où paissent de misérables troupeaux , ou bien ne sont cultivées que de loin en loin par le laboureur mal sain et découragé, qui les laisse plusieurs années sans les travailler.

En visitant les parties de ces marais qui n'étoient plus sous l'eau , nous fûmes extrêmement incommodés par les joncs (*) aigus et piquans qui nous égratignoient les jambes, et par l'odeur fétide qui s'exhaloit à chaque pas, du limon couvert par la croûte sèche et fragile sur laquelle nous marchions, et dans lequel nous enfoncions jusqu'à mi-jambe. La langue de terre qui sépare la mer des marais, est pleine de feuilles et de racines de *ʒostera marina* , vulgairement appelée

---

(*) *Juncus acutus* , Lin. (Note du Trad.)

*algue*, et de boules marines formées des filamens de cette plante, réunis et roulés par les eaux de la mer.

Un édifice antique, appelé dans le pays *le Tombe*, éloigné du château d'un peu plus d'un mille, est le seul monument ancien qui se voie dans ce lieu ; il a été tant de fois ruiné et rebâti sur ses propres ruines, qu'on n'apperçoit plus de vestiges de l'ancien. Nous visitâmes donc cet édifice situé sur le terrain aplati voisin des montagnes, à l'extrémité du penchant desquelles il est appuyé d'un côté. La façade est du côté opposé ; elle est couverte d'un vestibule divisé en trois parties qui correspondent à trois grandes pièces ou appartemens intérieurs. Ces pièces ont environ cinquante-trois pieds de long sur onze de large, et sont divisées par une muraille mitoyenne ayant une porte par laquelle on communique des unes aux autres. Au milieu de la voûte de chacune d'elles, il y a une fenêtre ou soupirail. Leurs murs sont revêtus en dedans d'un enduit très-fort et capable de résister à l'eau ; mais dans les endroits où cet enduit est tombé de vétusté, on voit paroître l'ouvrage réticulé formé de pierres taillées en pyramides rhomboïdales tronquées, qui ont environ un demi-pied de longueur. On sait que les Étrusques et les Romains avoient coutume d'employer cette espèce d'ouvrage réticulé, comme plus propre à retenir solidement les enduits. Dans chacun de ces appartemens, on voit à une certaine hauteur, du côté qui regarde la montagne, l'embouchure de restes de tuyaux ou conduits en terre cuite.

Ainsi donc, cet édifice étoit autrefois une magnifique piscine ou conserve d'eau, dans laquelle se rendoit, par des conduits, l'eau réunie des montagnes qui la dominent du côté du N. O.

On peut conjecturer d'après la structure de cet édifice, et la dépense qu'il a exigée pour la conduite des eaux dont le *Talamone* moderne manque, que l'antique étoit beaucoup plus considérable, puisqu'il sollicitoit des précautions, aussi dispendieuses pour conserver et étendre sa population.

*Minéraux.*

Cailloux de granit gris, composés de quartz, de feld-spath et de mica noir.

Ce caillou est absolument semblable à celui de l'isle d'*Elbe. Pris sur le rivage au-dessous du Bourg.*

Cailloux de granit fin, gris, ou granit composé de deux substances ; c'est-à-dire de quartz et de mica noir. *Ibid.*

Cailloux de gabbri de vert foncé, de vert clair et blanc, avec des taches vertes. *Ibid.*

Cailloux de pierres calcaires, très-dures et ondées. *Ibid.*

Cailloux calcaires, remplis de trous ou de cellules : ce sont des morceaux de madrépores caverneuses. *Ibid.*

Tous les cailloux que je viens de citer

sont étrangers à ce lieu : ils y ont été transportés d'ailleurs par les eaux de la mer, et sur-tout du mont *Argentario*, et des isles d'*Elbe* et *del Giglio*, qui sont tout près.

Brèche de cailloux, le plus souvent calcaires, et de quelques cailloux silicés avec ciment ou empâtement calcaire. *Elle fait la charpente de la montagne sur laquelle est batie* Talamone.

Belle brèche silicée, rougeâtre, avec des feld-spaths transparens ou demiopaques rhomboïdaux. *Çà et là sur le rivage.*

Jaspe rouge, avec des veines de quartz blanc très-beau. *Çà et là sur le rivage.*

Pierres calcaires couvertes de lithophytes, de serpulaires, et de différentes espèces de fucus. *Ibid. à fleur d'eau.*

Brèche silicée, granuleuse, rougeâtre, abondante dans la Maremme. *Sur le rivage de la mer, à deux milles de Talamone du côté de l'ouest.*

Cristaux rhomboïdaux de solfate de chaux. *Ibid.*

*Plantes de la levée entre* S. Liberata *et* l'Albegna.

Pinus excelsior, Flor. Pis.
Quercus suber.
Cercis siliquastrum.
Pistacia lentiscus.
Myrthus communis. *
Rhamnus alaternus.
——————paliurus.
Phillyrea latifolia.
——————media.
—————— angustifolia.
Rosmarinus officinalis.

Cratægus monogyna.
Mespilus pyracantha.
Vitis vinifera sylvestris.
Smilax aspera.
Clematis vitalba.
Erica scoparia.
—————— multiflora.
Asphodelus ramosus.
Daphne gnidium. Murchi.
Juncus acutus.
Pteris aquilina.

Sur le rivage sablonneux, en allant de l'*Albegna* à l'O*s*a.

Athanasia maritima.
Eryngium maritimum.
Chelidonium glaucium.
Bunias cakile.
Anthemis maritima.
Echinophora spinosa.
Medicago maritima.
Arundo arenaria.
Cucubalus otites.

Juniperus sabina
—————— oxycedrus.
Secale villosum.
Convolvulus soldanella.
Leontodon bulbosum.
Cheiranthus littoreus.
Euphorbia paralias.
Schœnus mucronatus.
Anthemis valentina. *

## Auprès de *Talamonaccio.*

*Anthyllis vulneraria.*
*Antirrhinum repens.*
*Centaurea cichoracea.*
——— *crupina.*
*Geranium malacoïdes.*
*Convolvulus althæoïdes.*

*Papaver hybridum.*
*Psoralea bituminosa* β. *Angustifolia.*
*Stachys hirta.*
*Spartium spinosum.* Spinorazzo.

## Sur les collines de *Talamone*, du côté de terre.

*Rosmarinus officinalis.*
*Oxyris alba.*
*Rhamnus paliurus.*
*Ononis viscosa.*
*Pistacia lentiscus.*
*Convolvulus cantabrica*
——— *althæoïdes.*
*Daphne gnidium.*
*Teucrium fruticans.*

*Lycium europæum.*
*Ulmus campestris.*
*Reseda lutea.*
——— *luteola.*
*Teucrium polium.*
*Linum strictum*
——— *tenuifolium.*
*Anthyllis tetraphylla.*
*Valantia hirsuta.*

## Sur les collines du côté de la mer, outre les plantes ci-dessus.

*Crithmum maritimum.*
*Juniperus sabina.*
*Passerina hirsuta.*
*Globularia alypum.*
*Cistus Monspeliensis.*
——— *salvifolius.*
*Thesium linophyllum.*
*Allium album.*

*Spartium spinosum.*
*Cineraria maritima.*
*Triticum unilaterale.*
*Erica multiflora.*
——— *mediterranea.*
*Prasium majus.*
*Rottboella incurvata.*

quel nous rentrâmes dans le grand Duché, à *Cala di Forno*, où nous logeâmes chez M. le lieutenant *Berti*. Les collines que nous traversâmes ne nous offrirent que de grandes masses de pierre calcaire, des schistes, et de nombreux quartiers de la brèche ordinaire, silicée à gros et à petit grain.

*Cala* est devenu un lieu intéressant par les soins et par l'industrie de notre hôte, qui a su faire un bon établissement d'un endroit qui étoit presque nul auparavant. Il y a aujourd'hui un bureau de douane, et sur la hauteur, une tour bien gardée, qui le garantit des incursions des Barbaresques.

Nous y trouvâmes beaucoup de barques de pêcheurs, qui, dans cette saison, y sont occupés, comme à *S. Stefano*, à *Talamone* et sur tout le rivage Toscan, à la pêche des anchois (*clupea encrasicolus.*) et des sardines, (*clupea sprattus*) dont on prend une grande quantité. On emploie pour cette pêche des filets de lin extrêmement fin, d'environ huit pieds de large sur plus de mille de longueur. Ces petits poissons sont extrêmement délicats et savoureux, cuits et mangés auffitôt qu'ils sont pris ; mais ils se gâtent facilement, et prennent promptement un goût piquant, si on veut les transporter sans préparation : c'est ce qui fait qu'on ne les vend frais qu'aux habitans des pays voisins, ou bien on les sale et on les dispose convenablement dans des caques et des barils, ( les sardines s'y mettent avec la tête, et on l'ôte aux anchois ), et ils deviennent un objet abondant de commerce que l'on peut conserver et transporter à volonté.

Un peu plus loin, on voit au haut de collines couvertes de broussailles, les ruines d'une ancienne abbaye de Bénédictins, appelée de l'*Uccellina*, qui autrefois étoit fort riche et très-puissante dans ce pays.

Nous parcourûmes la côte fort inutilement, presque jusqu'à l'embouchure

du fleuve *Ombrone*. Ensuite, abandon-
nant la mer, nous dirigeâmes nos pas
vers *Montiano*, en nous écartant à droite
et à gauche du chemin battu. Sur une
colline appelée la *Porchereccia di cupi*,
à quelques milles du fleuve *Ombrone*,
nous trouvâmes des gabbri de diverses
couleurs qui en forment la charpente,
et de l'asbeste vert, tantôt en couches
sur le gabbro lui-même, tantôt détaché
et isolé. Au reste, la pierre la plus commune sur ces collines, est la pierre de
grès jaunâtre.

*Montiano*, éloigné de dix milles de
*Grossetto*, est un bourg qui est assu-
rément antique, quoique son nom soit
aujourd'hui le seul monument de son ancien-
neté. (*) Sa position sur une colline
très - élevée, dont la charpente est de

---

(*) *Montiano* tire son nom du latin *Mons Juni*, et
prouve qu'il y avoit autrefois sur cette colline, un
temple dédié à *Janus*, selon l'usage où étoient les
Anciens, de bâtir les temples auxquels ils avoient le
plus de dévotion, sur des lieux très-élevés.

pierre de grès , fait qu'on le voit très-
bien d'une grande partie de la Maremme.
Malgré cette grande élévation , il est infecté, pendant l'été, des exhalaisons pernicieuses du marais de *Talamone* qui
n'en est pas loin ; ce qui fait que sa population, qui, en hiver , est d'environ
six cents habitans, se réduit à environ
trois cents au retour de la chaleur : il
appartenoit autrefois aux *Aldobrandeschi ,*
auxquels les Siennois l'enlevèrent. Il est
gouverné aujourd'hui par un Potesta ,
pour le civil ; et relevé , pour le criminel, du Vicaire Royal de *Scanzano.* Nous
nous y arrêtâmes peu , et poursuivant
notre route, après six milles de chemin ,
nous arrivâmes à *Magliano ,* où nous
descendîmes chez M. le docteur *Antonio
Valli ;* sans perdre de temps , nous
nous mîmes à parcourir le pays , tant dans
l'intérieur que dans les environs. Ce Bourg
est bâti sur le sommet aplani d'une petite colline, qui s'élève agréablement au
milieu de la plaine. On y voit un an-

cien fort, qui est entouré de fortes murailles. Il appartenoit autrefois à la famille des *Aldobrandeschi*; il passa ensuite au pouvoir des Siennois, et depuis *Cosme I*, il fut inféodé aux marquis *Bentivogli* de Ferrare, qui le possèdent encore aujourd'hui. Son nom sembleroit indiquer qu'il a appartenu autrefois à quelque branche de la famille *Manlia*, Romaine; mais on n'en a pas de preuves. Malgré son heureuse situation, la fertilité et l'étendue de la plaine qui l'entoure, ce pays est malheureux, sur-tout en été, où il est infecté des exhalaisons des marais de *Talamone*. C'est ce qui fait qu'il est très-peu habité : il ne contient pas plus de cent habitans fixes en été, et peut en réunir trois cents en hiver.

Un rocher de tuf, mêlé de corps marins pétrifiés, forme la base des murs du château.

Au *Poggio Loreto*, il y a une carrière de travertin, dont on s'est beaucoup servi pour quelques maisons de *Magliano*.

Le long du chemin creux de *S. Rocco*, on voit, à droite et à gauche, des bancs minces ajoutés, de tartre blanc calcaire, qui est un sédiment des eaux, qui a été recouvert de terre en dissolution.

On nous montra dans cet endroit, auprès d'un couvent de Servites supprimé, un olivier prétendu miraculeux, qui, par l'effet des blasphèmes d'un joueur désespéré, ne produit plus que des gousses. Mais cet olivier jadis célèbre, n'est autre chose qu'un *anagyris* (*) ou *bois puant*, qui, comme tous les arbrisseaux de ce genre, produit dans son temps des fleurs et des gousses ; dans les environs, il y en a beaucoup d'autres capables de détromper les crédules habitans de cette contrée. Nous vîmes à quelque distance de là, un véritable olivier remarquable par son extraordinaire grosseur. Il est extrêmement vieux ; je l'ai mesuré,

_______________________________

(*) *Anagyris fœtida*, Lin. ( Note du Trad. )

il avoit à la base trente pieds de circonférence : ce qui le rend, à ce que je
crois, le géant des oliviers.

De *Magliano*, nous nous dirigeâmes
du côté de *Pereta*, qui en est à six bons
milles de distance. A peu de distance du
point de notre départ, nous vîmes sur les
rives du torrent *Patrignone* des bancs considérables de schiste gris, qui s'effeuille en
lames minces, et aussi brillantes que le
verre. Au-dessous du schiste, il y a des
bancs d'une pierre calcaire très-compacte,
d'un jaune obscur, et des veines blanches de quartz, avec de petits cristaux
de montagne ; toutes ces couches sont
parallèles entr'elles, et souvent un peu
inclinées à l'horizon. Nous ne trouvâmes
plus rien de remarquable jusqu'à *Pereta*,
où nous fûmes reçus chez M. *Benedetto*
*Franceschi di Bibbiena.*

### Minéraux.

Gabbres d'un vert foncé, avec des paillettes très-brillantes de mica. *Dans*

*le fossé nommé* Rispescia *, et sur la colline appelée la* Porchereccia di Cupi.

Gabbres couverts d'asbeste verdâtre et bleuâtre. *Ibid.*

Asbeste vert isolé. *Ibid.*

Gabbre rouge sanguin, avec des paillettes micacées. *Ibid.*

Tartre lamelleux calcaire. *Auprès de* Magliano, *dans le chemin de* S. Rocco.

Quartz et cristaux de roche du banc calcaire jaune obscur. *Sur le bord du torrent* Patrignone *, auprès de* Magliano.

Schiste gris brun, naturellement lisse et brillant. *Ibid.*

### *Plantes.*

| | |
|---|---|
| *Quercus ilex.* | *Phillyrea, angustifolia.* |
| *Olea europæa sylvestris.* | *Pistacia lentiscus.* |
| *Arbutus unedo.* | *Rhamnus paliurus.* |
| *Phillyrea latifolia.* | |

### A la *Torre delle Cannelle.*

*Orchis abortiva.*

### A *Cala di Forno.*

| | |
|---|---|
| *Passerina hirsuta.* | *Juniperus sabina.* |

## Entre *Cala di Forno* et *l'Ombrone.*

*Juniperus oxycedrus.*

## Dans la *Macchia* de la *Melosella.*

Quercus suber.
Silene gallica.
Ervum hirsutum.
Cistus guttatus.
———— monspeliensis Mustio.
Serapias lingua.

Spiræa filipendula.
Gentiana maritima.
Hypericum montanum.
Prunella vulgaris.
Anthyllis vulneraria.

## Aux *Cupi.*

Ornithogalum pyrenaïcum.
Serapias cordigera.
Melica nutans.

Lupinus varius β latifolius.
Thesium linophyllum.
Tragopogon Dalechampii.

## A la *Porchereccia* des *Cupi.*

Cistus Monspeliensis.
    Sur les racines duquel
    étoit en abondance le
Cytinus hypocistis.
Filago gallica.
———— leontopodium β.
Hedysarum onobrychis.
Medicago circinata.
Centaurea crupina.
Lavandula stœchas.

Genista tinctoria.
Caucalis grandiflora.
Trifolium fragiferum.
Euphorbia exigua.
Mespylus pyracantha.
Anthoxanthum odoratum.
Daphne gnidium.
Stachys arvensis.
Teucrium polium.
Bryum tortuosum.

Q 2

## Sur les collines de *Montiano.*

*Phillyrea latifolia.*
———— *angustifolia.*
*Arbutus unedo.*
*Rhamnus paliurus.*
———— *alaternus.*
*Ornithopus compressus.*

*Cornus mas.*
*Sherardia arvensis.*
*Erica arborea.*
———— *scoparia.*
*Orchis mascula.*

## Autour de *Montiano.*

*Urtica pilulifera.*
*Campanula Erinus.*
*Sinapis arvensis.*
*Tamus communis.*
*Delphinium staphisagria.*
*Bryonia dioïca.*
*Marrubium vulgare.*

*Sisymbrium polyceration.*
*Poa rigida.*
*Fumaria capreolata.*
*Spartium junceum.*
*Cotyledon umbilicus.*
*Sedum stellatum.*

## A *Magliano.*

*Theligonium cynocrambe.*
*Anagyris fœtida.*
*Lycium europæum.*

*Stachys germanica.*
*Seriola æthnensis.*

## Dans le torrent de *Patrignone.*

*Reseda phyteuma.*

# CHAPITRE XIV.

*Pereta* et ses *Soufrières.*

CE bourg appartenoit autrefois à des seigneurs particuliers ; il passa ensuite aux *Aldobrandeschi*, puis aux comtes de *Donoratico*, au Pape, et enfin aux Siennois. Si on fait attention à l'ancien fort dont il reste une belle tour carrée, environnée de murs à demi - ruinés, ou entièrement détruits ; aux oliviers, et aux vignes que l'on trouve sur les collines voisines, dans les halliers les plus fourrés et les plus sauvages : on en conclura que *Pereta* étoit autrefois une terre considérable, et que ses côteaux, aujourd'hui si agrestes et si sauvages, furent dans des temps antérieurs cultivés avec soin, et le séjour de l'abondance. Ce pays aujourd'hui dépeuplé, ne renferme pas plus de trois cents

Q 3

habitans qui n'ont aucune espèce d'industrie, ni aucune idée des arts les plus communs et les plus nécessaires.

La pierre de grès est celle qui domine sur toutes ces collines; et les rochers ne nous ont présenté, même dans les environs, aucuns vestiges de testacées, de zoophytes, ou d'autres vers marins, quoique la mer en soit peu éloignée, et quoique ces bancs de pierre de grès ne soient, selon moi, que de vrais dépôts des eaux de la mer.

A un peu plus de trois milles de *Pereta*, se trouve une mine de soufre; elle étoit alors ·ouverte, et nous allâmes la visiter. Nous y trouvâmes une plate-forme, longue d'environ un quart de mille, embarrassée des vidanges des puits, tant anciens que modernes, creusés pour en retirer ce minéral. Ces puits étoient carrés, étançonnés avec des madriers et des planches jusqu'à une grande profondeur; voisins les uns des autres, ils se communiquoient par des galeries creusées à différentes hauteurs. On y descend par le moyen de plusieurs échelles de bois, étroites, posées alternativement, et fixées dans une direction verticale, de manière qu'il est difficile et même dangereux de s'en servir, à quelqu'un qui n'y est pas exercé. Le minéral tiré des galeries se transporte hors du puits, au moyen d'un tour placé à son embouchure Les mottes ou glèbes de ce minéral sont une agrégation de soufre mêlé de diverses espèces de terre, d'oxide rouge de fer, et souvent encore d'antimoine. On en sépare le soufre au moyen de la fusion et en le transvasant, puis on le verse dans des baquets; quand il est refroidi, il s'y fige et forme alors une masse; c'est sous cette forme qu'il circule dans le commerce. Au fond de la matière mise en fusion, on trouve l'antimoine et l'oxide rouge de fer, appelé vulgairement *sinople*, dont on se sert pour marquer les moutons, et pour d'autres usages.

Ces puits sont dangereux par les moufettes,

auxquelles les ouvriers donnent le nom de *puzza;* elles s'y manifestent à différentes hauteurs par l'extinction des corps allumés, par une puanteur extraordinaire, par une exhalaison suffocante, et par une chaleur fatigante et extrêmement sensible. Dans le froid vif et rigoureux de l'hiver, et lorsque le vent sec du nord vient à souffler, la moufette descend et devient moins active; mais dans les temps pluvieux, lorsque le vent est au midi, elle développe une action plus vive et beaucoup plus dangereuse. Pour la détruire, ou au moins pour la diminuer et l'abaisser, et faciliter aux ouvriers le moyen de pratiquer avec sécurité les puits et les galeries pour y creuser, on fait descendre des seaux remplis de bois allumé, jusqu'à la surface de la moufette. Un ouvrier descend en même temps, et les suit pour entretenir et animer le feu, et faire baisser le seau à mesure que la moufette s'abaisse elle-même. Par ce moyen, on parvient à détruire entiè-

rement la moufette, ou à la diminuer
et à la forcer à se retirer jusques dans
les lieux où il n'est pas nécessaire de
travailler. Un amas trop considérable
de moufette, outre l'inconvénient de
rendre le travail fort difficile, seroit
dans le cas d'enflammer subitement cette
exhalaison, dont l'explosion auroit bientôt fait éclater les puits et les galeries,
et sauter en l'air jusqu'aux étaies et aux
madriers destinés à les soutenir.

Dans quelques-uns de ces puits, la
moufette est continuelle, de manière qu'on
ne peut s'en garantir qu'en la concen-
trant et la faisant retirer dans le fond,
au moyen de fréquentes combustions;
dans d'autres, on réussit à la détruire entièrement, ce qui donne plus ou moins de
temps aux ouvriers de travailler : enfin
quelquefois la moufette est si abondante
et si incompressible, qu'on est obligé
d'abandonner les puits ainsi que les galeries, et de creuser ailleurs.

J'eus la fantaisie de visiter un de ces

puits ; en conséquence, je m'accrochai à ces échelles extrêmement incommodes, et je descendis jusqu'à environ soixante et dix pieds de profondeur. Alors je m'arrêtai sur un relais pratiqué tout autour du puits, parce que c'étoit là que commençoit la moufette ; elle occupoit, au-dessous de moi, une profondeur de dix-huit pieds, d'où elle s'élevoit, de manière que mes jambes y étoient plongées. Deux hommes, par un feu soutenu, étoient occupés à empêcher qu'elle ne s'élevât davantage ; la fumée du bois allumé se confondoit avec les vapeurs méphitiques, et en déterminoit visiblement les limites. La puanteur du soufre, qui étoit fort indifférente à ces deux ouvriers, ne laissoit pas de m'incommoder beaucoup, n'y étant pas accoutumé ; et la chaleur assez fatigante, hors de la moufette, l'étoit beaucoup davantage, et me donnoit des inquiétudes singulières aux jambes qui y étoit plongées. Avec cela, le thermomètre qui, à l'ombre et hors du puits, marquoit vingt-un dégrés, se maintint constamment à dix-neuf dans la moufette, au-dessus de cette même moufette, et dans une galerie creusée à cette hauteur à la distance de plusieurs pieds, et qui n'étoit pas encore achevée. Je voulus approcher le visage de la moufette; mais de crainte d'être surpris et d'y être précipité, n'étant porté que sur un rebord qui n'avoit pas plus d'un pied de large, je me fis tenir à l'aide de mes vêtemens par deux ouvriers, et m'agenouillant, j'avançai la tête jusqu'à la surface de la moufette. Aussitôt je fus surpris et frappé de manière à perdre la respiration, je ressentis aux yeux un picotement insupportable, et pour ne pas étouffer, je m'empressai de me relever. J'y descendis une chandelle allumée, qui, à peine arrivée au commencement des exhalaisons fumantes, se détacha et finit par s'éteindre entièrement. La solution, bien chargée de tournesol que j'y plongeai, devint absolument rouge. L'eau de chaux, dans une petite bouteille débouchée que j'y descendis sans la remuer, devint tout-à-coup laiteuse, et déposa, lorsque je l'eus laissé reposer, un sédiment blanc qui s'est dissous avec effervescence dans l'acide nitrique ; c'étoit un carbonate de chaux. Un morceau d'argent, l'argent monnoyé lui-même, quoique fermé dans une bourse et dans la poche, y devinrent noirs. La solution de l'acétite de plomb battu, dans une bouteille à large ouverture, s'y troubla, et forma, au fond et à la surface, un précipité noirâtre. J'agitai dans la moufette, pendant environ dix minutes, un flacon débouché, rempli jusqu'à la moitié, d'eau pure. Elle s'y troubla peu à peu, et devint absolument laiteuse. Elle y prit une odeur sulfureuse qui se dissipa à l'air libre ; mais elle conserva un goût extrêmement acide qui persista au feu : je m'assurai, au moyen du muriate de Barite, que c'étoit un véritable acide sulfurique. Ce même flacon, tenu en repos, m'offrit ensuite un dépôt blanc, qui étant desséché et placé sur des charbons allumés avec flamme, prouva, par sa combustion et par son odeur, qu'il étoit un vrai soufre. Au surplus, j'observai que les parois du puits étoient humectées d'acide sulfurique et d'eau, et incrustées çà et là de soufre, le plus souvent cristallisé. En un mot, il paroît que ce territoire renferme, à une grande profondeur, un grand travail de la nature, une effervescence et une dé-composition continuelles de sulfures (*) qui, en s'élevant du centre de ces im-

---

(*) Si j'attribue à la décomposition des sulfures, et sur-tout à celui du fer, la chaleur des eaux minérales, les diverses moufettes, et leurs effets successifs, lorsque les fluides aériformes se trouvent en contact avec l'air atmosphérique, je ne prétends pas pour cela, mal-gré l'expérience illusoire et spécieuse de *Lémery*, que cette décomposition soit l'origine des ascensions volcaniques. Un si grand phénomène exige des moyens plus considérables et une plus grande quan-tité de matières ; les magasins immenses de substances bitumineuses cachées dans les entrailles de la terre, peuvent très-bien alimenter les embrasemens des volcans. Voyez *Fabroni dell' Antracite.* Cap. I.

menses laboratoires, par les puits et par les autres soupiraux, fournissent sans cesse des émanations de gaz hydrogène, le plus souvent sulfuré, de gaz acide-carbonique et de calorique libre. Tout cela donne lieu à la moufette, dont l'extinction de la lumière et l'impression étouffante que j'éprouvai en y présentant le visage, démontroit suffisamment la présence. En effet, l'inflammabilité, la puanteur du soufre, la couleur noire qu'a prise l'argent, et le précipité noirâtre de l'acétite de plomb, l'amas de soufre et d'acide sulfurique, tant dans le flacon d'eau pure qu'aux parois du puits, étoient autant de preuves manifestes de la présence du gaz hydrogène sulfuré; mais il ne formoit pas, comme je viens de le dire, la seule composition de la moufette. Elle contenoit encore le gaz acide-carbonique, comme l'ont prouvé la place inférieure qu'il occupoit, et par conséquent son poids, le rougissement prompt de la solution de tournesol, et plus

évidemment encore le carbonate de chaux
de l'eau de chaux que j'y ai plongée.
Ainsi, les ouvriers, à force de feu, con-
sumoient le gaz hydrogène sulfuré, et
réduisoient la moufette au seul gaz acide-
carbonique, qui, par son propre poids,
se concentroit au fond du puits ; ou
bien, quand la moufette ne contenoit
pas de gaz acide-carbonique, ils la con-
sumoient entièrement ; ou enfin, quand
ce dernier y dominoit et s'élevoit seul,
en remplissant toute la capacité du puits,
ils étoient obligés de l'abandonner tout-
à-fait.

Ainsi donc, lorsque le gaz hydrogène
sulfuré est arrivé en contact avec l'air
atmosphérique, il s'ensuit une double
décomposition, au moyen de laquelle
l'hydrogène de l'un et l'oxigène de l'autre
forment de l'eau ; en même temps, les
molécules de soufre du gaz hydrogène
sulfuré se déposent et enduisent les parois
de l'excavation, tandis qu'une plus petite partie de ces mêmes molécules, en-

trant en légère combustion, se combine avec une si forte dose d'oxigène, qu'il se convertit en un véritable acide sulfurique. Ce dernier, dissous dans l'eau qui s'est nouvellement formée, se trouve, ou isolé, ou passé en nouvelles combinaisons avec les terres et les pierres qu'il rencontre et qu'il décompose; ce qui produit ces cristallisations séléniteuses et alumineuses, que l'on remarque en si grande quantité sur les parois de ces puits; (*) c'est ainsi, précisément, que le soufre ou acide sulfurique se réunit dans le flacon plongé dans la moufette.

Mais d'où provenoit cette chaleur si

----

(*) On trouve dans ces excavations beaucoup de pierre calcaire et de *selce corné*. L'une et l'autre sont couvertes de petites molécules d'acide sulfurique; puis se décomposent : la première donne la chaux par le solfate de chaux ou sélénite, et le second procure l'argile par le solfate d'argile ou alun. Les diverses gradations de ces décompositions et de ces nouvelles combinaisons, offrent à l'observateur un spectacle fort intéressant et instructif.

sensible

sensible aux jambes, tandis que le termomètre marquoit un dégré de chaleur égal, au-dessus et au-dessous de la surface de la moufette, et deux degrés de moins qu'au dehors du puits ? Je regarde les deux fluides aériformes qui la composent, comme de très-mauvais conducteurs du calorique, ils en sont déjà saturés ; et paroïssent plus propres à en communiquer aux corps qu'elle approche qu'à en recevoir. Ainsi, mes jambes, quoique d'une plus forte température, non-seulement ne pouvoient laisser échapper l'excès de leur calorique dans l'air, mais encore elles en recevoient davantage de la moufette environnante ; de manière que ce même calorique, ainsi concentré et accumulé dans cette partie, m'y faisoit éprouver une chaleur beaucoup plus sensible que la température de la moufette ne sembloit me le promettre.

Enfin, tout en sueur, bien enfumé et empesté d'exhalaisons sulfureuses, je sortis de ce tombeau obscur et fétide

R

pour respirer à l'air libre, plaignant beaucoup les infortunés que la misère oblige à rester comme ensévelis dans cet horrible séjour, où, la pioche d'une main et le feu de l'autre, ils passent leur vie à lutter contre la mort qui les presse et les menace sans cesse.

A peu de distance on trouve une mine de vitriol vert, abandonnée depuis long-temps. Elle consiste en une vaste grotte d'un accès assez facile, où l'on recueilloit des efflorescences vitrioliques et alumineuses, tant sur le sol que sur ses parois et sur sa voûte. Il y avoit aussi des *sulfates de chaux* et des *selce cornés*, ou entiers, ou déjà pénétrés de l'acide sulfurique, et réduits à divers degrés de salification, de décomposition et de ramollissement, tels que j'en avois observés dans le puits dont je viens de parler.

On trouve dans cette plaine un grand nombre de sources d'eaux sulfureuses, qui coulent en petits ruisseaux ; elles sont acides et corrosives, à raison du sulfate d'argile, de fer, et même d'acide sulfurique qu'elles tiennent en dissolution.

Plusieurs de ces sources, autour desquelles il n'y a aucun vestige de végétaux, étoient alors fangeuses, ou absolument sèches, ne laissant plus subsister que les émanations de gaz hydrogène sulfuré. Mais en hiver, les eaux, les boues et les émanations aériformes sont dans une action si forte et si continuelle, que les oiseaux, qui par hasard volent au-dessus, y tombent morts.

Cependant, il est très - certain que malgré tout le travail interne de la nature, et tous ces produits que l'on trouve, tant à la surface que dans les entrailles de la terre, il n'y a aucuns vestiges qui indiquent qu'il y ait eu autrefois de volcan dans ces lieux.

Cette soufrière appartient au grand Duc; on avoit coutume de la concéder à un fermier: mais depuis la visite que j'y ai faite, l'excavation et la manipulation qui étoient utiles au pays, sous plusieurs rapports, ont été abandonnées par des raisons particulières.

En retournant à *Pereta*, nous fîmes un tour dans la campagne appelée *Colle di Lupo*, où MM. *Franceschi* ont de très-belles fermes, et beaucoup de biens en culture. Nous y visitâmes spécialement une haute colline appelée la *Tombara*, dont le penchant s'étend dans l'espace d'un mille et demi.

On y a trouvé, en différens temps, des urnes sépulcrales, des fragmens d'inscriptions, des bas-reliefs, et divers autres ornemens. Nous remarquâmes tout le long de cette colline, épars çà et là, beaucoup de blocs de travertin équarris; indices certains qu'il y eut là autrefois des édifices considérables. Nous trouvâmes, entr'autres le fût d'une colonne de marbre cannelée, ensévelie sous l'herbe. Nous remarquâmes, aussi enchâssés, à l'extérieur des murs d'une ferme de MM. *Franceschi*, trois fragmens d'inscriptions latines, et un bas-relief représentant un enfant qui soutient un feston : le tout en travertin.

Avec un peu de patience, je réussis à déchiffrer les inscriptions que les maçons avoient recouvertes de mortier et de blanc. En voici les fragmens. On lit dans la première :

.... L : .... IVS . PELOPS . L . STATILIVS
PAET. S.

M. IVNIVS RVFIO SEVIRI AVGVS-
TALES. OSP.

Dans la seconde :

L. EIDICOLANIVS PELOPS L. STAT.....
M. JVNIVS RVFIO SEVIRI AVG......

Dans la troisième :

..... TERTIO.......
D.... FACIVNDV......
P. AETIVS Q. F. PROP........

Le premier et le second fragmens disent la même chose ; et comme ce qui manque dans l'un se trouve dans

R 3

l'autre, on peut en former les deux lignes entières suivantes :

*L. Fidicolanius Pelops. L. Statilius Paetius. M. Junius Rufio Seviri Augustales Osp.*

Cette inscription où l'on nomme trois *Seviri Augustali*, (*) comme possédant les charges publiques d'*Ospizi*, que nous rendrons par le mot d'*Hôtes*, ce *Propréteur*, P. Ætius, du troisième fragment, les autres monumens trouvés sur cette colline, les grandes pierres carrées qui y sont dispersées çà et là, et un souterrain qui me sembla être une conserve d'eau ; sont autant d'indices certains qu'il y avoit dans ces lieux une ville, encore existante sous les empereurs Payens. Quel-

---

(1) Les *Seviri Augustali* formoient un collége de six personnes attachées au culte des Empereurs défunts, et chargées d'une jurisdiction sacrée. Elles furent établies à Rome par Tibère en l'honneur d'Auguste, et adoptées ensuite par les colonies et par les municipes Romains, pour flatter le prince, et encore en l'honneur des successeurs d'Auguste.

ques antiquaires veulent y placer la ville ancienne de *Caletra*. Mais ce site pourroit bien convenir aussi à d'autres villes Étrusques qui ont disparu, et particulièrement à l'antique *Eba*, que Ptolomée place en Toscane entre les *Volsques*, *Sienne* et *Saturnia*.

Ces beaux ouvrages de travertin, me donnèrent la curiosité de chercher le lieu d'où on les avoit tirés ; après quelques recherches, nous le trouvâmes dans un lieu appelé *Poggio della Serpa*, entre ces collines et *Pereta*.

*Minéraux de la Soufrière de Pereta.*

Roche cornée, brune, couverte d'un grand nombre de petits cristaux de soufre, le plus souvent transparens. *Dans le fond du puits où je descendis.*

Incrustations sulfureuses. *Détachées des parois de ce même puits.*

Cristaux de roche de diverses grandeurs. *Ibid.*

Sulfures de fer. *Ibid.*

Mottes de terre, qui se tirent des puits pour en extraire le soufre. Elles contiennent beaucoup de soufre et des efflorescences de sulfate, d'argile et de sulfate de fer. *Ibid.*

Soufre extrait par fusion et décantation, des glèbes précédentes.

Résidu de ces mottes après que le soufre en a été tiré : on y trouve de la terre, de l'oxide de fer, et du sulfure d'antimoine.

*Sinopia*, (sinople) ou oxide de fer de ces glèbes, devenu rouge par torréfaction.

Brèche composée de pierre de corne caverneuse, très-dure, et de petits noyaux anguleux, blancs, friables, moelleux, non effervescens, adhérens à la langue, ayant un goût léger d'acide sulfurique. *Dans les excavations des puits.* Elle ressemble un peu à la pierre crapau (*pietra rospo.*)

*N. B.* Ces lapilles remplissent parfaitement les cellules de la pierre de corne, et semblent au premier aspect un bol. Mais l'analyse chimique m'a prouvé qu'elle est composée des substances suivantes :

| | |
|---|---|
| Eau | 006 |
| Soufre | 004 |
| Sulfate d'argile | 006 |
| Sulfate de chaux | 007 |
| Oxide de fer | 003 |
| Silice. | 074 |

Je crois aussi que ces lapilles sont des pierres silicées , demi-décomposées , et tombant en dissolution au moyen de l'acide sulfurique, qui en se formant dans ces profondeurs, les recouvre, et en salifie l'argile et la chaux.

Pierre cornée celluleuse, dure. C'est la précédente qui a perdu les petits noyaux blancs dont j'ai parlé, et qui sont décomposés. *Ibid.*

La même, toute couverte de petits cristaux de roche. *Ibid.*

La même, avec les mêmes cristallisations, mais compactes. *Ibid.*

La même, couverte d'efflorescence alumineuse. *Ibid.*

Pierre composée d'une agrégation de petits cristaux bruns, de sulfate de chaux. *Ibid.*

Pierre calcaire enduite de spath calcaire, demi-opaque informe. *Ibid.*

Antimoine cristallisé. *Ibid.*

Cet antimoine offre le plus souvent une superbe cristallisation en prismes, quelquefois ronds, mais striés, quelquefois tétraèdres, quelquefois aussi octaèdres; parce que ses pointes ont quatre faces plus étroites. Les cristaux ronds sont troués intérieurement dans leur longueur, ou au moins sont très-poreux. Tous les cristaux longs, quelquefois de cinq et même six pouces, se croisent à différens angles, et sortent du groupe par une extrémité. Cette extrémité n'a pas de figure déterminée. Une croûte rougeâtre en couvre les cristaux, se forme entr'eux :

c'est un composé de soufre et d'oxide rouge de fer.

Sulfate de chaux, cristallisé. *Dans le Fossatello, près des excavations.*

Efflorescence de sulfate de fer et d'argile. *Aux voûtes de l'ancienne mine de vitriol.*

Terre chargée des deux sulfates précédens. *Au même endroit, sur le pavé.*

Glèbes sulfurées, vitrioliques et alumineuses, qui se retiroient de cette ancienne excavation.

Pierre cornée, lamelleuse, entière, dont on voit plusieurs filons dans cètte excavation.

La même, entière, mais couverte de petits sulfures de fer.

La même, demi-décomposée par l'acide sulfurique provenant du soufre des sulfures de fer, et aluminée. *Ibid.*

Cette pierre a continué de se décomposer dans ma collection, et à sa surface se sont formées de longues aigrettes de cristaux alumineux argentins, capillaires, frisés avec des poils de barbe blanche frisée. C'est précisément cet alun de plume que Pline appelle *in cappillamenta dehiscens.*

Pierre cornée, avec des cristaux de roche, et des bouquets d'antimoine prismatique, très-luisant dans la cassure. *Dans les laboratoires des anciennes excavations.*

Pierre calcaire lamelleuse, toute remplie de soufre, de sulfate d'argile, de fer, et de petits sulfures jaunes et luisans de fer. *A l'extrémité septentrionale de la* Valle delle Zolfiere.

Pierre calcaire, couverte en dessus de cristaux de roche, et inférieurement décomposée et réduite en cellules, avec de petites cloisons formées d'exhalaisons sulfurées. *Ibid. aux sources des eaux sulfurées.*

Brèche silicée, dure, susceptible de poli, composée de très-petits quartz transparens et de feld-spaths rhomboïdaux, opaques et blancs, dans un empâtement rougeâtre. *Ibid.*

*Plantes trouvées aux environs de* Pereta.

## Dans le ravin de *Merlancione.*

Celtis australis.
Carpinus betulus.
Fagus castanea.
Erysimum alliaria.
Cynosurus echinatus.
Sanicula europæa.
Campanula hybrida.

Stellaria holostea.
——— dichotoma.
Vicia serratifolia.
Chærophyllum sylvestre.
Malope malacoïdes.
Adoxa moschatellina.
Lichen caninus.

## Aux *Piaggine.*

Cercis siliquastrum.
Pyrus communis-sylvestris.
Pistacia lentiscus.
Orchis pallens.

Filago montana.
——— germanica.
Gentiana maritima.

## A la *Tombara.*

Caucalis daucoïdes.
Tordylium nodosum.
Picris hieracioïdes.

Chærophillum temulum.
Carduus acanthoïdes.

## Aux *Soufrières.*

Ulmus campestris.
Cornus mas.
Tamarix gallica.
Spartium junceum.
——— scoparium.
Seriola æthnensis.
Eryngium planum.

Sideritis romana.
Imperata arundinacea. Cyril.
Fasc. 11.
Thlaspi campestre.
Agrostis filiformis.
Dianthus Carthusianorum.
Pteris aquilina.

### Entre *Pereta* et *Montiano*.

*Quercus pseudo-suber.*
*Cercis siliquastrum.*
*Sorbus domestica.*
*Cratægus torminalis.*
*Rhamnus paliurus.*
*Juniperus communis.*
*Reseda luteola.*
*Mellitis mellissophyllum.*

*Veronica officinalis.*
*Geranium malacoïdes.*
*Asclepias vincetoxicum.*
*Cytisus sessilifolius.*
*Lithospermum purpureo-cæru-
    leum.*
*Trifolium angustifolium.*
*Byssus jolithus.*

# CHAPITRE XV.

## *Scansano , Monte Pò* et *M. Orgiali.*

## Préparation de la Glu dans les Maremmes.

NOUS prîmes notre route par les collines au-dessus de *Pereta*, ce qui n'est pas le plus court pour aller à *Scansano* qui en est à six milles, et nous trouvâmes constamment la pierre de grès, jusqu'au-dessus de *Pancole*, petit bourg qui est à quatre milles de *Pereta*. Alors nous vimes lui succéder la pierre calcaire , en

grosses masses, avec des filets spatheux
et quartzeux ; et sans rien trouver d'intéressant le long du chemin, nous arrivâmes à *Scansano*, après 'avoir fait plusieurs milles inutilement.

*Scansano*, autrefois possédé par les
comtes *Aldobrandeschi*, puis par les ducs
*Sforza* de Rome, et enfin vendu, dans
le siècle dernier, au grand-Duc, est un
bourg situé sur le penchant d'une haute
colline, gouverné par un Vicaire Royal,
et qui contient environ huit cents habitans.
Sa position le fait regarder comme un
pays dont l'air est médiocrement bon ;
c'est ce qui fait que les *habitans de la
basse Maremme, Statatura*, y vont passer
le temps où l'air est le plus mauvais chez
eux. On y voit, dans la campagne, quelques fermes assez rares dans la plus grande
partie des pays de la Maremme.

Sur la cime extrêmement élevée de la
colline, au-dessous de laquelle se trouve
*Scansano*, il y a une grande esplanade,
avec une glacière entourée d'ormes très-

élevés : ils sont remarquables en ce que ,
de cet endroit, l'œil jouit d'une perspective extrêmement étendue , et en ce
qu'on les apperçoit de la plus grande
partie de la Maremme. En allant à cette
promenade, on trouve une carrière de
pierre de grès jaunâtre et claire, ( *serena* )
dont on fait usage pour bâtir à *Scansano.*

Nous en partîmes bientôt, car le terrain , précieux par ses terres à blé, ses
vignes et ses pâturages , n'offre rien d'intéressant au Naturaliste. Ensuite , après
avoir parcouru un pays varié et inégal,
où nous trouvâmes la pierre calcaire, la
pierre de grès, la brèche, la pierre à
aiguiser silicée, des spaths calcaires, des
quartz, etc. Nous arrivâmes à *Monte
Pò ,* au bout de quatre milles de chemin.
C'est un antique fort , appartenant au
seigneur *Filippo Sergardi* de Sienne , situé sur une colline isolée. Nous y fûmes
reçus par le Ministre, et nous employâmes
de suite notre temps à parcourir le pays
adjacent.

Le

Le sommet de cette colline a pour noyau la pierre de grès, à laquelle, en descendant vers le torrent *Senna*, succèdent des filons d'un *petro selce* noirâtre, souvent veiné ou stratifié de quartz blanc. Plus bas, nous trouvâmes grande abondance de pierres calcaires fissiles dendritiques, et spécialement sur la rive gauche de la *Senna*. Après avoir côtoyé le lit et le rivage de ce torrent, dans les heures les plus chaudes de la journée, et où le thermomètre marquoit vingt-quatre degrés à l'ombre, nous arrivâmes à *Cotone*, (*) château et seigneurie que possédèrent autrefois les comtes *Ardengheschi* ; ce bourg a déchu insensiblement, et est tellement abandonné et ruiné aujourd'hui, qu'il n'y existe pas

-----

(*) On a écrit que le bourg de *Cotone* tire son nom du coton qu'on cultivoit aux environs ; mais on n'y en a jamais cultivé : il vient du mot latin *Cos*, expression vulgairement employée dans la Maremme, pour désigner une grosse pierre.

S

une seule maison. La pioche, le marteau, et tous les autres objets qui formoient notre équipage, nous donnant, auprès des Maremmiens, l'air de *cherche-trésors*, ( *cavatesori* ) un berger nous aborda, et nous dit en grande confidence, qu'il y avoit un riche trésor caché sous les ruines du fort du bourg de *Cotone* : il fut très - surpris de l'indifférence avec laquelle nous reçûmes son avis.

Enfin, fatigués de la longue tournée que nous venions de faire à pied, et accablés de chaleur, nous retournâmes à *Monte Pò*.

Cette possession va se réunir à la *Sticcianese*, qui appartient également au Seigneur *Filippo Sergardi* ; l'une et l'autre forment un ensemble de plusieurs milles d'étendue, riche en terres labourables, en prairies, en bois et en pâturages, dans lesquels le propriétaire nourrit des haras, quantité de vaches, de moutons, de chèvres, et un grand nombre de porcs que les Maremmiens appellent *ambasciate di animali neri.*

Enfin, toujours par le pays *Sergardi*, nous passâmes à la *Sticcianese*, maison où réside le Régisseur, située dans la plaine, à huit milles de *Monte Pò*. Ce voyage fut très-stérile pour notre collection; car nous n'y trouvâmes autre chose que quelques coquillages en vis fossiles, (*turbinetti*) dans la marne argilacée, auprès de la *Fornace*.

A quatre milles au-dessus de la *Sticcianese*, sur un lieu élevé et boisé, se trouve le *Mont Orgiali*, petit bourg, contenant environ cinq cents habitans, qui augmentent ordinairement en hiver, et qui appartenoit autrefois à des comtes particuliers; mais il relève aujourd'hui, pour le civil et pour le criminel, du Vicaire Royal de *Scansano*.

La Maremme, comme je l'ai déjà dit, abonde en bois. Les chênes de diverses espèces, les liéges, les frênes sont

les arbres qui y abondent davantage.
Outre les pâturages qu'elle fournit spécialement aux cochons, où ils s'engraissent
par nombreux troupeaux , pour la provision de toute la Toscane, elle fournit
encore beaucoup de douves à tonneau,
que l'on fait avec le bois de *cerro*, pour
l'Espagne , et une quantité prodigieuse
de charbon qui se vend aux Génois :
ces deux articles forment une branche de
revenu fort considérable. Je ne parle pas
de la manne des frênes dont j'aurai lieu
de parler ailleurs ; je dirai seulement
quelque chose de la préparation de la
glu, qui diffère un peu de la méthode
usitée au *Montamiata* , dont j'ai fait
mention dans mon premier Voyage.

On fabrique beaucoup de glu dans la
Maremme , ainsi que sur la montagne.
Pour cela, on cueille vers la mi-août,
lorsqu'il n'est pas encore trop mûr,
le fruit des guis de chêne et de liége,
et on l'expose au soleil pendant deux

deux jours, ayant l'attention de le serrer toutes les nuits. Quand il est ainsi fanné, on le met dans des vases de terre ou de bois, où on le laisse fermenter et pourrir jusqu'à ce qu'il soit réduit en pâte. Alors on lave cette pâte dans un fossé ou à la fontaine; on la pétrit et on la bat pour la dépouiller de sa peau, de ses graines et de la matière extractive. C'est ainsi qu'on parvient à obtenir peu à peu une pâte forte et très - tenace. Celle que l'on fait avec le gui de chêne est préférée, comme plus tenace, et est plus chère que les autres : quoique la ténacité dépende principalement du point juste de la maturité du gui, et des grands soins qu'exige sa preparation.

### *Plantes de* Scansano.

| | |
|---|---|
| *Fagus castanea.* | *Thalictrum aquilegifolium.* |
| *Lonicera peryclimenum.* | *Anchusa officinalis.* |
| *Tamus communis.* | *Trifolium stellatum.* |

### De *Monte Pò* en allant vers le torrent *Senna*.

| | |
|---|---|
| *Fraxinus excelsior.* | *Orchis globosa.* |
| —— *ornus.* | —— *militaris.* |
| *Quercus robur.* | —— *maculata.* |
| —— *cerris.* | *Lychnis flos cuculi.* |
| *Acer campestris.* | *Stellaria dichotoma.* |
| *Cratægus oxyacantha.* | *Symphytum tuberosum.* |
| *Veronica officinalis.* | *Daphne laureola.* |
| *Euphorbia sylvatica.* | *Arabis turrita.* |
| *Helleborus fetidus.* | *Cynosurus cristatus.* |
| *Cardamine impatiens.* | *Aira caryophyllea.* |
| —— *græca.* | *Smyrnium perfoliatum.* |
| *Orchis pallens.* | *Hypnum cincinnatum.* |

# CHAPITRE XVI.

### *Sasso di Maremma, Cinigiano, Porrona, Montenero.*

## Limite de la Maremme.

LE mois de juin étoit près de finir ; la chaleur de l'été, qui alloit en augmentant, commençoit à rendre nos tournées plus pénibles. Les eaux des étangs et des marais étoient en partie retirées ; leurs fétides exhalaisons rendoient l'air infect, et le séjour dans les pays circonvoisins devenoit dangereux. La transmigration annuelle des étrangers et des naturels du pays, même les plus aisés, avoit déjà beaucoup dépeuplé la Maremme. Déjà nous sentions une lassitude, un engourdissement, un certain découragement et défaut d'appétit, avec un sommeil inquiet et troublé ; tout cela me détermina à quitter ces contrées suspectes, et à diriger nos pas vers des lieux où règne un air pur et salubre, pour y continuer nos recherches sans crainte et sans inconvénient. Cela s'accordoit parfaitement avec le plan que je m'étois formé, de prendre le fleuve *Ombrone* pour limite de nos excursions dans la Maremme pour cette année.

Nous remontâmes donc vers le *Sasso di Maremma*, bourg du diocèse de *Montalcino*, dépendant, pour le civil, du Potesta de *Cinigiano*, et pour le criminel, du Vicaire Royal d'*Arcidosso*. Nous descendîmes dans une mauvaise taverne, et le chirurgien du lieu nous y servit de Cicéron.

Le *Sasso* est situé sur une montagne calcaire, qui domine la rive gauche de l'*Ombrone*. Le nombre de ses habitans peut aller à deux cents, et il y en a à peu près autant de dispersés dans les fermes et les campagnes des environs. Un ancien fort ruiné, prouve qu'il étoit gardé avec soin par les Seigneurs du lieu. Peut-être étoit-ce les *Agnati* de la famille *Ardenghesca*, d'où il passa au pouvoir de Sienne.

Nous descendîmes au fleuve *Ombrone*, près de la rive duquel nous observâmes deux sources d'eau minérale, mais négligées et abandonnées à leur cours naturel. Nous en fîmes l'essai le plus rapidement possible : car, dans cette profondeur, le soleil nous dardoit en plein midi, d'une manière si violente, qu'il sembloit nous faire bouillir la cervelle.

Le thermomètre placé, non pas à l'ombre, car il n'y en avoit pas d'apparence dans cet endroit, mais à l'air libre, étoit monté à trente-sept degrés.

Cette eau est limpide, inodore, a d'abord une saveur acidule, puis un goût salé-amer. La première provient d'une forte dose d'acide carbonique, et le second est causé par les sels cathartiques, et par le sulfate de magnésie qu'elle contient. On y trouve aussi une très-petite quantité de carbonate de fer, comme le prouve l'oxide jaune de fer, qu'elle dépose dans son cours. Si ces sources étoient soignées et gardées, elles pourroient être fort utiles pour purger et désobstruer les Maremmiens des lieux voisins.

Du *Sasso* nous passâmes à *Cinigiano*, qui en est éloigné d'environ six milles. Nous nous écartâmes du chemin pour visiter un prétendu bain, dont notre guide nous vantoit les précieuses vertus. Ce n'est autre chose qu'une mare d'eau dormante, sale, froide, insipide et de mauvaise odeur ; à laquelle , faute d'autre , on a très-gratuitement accordé cette belle dénomination.

Enfin , nous arrivâmes à *Cinigiano* , bourg du diocèse de *Mont Alcino* , situé sur une colline de tuf, cultivée , et où nous ne trouvâmes rien qui pût augmenter notre collection. Il fut autrefois possédé par les *Aldobrandeschi* qui y construisirent un fort, situé dans la partie la plus élevée, mais qui est aujourd'hui totalement ruiné. Il passa ensuite au pouvoir des Siennois. Il est gouverné actuellement par un Potesta , dépendant, pour le criminel , du Vicaire Royal d'*Arcidosso*.

Comme ce bourg est situé sur une colline , et est peu éloigné de l'ensemble des montagnes qui entourent *la Montamiata* , proprement dit, ses environs en reçoivent des eaux stagnantes et marécageuses ; l'air qu'on y respire est cependant médiocrement bon , et sa population qui n'excédoit pas trois cents habitans, augmente de jour en jour. Nous laissâmes *Cinigiano* pour aller passer la nuit à *Porrona*, qui est à deux milles au-delà, dans un pays de marne argilleuse et de tuf, où nous trouvâmes des *cardium*, des *arca*, des *ostrica*, des coquillages à vis, (*turbinetti*) et des volutes pétrifiées.

*Porrona* est un village du diocèse de *Mont Alcino*, avec deux factoreries, l'une appartenante à la *Consorteria Piccolomini*, et l'autre au comte *Tolomei de Sienne*. Nous nous présentâmes à la première pour y passer la nuit; mais au mot d'hospitalité, le facteur jugea plus économique de nous fermer bien vîte la porte au nez : il ne pouvoit pas faire, à notre humble harangue, une réponse plus laconique.

Le S. *Bruchi*, facteur de la seconde, fut plus honnête, il nous accorda sur-le-champ l'hospitalité : ce qui nous fut d'autant plus précieux, que la nuit arrivoit, qu'il n'y avoit point d'hôtellerie dans l'endroit, et que l'air y étoit assez mauvais.

Partis de *Porrona*, nous parcourûmes un pays, tantôt calcaire, tantôt glaiseux, tantôt composé de marne argileuse ; et, en côtoyant souvent la rive gauche du fleuve *Orcia*, nous arrivâmes à *Montenero*, au bout de six milles de chemin.

Ce village est, de ce côté, le dernier endroit de la Province inférieure, et, touche presque le dernier penchant du groupe montagneux du *Montamiata*. La colline sur laquelle il est situé, ne nous offrit autre chose que des couches alternatives de glaise marine et de pierre calcaire fissile. Puis en allant en avant, pendant l'espace d'environ cinq milles, nous arrivâmes à l'*Orcia*, au-dessous de *Castelnuovo*, et nous sortîmes absolument de la Maremme. Le peu de plantes que j'indique ci-après, furent le seul produit de cette longue excursion.

## Auprès du *Sasso di Maremma.*

*Jasione montana.*  *Polygala vulgaris.*
*Rottboella incurvata.*

## Sur les murs de *Sasso.*

*Capparis spinosa.*

## Entre le *Sasso et Cinigiano.*

*Malope malacoïdes.*  *Ornithopus scorpioïdes.*
*Trifolium scabrum.*  *Sideritis romana.*
——————— *fragiferum.*  *Rhinanthus viscosa.* Encyc.

## A *Porrona.*

*Arundo ampelodesmos.*  *Picris hieracioïdes.*
*Althæa hirsuta.*  *Cheirantus alpinus.*
*Ægilops ovata,*

# CHAPITRE XVII.

*Castelnuovo dell'Abate et S. Angelo
in Colle.*

APRÈS être montés à *Castelnuovo,*
nous descendîmes chez le S. *Proposto
Canali,* curé de l'endroit.

Ce petit bourg fait partie du diocèse
du *Mont Alcino,* dont le Vicaire Royal
exerce la jurisdiction civile et criminelle.
Il est situé sur le sommet aplani d'une
haute colline, aux pieds de laquelle coule
l'*Orcia,* qui s'arrête de temps en temps,
et dont les eaux stagnantes rendent l'air humide et peu salubre. Il renferme environ
trois cents trente habitans.

A un tiers de mille de là, au S. E., au fond
d'une vallée, est l'ancienne église de *S. Antimo,* faisant autrefois partie d'un couvent de Bénédictins, fondé vers l'an 800,

selon *Ughelli* et *Tommasi*, par Charlé-
magne ; ( * ) Pie II le supprima en
1462, et le réunit à l'évêché de *Mont
Alcino*. L'abbé de ce monastère étoit
seigneur des lieux circonvoisins : sa jurisdiction s'étendoit jusqu'au-dessus de *Mont
Alcino* même, et ce fut lui qui bâtit et
donna le nom de *Castelnuovo dell' Abate*.

Cette abbaye, qui fit tant de bruit
autrefois, est réduite aujourd'hui à la
seule église. On n'y voit plus que deux
ou trois habitations, qui sont plutôt des
chaumières que des maisons, construites
sur les ruines mêmes du monastère. L'église
a trois nefs ; elle est fort-belle, grande,
bien bâtie, et revêtue, en dedans comme
en dehors, d'albâtre blanc et de travertin.
Son architecture est simple, de bon goût ;
on n'y voit point ces disproportions et

---

( * ) Il est bien prouvé que sous Louis le Pieux, ce
monastère étoit déjà fondé : car il existe une donation
qui lui fut faite par cet Empereur, dont *Muratori*
fait mention.

cette confusion qui, quelques siècles après, vinrent du fond de l'Allemagne encombrer nos édifices, sous le titre spécieux d'architecture gothique. Mais la beauté même de ce vaisseau nu, et absolument démeublé, n'inspire plus que le sentiment d'une sorte d'horreur et de regret, lorsqu'on se rappelle ces siècles de désolation.

Les marches du grand-autel sont toutes couvertes d'une longue inscription latine de l'an 1118, formée en grande partie de monogrammes, et dans laquelle est expliquée fort au long la donation d'un certain comte *Bernardo* à un nommé *Ildebrando*, et au monastère de *S. Antimo* : elle est si longue et si peu intéressante, que je me dispense de la rapporter.

Au-dessous de *Castelnuovo*, au S. O., paroissent de hautes pointes de rocher de travertin fort escarpées, sous lesquelles se trouve souvent la roche d'albâtre, tantôt blanche, tantôt grise, jaune, veinée ou ondée ; et comme dans tous les temps

temps on en a tiré une bonne quantité,
et que pour avoir l'albâtre plus beau,
en blocs plus considérables et plus forts,
on s'est attaché à fouiller jusques dans
les entrailles du rocher ; on y voit encore des cavernes antiques et profondes,
sur les parois desquelles se sont formées,
par la suite des temps, des incrustations
tartreuses qui les recouvrent de tous côtés.

Cet albâtre est d'un grain très-fin, susceptible d'un beau poli et de beaucoup
d'éclat. L'albâtre à fond jaune, orné de
grandes veines ondées, est le plus recherché ; il fait le plus bel effet en colonnes,
en architraves, en miroirs, en tables et
en autres ornemens semblables : on en
voit la preuve dans le magnifique maître-
autel de *Provenzano*, à Sienne.

On en voit des rochers d'une grandeur
immense, et d'une consistance assez forte
pour fournir des matériaux pour toute
espèce de monument, quelque vaste qu'il
soit.

Après avoir pris de gros échantillons

T

d'albâtre de différentes couleurs, nous quittâmes *Castelnuovo*, et nous nous avançames, à travers les montagnes et les vallées, sur la droite de l'*Orcia*. La pluie qui survint nous accompagna jusqu'à *S. Angelo in Colle*, petit bourg du district de *Mont Alcino*. Il est situé sur une hauteur isolée, et dût être un endroit très-fort, si l'on en juge par la solidité de ses murs et par le fort quarré et à demi-ruiné existant encore, et qui devoit rendre très-sûre l'habitation des seigneurs qui le possédèrent après l'abbé de *S. Antimo*. Le nombre des habitans de *S. Angelo*, y compris ceux du petit nombre des fermes circonvoisines, se monte à un peu plus de quatre cents.

Nous prîmes ensuite le chemin de *Mont Alcino*, éloigné de cinq milles et demi de *S. Angelo*; mais nous en fîmes davantage en nous écartant comme de coutume, du chemin ordinaire pour mieux reconnoître le pays.

Nous eûmes à traverser des torrens et des

broussailles, tantôt montant, tantôt descendant à travers un pays montueux et inégal; nous passâmes par la cure de *S. Restituta*, qui étoit autrefois un couvent de Religieux; de là par un chemin détestable nous arrivâmes de nuit à *Mont Alcino*, où nous logeâmes chez MM. *Brunacci* mes parens.

### *Minéraux de* Castelnuovo.

Albâtre tout blanc et très-luisant. Il est très-compacte, et offre en même temps une disposition apparente de filamens longitudinaux.

Albâtre blanc, avec des veines brunes, parallèles, fines et rares.

Albâtre blanc, avec des veines ondulées, rouges et jaunes.

Albâtre d'un jaune obscur.

Le premier et le troisième sont infiniment plus beaux que les autres. Au reste, tous sont susceptibles d'un poli et d'un éclat magnifiques.

## *Plantes.*

### Autour de *Castelnuovo.*

Rhamnus paliurus.
Pistacia lentiscus.
Hyosciamus niger.
Osyris alba.

Juniperus communis.
Spartium scoparium.
———— junceum.
Satureja montana.

### Aux carrières d'*Albâtre.*

Arundo ampelodesmos.
Asperula cynanchica.
Globularia vulgaris.
Silene saxifraga.

Teucrium polium.
Satureja juliana.
Lichen granulatus.

### A S. *Antimo.*

Sambucus nigra.
———— ebulus.

Arctium lappa.
Amaranthus blitum.

### A la Fontaine de *Porzia.*

Cyperus longus.

Zanichellia palustris.

# CHAPITRE XVIII.

*Mont Alcino, et ses environs.*

MONT ALCINO est une petite ville épiscopale, à vingt-deux milles de Sienne, située au sommet et sur le penchant d'une haute montagne. Elle est fameuse dans l'histoire de Sienne, en ce que, lorsque cette dernière ville céda aux armes de Charles V, en 1555, elle devint l'asile de la liberté de Sienne et de ses réfugiés. (*)

*Mont Alcino* fait aujourd'hui partie de la province supérieure, et est gouvernée par un Vicaire Royal. Elle ren-

___

(*) On trouve encore beaucoup de monnoies, surtout en argent, qui appartiennent à cette époque du gouvernement Siennois, avec cette inscription : *Resp. Saens. in M. Ilcino.*

T 3

ferme plus de quinze cents habitans, et les campagnes circonvoisines presque autant. On y cultive plusieurs arts ; elle a quelques manufactures, et son commerce est assez considérable, sur - tout avec la Maremme. L'élévation de son site fait qu'on y respire un air pur ; mais en hiver, le froid y est très-vif, et il y fait presque toujours beaucoup de vent. Son terroir montueux et pierreux exerce beaucoup l'industrie de ses cultivateurs , et malgré la rudesse du lieu, ils y cueillent des fruits exquis, beaucoup d'huile, et surtout du vin excellent ; et ce gracieux et divin muscat de *Mont Alcino*

> *quel graziosetto ,*
> *quel sì divino*
> *moscadelletto*
> *di Mont Alcino ,*

que Rédi, dans son dithyrambe, appelle les délices des dames, est en général extrêmement goûté des hommes.

Nous employâmes quelques jours à parcourir le territoire de *Mont Alcino* , et à en observer les productions naturelles. Voici le résultat de nos observations :

La charpente de la montagne offre des bancs de pierre de grès et de pierre cicerchine. La pierre de grès est tantôt jaunâtre, tantôt bleuâtre ou *serena*, et celle-ci est ordinairement contiguë, et unie à la jaune sans intervalle. Le plus souvent elle est en partie effervescente, à raison des molécules calcaires qui entrent dans sa composition ; il y en a aussi de fissile non effervescente, et qui est souvent dendritique.

Les pierres cicerchines, dont on trouve souvent des masses considérables sur ces penchans, varient pour le grain et la couleur. Les unes ont le grain fin, les autres l'ont plus gros, sont très-dures, et ne sont susceptibles que d'un poli grossier ; d'autres sont employées à paver les chemins, et s'y polissent presqu'aussi bien que le granit. Enfin, ce sont des brèches composées de petits cailloux, les uns de quartz, les autres de calcédoine,

T 4

souvent de jaspe, rarement calcaires, tous réunis par un empâtement ou ciment commun de grès de diverses natures; souvent il est silicé; quelquefois il est calcaire, avec de nombreux filets d'oxide de fer jaune ou rouge; et comme la partie silicée y domine de tous côtés, elles sont étincelantes dans tous les sens. D'un autre côté, il est vrai que les acides puissans, lorsqu'on en verse dessus, enveloppent les particules calcaires, tant des cailloux que de l'empâtement, et y excitent une vive effervescence. Actuellement, comment *Foerber* (*Lett. mineral.*) a-t-il pu trouver des fragmens de lave et des principes volcaniques dans cette pierre, qui est évidemment l'ouvrage des transports et des dépôts de la mer, dépouillés de toute espèce de production du feu.

Ces couches ou bancs de pierre, qui ont tous des rapports et de l'affinité entr'eux, se trouvent sur tous les côteaux diversement inclinés, et sont indistinctement posés les uns sur les autres; de manière que tantôt c'est un banc de grès qui domine, tantôt c'est un banc de ci-cerchine ; d'autrefois ils se succèdent tellement les uns aux autres, en masses contiguës, qu'il n'existe aucune sépara-tion ni aucun interstice entr'eux. On voit que la nature a, par un mécanisme sem-blable, formé ces couches de pierres de grès et de cicerchine.

On trouve souvent dans ces campagnes la pierre calcaire, avec des filets de spath ; on en voit plus souvent encore percées de cellules, ou trous de pholades. Nous rencontrâmes différens morceaux de spath calcaire lenticulaire, sur-tout en remontant du torrent *Suga* sur les pen-chans du *Poggio delle Cappanne*.

Ces contrées nous offrirent un grand nombre de corps marins. En descendant le côteau de *Pertimale*, nous recueillîmes, outre une grande quantité d'opercules, beaucoup de strombites, de muricites, de volutites, de pectinites, de néritites, de chamites et d'ostracites bien conservées, d'une grandeur extraordinaire, et souvent avec le noyau spatheux.

Quelques-unes de ces ostracites étant frottées, exhaloient une odeur fétide, comme la pierre *suilla*. Ces productions marines se trouvent, non-seulement détachées et isolées, mais encore réunies en brèches de lumachelle, dans lesquelles les volutes dominent. On y voit aussi fréquemment des échinites, vulgairement appelés *floridi*, grands et très-bien conservés. Nous en recueillîmes plusieurs sur les côteaux vers les *Boschi di Canchi*, et vers le fossé de la *Querceta della Carcianese*.

Quand nous eûmes passé une maison de campagne appelée *Tavernelle*, nous vîmes encore dans la marne et dans le tuf, des coquillages fossiles ; c'est là qu'on trouva, il y a quelques années, deux turbinites appelés *scalari* tout entiers, et d'un grand prix. Nous ne fûmes pas si fortunés, quelque temps et quelque soin que nous ayions mis dans nos recherches.

Auprès de *Quercecchio* , nous trouvâmes quantité de pierres calcaires , trouées par des pholades ; et tout près de là , des échinites *floridi* , des ostracites, des chamites , des turbinites , et divers autres coquillages fossilles , dont je parlerai bientôt.

Nous parcourûmes ainsi le pays dans tous les sens, jusqu'au *Poggio alle Mura* , village à huit milles de *Mont Alcino*, situé sur une hauteur, au bas de laquelle viennent se réunir les fleuves *Ombrone* et *Orcia*, dont le confluent forme de ce côté la limite de la Maremme. Cette excursion enrichit notre collection, principalement d'un grand nombre de corps marins fossiles.

Dans les bois voisins de *Mont Alcino* , on découvrit, il y a quelques années, un ours noir que l'on prit d'abord pour un sanglier: il fut poursuivi et tué par des chasseurs ; mais l'un d'eux en fut grièvement blessé , car l'animal , avant de mourir , le saisit , et lui donna une accolade qui n'étoit rien moins que fraternelle. On n'a jamais pu savoir d'où venoit cette bête féroce. Il peut se faire que s'étant éloigné des Apennins sa demeure ordinaire , cet ours se soit égaré dans le pays : mais ces monts sont fort éloignés , et les bois de *Mont Alcino* n'ont aucune communication avec eux.

Enfin , nous quittâmes *Mont Alcino* , et après avoir fait environ six milles par des chemins de traverse , par un pays , ou absolument calcaire , ou formé de la marne ordinaire et toujours trop uniforme , nous arrivâmes à *S. Quirico*, où nous descendîmes chez mon beau-père M. *Francesco Simonelli.*

### *Minéraux de* Mont Alcino.

Brèches appelées *pietre cicerchine* , formées de petits cailloux de diverses couleurs et d'une consistance différente , dans un empâtement commun de grès.

*On les trouve en abondance, sur-tout sur les collines qui dominent la ville.*

Les mêmes brèches ou poudings, dans la composition desquels, outre les petits cailloux, il s'en trouve de plus gros et de plus nombreux. *Ibid.*

### *Fossiles de* Mont Alcino.

*Helmintholithus echini alti.*
*Strombi gigantis.*
*Trochi perspectivi.*
*Muricis vertagi.*
———— *brandaris.* β
———— *granulati.*
*Turbinis terebræ.*
———— *exoleti.*
———— *elegantis.*
———— *rugosi.*
———— *granularis.*
*Coni virginis.*
*Buccini decussati.*

*Helmintholithus Neritæ canrencæ.*
*Dentalii entalis.*
———— *arcuati.* Lin. Gm.
*Terebratulæ pilei.* Bruguier.
*Serpulæ glomeratæ.*
*Madreporæ turbinatæ.* Lin. Am. Acad. tom. 1. tab. 4. fig. 1, 2, 3.

Et outre cela divers noyaux, le plus souvent de terre ferrugineuse de murex, de cones, de volutes ; l'une de ces dernières est absolument spatheuse-calcaire.

## *Plantes.*

### Près des murs de la Ville.

Verbena officinalis.
Circæa lutetiana.
Melissa grandiflora.
———— officinalis.
Asplenium ceterach.
———— trichomanes.

Asplenium adiantum nigrum.
Polytrichum commune.
Lichen caninus.
———— resupinatus.
Hypnum proliferum.

### Dans le ravin *delle Tracolle.*

Ilex aquifolium.
Carpinus betulus.
———— ostrya.

Smilax aspera.
Sanicula europæa.
Hypnum alopecurum.

### Les bois qui entourent le *Mont Alcino,* sont composés des Plantes suivantes :

Quercus robur.
———— ilex.
Fraxinus ornus.
Arbutus unedo.
Pistacia lentiscus.
Cornus mascula.
———— sanguinea.

Juniperus communis.
Erica vulgaris.
———— arborea.
Phyllirea latifolia.
———— media.
Rhamnus alaternus.

Nous trouvâmes à *Camugliano* une grande quantité de *saracchio.*

## CHAPITRE XIX.

*San Quirico*, et *Bagno di Vignone.*

LA terre de *S. Quirico*, située dans le diocèse de *Mont Alcino*, étoit autrefois un fief des marquis *Chigi* de Sienne, qui y ont un palais magnifique bâti par le cardinal *Flavio Chigi*. Elle est gouvernée aujourd'hui par un Podestat pour le civil, et par le Vicaire Royal de *Pienza* pour le criminel. Le bon air qu'on y respire, et sa position sur la grande route de Rome, font que sa population est d'environ 1,300 habitans, et qu'elle augmente tous les jours.

La colline tufacée, sur laquelle est bâti *S. Quirico*, est élevée, agréable, et couverte de vignes et d'oliviers, qui sont très-bien cultivés. Mais les endroits dont le sol est composé d'une marne argileuse,

ne sont pas aussi bien cultivés à cause de
la stérilité du terrain ; ce qui en rend la
campagne triste et aride. On trouve,
dans ces derniers lieux , une grande
quantité de dépouilles marines , et sur-
tout des muricites , des turbinites , des
volutes, des pectinites , des chamites et
des ostracites. Auprès de la ferme de *Ba-
gnaja* , on rencontre des huîtres communes fossiles , d'une grosseur excessive ,
et qui pèsent jusqu'à trente livres. On
y recueille aussi des morceaux de madrépores, un grand nombre de noyaux,
et d'opercules de diverses grandeurs, des
dents de différens poissons , et sur-tout
du poisson loup, ( *anarhicas lupus* ) connues sous le nom de *bufonites* et de
lamie ( *squalus carcharias* ) , improprement appelées *glossopetres* , que le peuple
prend là , comme dans beaucoup d'autres
endroits , pour des traits tombés du
ciel. Ces corps marins sont le plus souvent disposés par couches à la surface
de la terre ; les autres sont dispersés çà
et

et là parmi les pierres et les buissons voisins. Mais j'aurai occasion de parler ailleurs de ces corps marins fossiles, très-communs dans les craies de l'État Siennois. Je me contenterai d'observer ici que les noyaux des coquilles sont souvent bruns et rouges; ce qui provient uniquement de ce que les terres dont ils sont composés sont plus ou moins ferrugineuses.

Le tuf contient en abondance des vers à tuyau, réunis en masse, spécialement auprès de la porte Romaine : les *échinites fleuris* et *le pas de poulain* s'y trouvent aussi assez fréquemment. Outre la marne et le tuf, on voit dans ce territoire s'étendre fort au loin, des bancs fort élevés de terre glaise, tantôt compacte et consolidée en brèche, tantôt désunie et séparée. Elle renferme des cailloux d'agate, de calcédoine et de jaspe : ils ne sont pas gros, mais ils sont souvent très-beaux, et dignes d'être recueillis pour l'usage des arts. En ajoutant à cela de fréquens morceaux de sulfure de fer globuleux ou cylindriques

V

et très-durs, j'aurai indiqué tout ce que nous avons trouvé dans nos fréquentes recherches aux environs de *S. Quirico.* Nous allâmes de là au *Bagno di Vignone,* qui en est à trois milles. Il tire son nom d'un village situé au haut de la montagne, dont la charpente est une terre calcaire mê'ée à une terre rouge ferrugineuse, avec de fréquens morceaux de manganèse noir informe.

Au pied de cette montagne, tout près de la grande route de Rome, se trouvent les Bains, dans une esplanade située sur la rive droite et escarpée de l'*Orcia* qui, dans cet endroit, se trouve resserré entre les collines. Peut-être que ses eaux, qui, retenues par des digues naturelles, élargirent autrefois la *Val-dorcia,* à force de heurter continuellement dans cet endroit, finirent par détruire tout obstacle, et par s'ouvrir un chemin par ce détroit. Alors le cours de ce fleuve se dirigea vers l'*Ombrone;* les terres auparavant submergées restèrent à sec, et offrirent un sol fertile et sain à l'agriculteur.

Le *Bagno di Vignone* est très-ancien. On y a trouvé des inscriptions qui datent du temps des Gentils : aujourd'hui il il appartient en propre à M. le marquis *Chigi*, qui l'a fait réparer il n'y a pas long-temps, et l'a rendu plus commode pour les personnes qui viennent de divers pays s'y baigner. Ses eaux, qui sont chaudes, sortent du fond d'un grand bassin découvert, et de là vont se rendre dans les cabinets de bain et de douche qui sont contigus. Les sources, en y arrivant, s'y manifestent par une ebullition continuelle, et par les bulles d'air qui paroissent à la surface. Cette eau thermale est constamment si abondante, que non-seulement elle sert à l'usage des Bains, mais encore va faire tourner plusieurs moulins, situés à la chûte rapide du superflu de ce bassin.

Cette eau, peu agréable à boire, à un goût légèrement acide, qui se dissipe bientôt. Il est causé par le fluide aériforme qui s'en échappe continuellement, et qui est un gaz acide-carbonique ; car celui que nous recueillîmes rougit la teinture de tournesol, ( qui, exposée ensuite à l'air libre, reprit sa première couleur) éteignit la lumière, communiqua une saveur acidule à l'eau commune, et produisit dans l'eau de chaux un précipité de carbonate de chaux.

La chaleur de l'eau du bassin à l'ombre, au mois d'août, fit monter le mercure à trente-cinq degrés : celle du petit Bain, ( *bagnetto* ) qui est contigu, appelé l'étuve ( *la stufa* ), ne va pas au-delà de trente-deux degrés au plus, quoique les vapeurs renfermées dans cette petite chambre en rendent l'air environnant très-chaud, et fasse croire communément que la température de l'eau qui y est renfermée est plus chaude. L'eau des petits bassins, si on la laisse en repos, ainsi que celle qu'on laisse dans des vases découverts, dépose un sédiment, et forme à sa surface une pellicule blanche et consistante, que l'analyse chimique nous prouva être un composé de sulfate de chaux et de carbonate de chaux.

Elle incruste , et revêt d'une croûte de tartre , les pierres , les bois et les plantes qu'elle rencontre sur son passage , et cela plus facilement encore , lorsqu'elle se refroidit après avoir parcouru , pendant un certain temps , les petits canaux ou fossés par lesquels elle se rend aux moulins. Là un tartre jaune en dessus , sale et poreux , recouvre les rochers sur lesquels l'eau se précipite , et se congèle en forme de stalactites.

Toutes ces incrustations , le limon même , les dépôts qui se forment dans les canaux des moulins , sont composés d'une certaine quantité de carbonate de chaux , d'une moindre dose de solfate de chaux , de très-peu d'oxide jaune de fer , et de quelques atomes de silex.

D'après les expériences faites sur cette eau , avec les réagens chimiques , je pense que les substances qu'elle tient en dissolution, peuvent se réduire à une petite quantité d'acide carbonique libre , une médiocre portion de sulfate de natron, une grande partie de sulfate de chaux, une petite quantité de muriate de chaux, une portion prépondérante de carbonate de chaux, et une portion à peine sensible de carbonate de fer.

L'activité de ces eaux est très-vantée pour la guérison des paralysies, contre l'affoiblissement des membres, les rhumatismes, les douleurs arthritiques, les maladies cutanées, et autres infirmités semblables, en se bornant à des bains entiers ou partiels, à la douche, avec le bain de vapeurs dans l'étuve, quand il est prescrit à propos.

A deux ou trois cents pas des Bains, il y a une source d'eau acidule, renfermée dans une petite chambre , qu'on emploie souvent avec succès , comme apéritive et tonique. Nous y fîmes plusieurs expériences, dont voici le résultat:

Cette eau est froide, et a un goût acidule. Exposée à l'air libre , et dans un vase découvert, elle s'y évapore , devient absolument insipide , forme à sa surface une pellicule blanche et légère, qui est un carbonate de chaux avec une petite portion de sulfate de chaux, et elle dépose au fond du vase quelques atomes d'un sédiment orangé, qui est l'oxide jaune de fer.

Dans le petit puits , du fond duquel elle sort de terre , se trouve une émanation de gaz acide carbonique, que nous reconnûmes par les phénomènes ordinaires : tels que ceux d'éteindre les lumières, de faire éprouver une impression vivement piquante et étouffante , lorsque nous respirions à sa surface, de rougir la teinture de tournesol, de produire un précipité de carbonate de chaux dans l'eau de chaux, et d'occuper constamment la partie inférieure à l'air atmosphérique , comme plus pesant que lui.

D'après les essais avec les réagens chimiques , il paroît que l'eau acidule a

V 4

beaucoup de ressemblance avec celle du Bain, eu égard aux substances qu'elle tient en dissolution : car on n'y voit d'autre différence que dans la quantité, et sur-tout de l'acide carbonique, qui est libre et très - abondant dans l'une, et qui est très-rare dans l'autre. De plus, l'une est froide et l'autre est chaude.

On trouve une grande quantité de travertin, dans les environs du Bain. Les rochers qui l'environnent, tant au-dessus qu'au-dessous, sont tous de tra-vertin ; ils s'étendent à quelque distance, sur-tout à l'Ouest ; le long du cours du fleuve *Orcia*. On en voit de hauts ro-chers, dans les lieux où il n'y a pas même d'apparence de source d'eau. Ceci est une preuve certaine que les eaux chaudes cou-lèrent autrefois dans ces divers endroits ; et qu'après avoir formé, à leur source et le long de leur cours, le travertin qu'on y voit aujourd'hui, elles furent forcées, après avoir vraisemblablement obstrué leurs conduits, à changer de cours et à jaillir ailleurs. Peut-être les sources d'aujourd'hui subiroient-elles le même sort, si on négligeoit d'entretenir leur écoulement, et si on les abandonnoit aux vicissitudes de la nature ?

Le travertin du *Bagno di Vignone* est très-blanc, et quoiqu'il soit celluleux quand il est employé, il est très-dur et très-fort, et il s'endurcit de plus en plus exposé à l'air. On en voit la preuve dans les ornemens des édifices antiques, et sur-tout dans la belle façade du dôme de *Pienza*, dont le travertin, exposé depuis plus de trois siècles aux injures de l'air et au vent du Nord, conserve encore sa blancheur et sa solidité. Aussi en voit-on de grandes carrières, dont on fait continuellement de très-beaux ouvrages.

Du *Bagno di Vignone*, en traversant la *val d'Orcia*, nous nous rendîmes à la maison que j'ai à *Pienza*, qui en est éloignée de six bons milles.

*Minéraux.*

*Dans les environs de S. Quirico. Dans les excavations de* Glaise.

Cailloux de calcédoine.
Cailloux d'agathe.
Cailloux d'agathe calcédoniée.
Cailloux de jaspe de diverses couleurs.
Sulfures de fer stalactiliforme.
Les mêmes, globuleux et petits.
Pierre calcaire, trouée de *dattili.* (*Mytilus lithophagus.*)

Au *Monte di Vignone.*

Manganèse noir, informe et erratique.

Au *Bagno di Vignone.*

Tartre calcaire, que les eaux chaudes ont déposé dans leur cours.
Travertin blanc, caverneux et très-dur. *Dans les carrières.*

## *Plantes du* Bagno di Vignone.

### Autour du grand bassin.

Samolus Valerandi.                 Schœnus nigricans.
Eupatorium cannabinum.        Adiantum capillus Veneris.

### En descendant vers l'*Orcia*.

Artemisia abrotanum.        Teucrium polium.
Typha latifolia.                  Rosa canina.
Juncus acutus.                   Spartium junceum.
Carlina vulgaris. (*)         Scilla autumnalis.
Erigeron graveolens.          Asplenium ruta muraria.
Marrubium vulgare.

---

(*) *Carlina vulgaris.* Linn.

*Carlina caule sublanato paucifloro, pedunculis subæqualibus.* Voyez la figure 6.

Les desseins que nous avons de cette plante sont inexacts et défectueux ; la phrase de *Linné* est insuffisante pour la faire reconnoître : c'est ce qui m'a engagé à la décrire plus correctement, et à en donner une figure plus vraie.

## CHAPITRE XX.

*Pienza* et son territoire. *Monticchiello.*

DEPUIS la colline sur laquelle la ville de Sienne est bâtie, on voit s'étendre, pendant trente milles, vers son levant d'hiver, une grande langue de terre, le plus souvent d'un blanc cendré, qui semble dépouillée d'arbres et de forets en général, interrompue continuellement par des collines nues, des précipices, des torrens et des vallées aplanies, fertiles et bien cultivées.

Cette portion de pays se nomme *Creta*, à raison de ce que son terrain est composé, pour la plus grande partie, d'une marne argileuse, appelée vulgairement *craie*, qui dérive du mot latin *creta*. (*) Des

_______________

(*) Quoique les Naturalistes modernes fassent de la craie et de l'argile deux terres absolument diffé-

terres d'une telle consistance, et dans lesquelles domine *l'argile intumescent*, pendant les pluies de l'hiver, ont coutume de s'imbiber d'eau et de se gonfler; tandis que pendant l'été, elles se sè-

---

rentes, les anciens les confondoient souvent, et donnoient le nom de *creta*, (craie) tantôt à l'argile, tantôt à la marne argileuse. Je pourrois citer divers passages propres à le prouver; mais les trois citations suivantes sont plus que suffisantes:

*Area cùm primis ingenti æquanda cylindro,*
*Et vertenda manu, et cretâ solidanda tenaci.*
> Virg. Georg. lib. I.

*Faciendi (lateres) autem sunt ex terrâ albidâ cretosâ.* Vitruv. lib. 2. cap. 3. Pline qui parle aussi souvent de la *creta figlinarum*, *figlina creta*, *etc.* dit comme Vitruve: *Lateres non sunt è sabuloso neque arenoso, multòque minùs calculoso ducendi solo, sed è cretoso et albicante*, Lib. 35. cap. 24. Il est donc assez naturel que dans une langue qui est fille de la latine, et qui conserve beaucoup de rapport avec elle, on ait conservé le mot *creta* pour désigner la même substance. Mais il ne faut pas croire pour cela que les Italiens modernes confondent comme le vulgaire, la craie, (*creta*) avec l'argile, ainsi que quelques étrangers, toujours prompts à critiquer, l'ont voulu faire croire.

chent, se retirent, et éclatent de manière à faire des crevasses immenses, qui forment des précipices et des ruines, comme il arrive souvent dans les craies de Sienne.

C'est vers la fin de cette région crétacée, à trente milles de Sienne, qu'est située *Pienza*, au sommet aplani d'une colline fort élevée. Sa position extrêmement aérée, hors du voisinage des rivières, des torrens, privée d'eau et de bois touffus, fait qu'on y respire, dans toutes les saisons, un air très-pur, et qu'elle n'est exposée à aucune maladie épidémique ou périodique.

La colline de *Pienza*, aplanie comme je l'ai dit, et de plus d'un mille d'étendue, est soutenue au Midi, dans toute cette longueur, par une roche contiguë de tuf dur, qui s'élève beaucoup de ce côté, et qui est presque taillée à pic au-dessus du sol ; ensuite elle va se perdre et se confondre insensiblement avec des couches, tantôt marneuses, tantôt glaiseuses, ou bien avec des bancs de pierre de grès. Ces roches sont remplies de dépouilles de corps marins qui se voient plus facilement, sur-tout sur les parois des grottes antiques, que l'on tailla sans peine autrefois dans le tuf. (*)

Le pays qui est au-dessous de ce rocher est marneux de tous côtés : il s'étend de cette nature vers le Sud, dans la *Val d'Orcia*, qui est tout près, au-delà du fleuve d'où elle tire son nom, jusqu'au pied du *Montamiata*.

Le tuf, ou consolidé en masse, ou désuni et incohérent en forme de terre, tantôt interrompt, par des filons étroits et

---

(*) Le voyageur peut facilement s'appercevoir que les anciens habitans de l'Italie Cisappennine, rencontrant de tous côtés un tuf marin ou volcanique, et des roches faciles à tailler, et solides en même temps, y creusoient des grottes, des antres et des cavernes qu'ils commencèrent à habiter jusqu'à ce que des temps plus paisibles, un peu plus d'aisance et de civilisation, les eussent déterminés à se bâtir des maisons.

longs, le sol marneux ; tantôt, succédant immédiatement à ce dernier, il s'étend fort au large, et présente un terrain plus utile et plus propre à la culture. (*)

Mais le terrain marneux, aussi bien que le tufacé, abondent en dépouilles de corps marins, qui sont sur-tout plus remarquables et plus nombreux dans le terrain tufacé, situé spécialement au nord de *Pienza*, où j'ai trouvé l'*ostrea massima*, d'environ quinze pouces de diamètre, et l'*ostrea edule*, qui n'étoit pas moins grande. On trouve, au même endroit, le *fer limaceux* erratique, et sur-tout arrondi,

---

(*) Ces sables marins désunis ou consolidés en tuf, offrent dans ce pays, ainsi que dans les deux provinces Siennoises le phénomène très-connu d'être phosphorescens quand on les échauffe au feu. On sait que cette propriété est commune aux sulfates de barrite et de chaux, au fluate de chaux, à la magnésie et à d'autres substances terreuses ou salines. Ces sables contiennent beaucoup de ces substances, et ce sont ces dernières qui leur procurent leur phosphorescence à un degré plus ou moins grand.

appelé

appelé vulgairement *pain du Diable* (*pane del Diavolo*). Quelquefois on en trouve qui sont creux en dedans, et qui résonnent quand on les agite : ce sont de vraies géodes martiales.

Dans le terrain marneux, outre les corps marins qui s'y rencontrent ordinairement en petit volume, (quoique j'aie trouvé dans quelques *grottes ruinées*, des pinnes marines très-tendres, et qui tomboient en décomposition) on apperçoit souvent la sélénite, ou sulfate de chaux cristallisé, tantôt sous la forme de prismes rhomboïdaux isolés et réguliers, tantôt disposé en prismes, qui, partant d'un centre commun, vont former à la surface de la terre de très-jolies cristallisations, formant un disque radié et éblouissant. On y trouve souvent aussi de petits sulfures de fer globuleux, qui indiquent par-là qu'ils contiennent beaucoup de craie.

Dans quelques endroits de ce pays argileux, la terre végétale, si jamais il y en a eu, a tellement disparu, que

X

l'on n'y voit croître aucune plante ; on y trouve , et seulement dans quelques endroits , l'*artemisia maritima* , très-odorante , le pouliot , la centaurée et le thym ; c'est ce qui fait que le fromage , provenant du lait des troupeaux qui y paissent , est si savoureux et si délicat.

On ne trouve non plus aucune de ces plantes sur le sol formé de glaise bleuâtre , parce qu'après s'être gonflée par les pluies , elle se crevasse , s'endurcit en se séchant , et rompt alors les racines des végétaux , ou devient imperméable à ces mêmes racines.

Auprès de la ferme de *Costilati* , sous une croûte de cette même craie , on trouve , en grosses masses , une terre durcie, argileuse , d'un grain fin et d'un gris de plomb , lorsqu'on la tire. En se desséchant à l'air , elle devient blanchâtre ; quand on la cuit au feu de brique , elle devient couleur de paille : si on augmente le degré de cuisson , elle devient d'un vert lavé. Cette terre est bonne pour faire de la faïance ; elle est très-recherchée pour cet usage.

Dans le lit du torrent *Tuoma*, on voit souvent la pierre calcaire percée de mityles lithophages ; mais j'ai rarement trouvé le noyau pierreux de ce coquillage, et plus rarement encore sa coquille, trop tendre pour résister aux vicissitudes des temps et à l'antiquité.

Les rives des fossés des *Cetine*, de *Strozza* et de *Capaccio*, étant fort élevées, et perpendiculaires, laissent voir aisément les diverses couches qui forment le sol de ce pays. On voit à la partie supérieure, un lit de terre végétale et marneuse, à laquelle succède un tuf tout parsemé de petits coquillages : au-dessous est une brèche glaiseuse, dans laquelle on voit diverses espèces de coquillages, qui sont le plus souvent de la famille de l'*ostrea*, au milieu desquels nous avons trouvé l'*ostrea poliginglima*, qui s'effeuilloit en lames luisantes et très-minces, et plusieurs autres petites lames de couleur changeante, provenant de la décomposition des pinnes marines. Sur quelques bords de ces fossés, sous le tuf et sur les bancs glaiseux, on voit des filons de *piligno*, contigus, et souvent hauts de plus d'une brasse, plus denses et plus compactes dans le fond, et couverts en-dessus d'une légère couche d'une substance lamelleuse, ligneuse et légère.

Le banc de tuf du dessus est aussi marqué de petites veines de *piligno*; quand on le frotte, il exhale une forte odeur de bitume. Ce *piligno* est susceptible d'être taillé en glèbes, mais il est très-fragile et friable. Je me suis ensuite apperçu, que ces sortes de couches, quoiqu'elles ne paroissent que dans peu d'endroits, doivent avoir sous terre une continuation et une extension considérables, comme j'aurai occasion de l'observer ailleurs.

En descendant environ un mille de *Pienza*, vers la *Val d'Orcia*, on trouve une mare naturelle d'eau sulfureuse froide, d'un goût astringent et désagréable ; elle est toujours au même niveau , et son bouillonnement continuel se fait avec bruit et en exhalant une odeur fétide. Le vulgaire ignorant est fort étonné de voir cette eau bouillonner , quoiqu'elle soit froide ; elle est connue , dans le pays , sous le nom d'*acqua puzzola* : le fond en est limoneux , et l'eau peu profonde. Cette ébullition apparente est causée par l'émanation continuelle de fluides aériformes , qui , se dispersant et s'évaporant dans les environs , y répandent une puanteur sulfureuse , qui devient insuportable , sur - tout lorsque le vent du sud - est vient à souffler. J'ai examiné ces fluides aériformes : ils sont composés de gaz hydrogène sulfure , et de gaz acide carbonique ; mais le premier y abonde davantage. Sur les bords de cette espèce de bassin , on trouve des dépôts et des incrustations blanches et jaunâtres. Elles sont composées de sulfate de fer , de sulfate d'argile , et de soufre. Il s'y trouve même assez souvent des cristaux rhomboïdaux réguliers, et détachés de sulfate de chaux.

On voit à cent et à deux cents pas de distance des eaux de *Puzzola*, d'autres petits emplacemens blancs, absolument dépouillés de toute espèce de végétaux, troués dans quelques endroits, et annonçant en-dessous des cavités profondes, par le retentissement que l'on entend sous les pieds, comme lorsqu'on marche sur le cratère de la solfatare. Ces trous exhalent des émanations méphitiques, et d'une odeur fétide, tantôt avec des bulles d'eau, tantôt à sec, mais toujours accompagnées d'un certain bruissement intérieur, caverneux et profond. Ces exhalaisons sont totalement composées de gaz hydrogène sulfuré, et de gaz acide carbonique.

De tout cela, il est facile de conclure que cette surface et cette croûte terreuse, ne sont autre chose, dans ces environs, qu'un couvercle ou une voûte d'abîmes creux, dans la profondeur desquels se décomposent lentement des couches de sulfure de fer, mais à une grande profondeur, et vraisemblablement avec une grande quantité d'eau. Il arrive de là que les émanations aériformes s'exhalent sans chaleur sensible, et que l'eau ni l'air environnans ne changent pas leur témpérature ordinaire. La décomposition de ce même gaz hydrogène sulfuré, fait déposer le soufre tout autour des bords de l'eau de *Puzzola*; tandis qu'une partie de ce même gaz, en se combinant avec une quantité suffisante de l'oxigène de l'air atmosphérique, devient acide, et rencontrant la terre calcaire, forme avec elle le sulfate de chaux qu'on y trouve cristallisé. Le sulfate de fer ou vitriol martial qui s'y rencontre, doit peut-être son origine à la décomposition des particules de sulfure, qui ont été soulevées, telles quelles, par la force des émanations aériformes, et déposées sur le bord et dans l'eau du bassin qui en contient pareillement.

X 4

. Lorsqu'on jette un coup d'œil général sur ces pays, si l'on réfléchit un peu sur la nature des corps dont le terrain est composé, et sur leur disposition, on ne peut se dispenser d'y voir l'aspect d'une terre qui fut autrefois submergée par les eaux de la mer. Toutes ces vallées, toutes les collines, toutes les montagnes de seconde formation, furent couvertes des eaux de la mer. Elles déposèrent peu à peu, sans fracas ni bouleversement, les sables qui sont restés désunis ou réunis en masses solides de tuf, les pierres calcaires, les glaises, les dépouilles de corps marins, les couches de *piligna*, et de marne argileuse, beaucoup trop abondante dans cette contrée ; car cette dernière est pareillement un dépôt des eaux marines, qui, en se transportant ensuite ailleurs, ont laissé à sec ces terrains qui conserveront toujours les preuves de leur ancienne submersion.

On ne doit pas trouver extraordinaire que je compte le *piligna* au nombre des sédimens et des dépôts de la mer. Les diverses expériences que j'ai faites dans ce pays et dans plusieurs autres, m'obligent à ne pas attribuer la formation de ces couches à d'autres causes, et plusieurs Naturalistes sont de mon sentiment. Leur forme, leur disposition selon les lois de leur pesanteur spécifique ; les bancs de tuf qui étoit autrefois un sable de mer, tantôt mêlé, tantôt placé au-dessus ou au-dessous du *piligno ;* les dépouilles de corps marins, les filons de glaise qui l'accompagnent dans une si grande étendue avec tant d'abondance, et qui, par les coquillages de mer qui y sont mêlés, prouvent évidemment qu'ils sont produits par la mer : enfin, l'aspect général ou particulier de toutes ces substances ensemble, détermine l'observateur attentif à regarder ces couches de *piligno* comme des sédimens, et des dépôts successifs et lents des eaux de la mer.

Mais le *piligno*, dans le principe, ne fut pas essentiellement tel que nous le voyons aujourd'hui. Je crois que ses couches commencèrent par être formées de bois et d'autres fragmens de végétaux, qui n'étoient encore ni altérés ni décomposés ; et que par le laps des temps, ils subirent une décomposition, qu'ils se pénétrèrent, ou de leur huile propre ou de l'huile des cétacées, des poissons et autres animaux marins, qui, en périssant continuellement, se pourrissent et se décomposent au fond de la mer. Peut-être qu'ils se pénétrèrent de l'huile des uns et des autres ensemble. Je serois tenté de croire que cette huile, par la succession des siècles, étant pénétrée elle - même de l'acide sulfurique des sulfures de fer décomposés, et qui subsistent encore dans les couches de *piligno*, fut altérée, condensée et réduite en un bitume noir et fétide, tel qu'on le trouve aujourd'hui. En effet, outre les noyaux et les morceaux pyriteux, outre l'odeur sulfureuse qui se remarque souvent dans ces *piligni*, en séparant les feuilles de ces derniers, j'ai trouvé fort souvent entr'elles une cristallisation mince , mais abondante, de sulfate de chaux, (*) avec excès d'acide. Il suffit d'avoir exposé mes idées sur l'origine des couches de *piligno* , que je soumets bien volontiers à l'examen et à la discussion des philosophes spéculateurs, et à la décision des *géologues ;* mais j'avoue que les expériences nouvelles et réitérées, auxquelles j'ai soumis cette substance, me font tenir fermement à cette théorie.

*Pienza* s'appelloit autrefois *Corsignano* , bourg antique , dont on ignore l'origine. Les urnes sépulcrales , avec des caractères Étrusques , les briques , les

---

(*) Ces cristaux sont autant de prismes linéaires , longs depuis une ligne jusqu'à trois , partant d'un centre commun et formant une étoile à l'extrémité de leur divergence , de manière que les plus longs se trouvent en dessous , et les plus courts sont en dessus ; ce qui rend l'étoile beaucoup plus riche et la cristallisation plus brillante. L'analyse et la saveur m'ont prouvé que ce sulfate de chaux contenoit un excès d'acide sulfurique.

vases, et autres meubles semblables de l'antiquité, trouvés dans son territoire, sur - tout vers la ferme de *S. Piero*, sont des preuves non équivoques que ce pays étoit déjà bien peuplé dès le temps des Étrusques.

Lorsque Pie II, natif de *Corsignano*, parvint au souverain pontificat, il décora ce lieu de sa naissance du nom de ville ; il y fonda un évêché, y fit bâtir une belle métropole et un magnifique palais ; ensuite plusieurs cardinaux, et grands prélats, pour faire leur cour au Pape, y bâtirent aussi des édifices plus ou moins remarquables ; et le palais de l'évêque fut construit au frais d'Alexandre VI, alors cardinal de *Borgia*, qui plaça ses armes sur la façade, telles qu'on les voit encore aujourd'hui.

Il y a une cure (*pieve*) extrêmement an-cienne, située, selon l'usage des anciens temps, hors du lieu habité. On y voit une inscription en marbre, qui rappelle que Pie II et Pie III son neveu, y furent baptisés.

Cette ville, ainsi que tous les pays de l'État Siennois, eurent beaucoup à souffrir, pendant les guerres qui précédèrent la chûte de la république de Sienne. Ces calamités se prolongèrent l'espace de deux siècles, jusqu'au règne de Léopold, sous lequel on vit enfin naître des jours de paix et de tranquillité. Mais il faut un grand laps de temps pour réparer des malheurs aussi longs, et la population des deux paroisses de *Pienza*, qui augmente journellement, se monte aujourd'hui à environ mille cinq cents habitans.

Son territoire produit de l'huile excellente, des vins très-spiritueux, et sur-tout des vins blancs qui ont beaucoup de rapport avec ceux de *Monte Pulciano*, qui est tout près. On vante beaucoup le fromage fait du lait des brébis nourries des plantes aromatiques qui croissent sur la craie : ces plantes comme je l'ai déjà observé, lui communiquent un goût et un parfum extrêmement délicats.

*Minéraux du territoire de* Pienza.

Géodes martiales, et pains du Diable, ( *pani del Diavolo* ). *Sur la colline de* Casaccia.

Spath calcaire, à filamens transversaux parallèles. *Ibid.*

Cailloux calcaires dendritiques. *Dans les carrières de glaise,* à Strozzavolpi *et à* Capaccio.

*Piligno* noir lamelleux , avec cristallisations radiées de sulfate de chaux entre ses feuilles. *Au bord du fossé* delle Cetine.

Tuf calcaire tendre, blanc , légèrement tacheté de noir, et fétide. *Entre les filons de* Piligno.

Sulfate de chaux , cristallisé en longs cristaux décaèdres rhomboïdaux imparfaits, formant un disque de rayons divergens , partant d'un centre commun. Quelquefois ce disque a plus d'un pied de diamètre. *A la superficie de la marne argileuse.*

Sulfate de chaux, en cristaux décaèdres rhomboïdaux isolés et parfaits. Ils correspondent exactement à la fig. 27 et 28 de la 5e planche de *Romé de Lille. Autour de l'eau de Puzzola.*

Marne argileuse, dans laquelle les radicules capillaires des graminées décomposées donnent une apparence dendritique. *Dans les champs argileux.*

Tuf rougeâtre, fétide. *Dans les rocs de tuf.*

Argile *figuline* blanche, très-fine. *A Costilati.*

Sulfure globuleux de fer. *Dans la marne argileuse.*

Sulfures informes de fer. *Dans le lit du torrent* Rigo.

Manganèse noir. *Ibid.*

## *Fossiles de* Pienza.

| | |
|---|---|
| *Helmintholithus Echini alti.* | *Helmintholithus Ostreæ vulgo* |
| ———— *oviformis.* | *poliginglima.* |
| ———— *spatagi.* | ———— *radiatæ.* |
| *Lepadis Balani.* | *Mytili lithophagi.* |
| *Cardii medii.* | *Nautili ammonitis.* |
| ———— *tuberculati.* | *Cipreæ cinereæ.* |
| *Veneris chione.* | *Strombi pedis pelecani.* |
| *Chamæ cordis.* (*) | *Turbinis rugosi.* |
| *Arcæ pilosæ.* | ———— *duplicati.* |
| *Ostræ edulis.* | *Madreporæ fungitis.* |
| ———— *maximæ.* | ———— *turbinatæ.* |
| ———— *jacobeæ.* | |

Nous y recueillîmes, outre cela, diverses pointes d'oursin subpétiolé, à stries granuleuses, appelées vulgairement pierres judaïques ( *pietre giudaïche* ) ; divers balanites implantés sur des cailloux calcaires : plusieurs fragmens de pinnes extrêmement fragiles : quelques murex, trop défigurés pour que nous en puissions reconnoître l'espèce : plusieurs noyaux de cônes, et plusieurs opercules de nérites.

---

(*) L'un d'eux a sa cavité remplie de spath transparent.

*Plantes*

## Plantes du territoire de Pienza.

## Dans les tufs et terroir de *Galestrini.*

Seseli tortuosum.
Pimpinella peregrina.
Cistus fumana.
——————— incanus.
Linum tenuifolium.
Sthælina dubia.
Carlina lanata.
——————— corymbosa. } (1)
Rottboella incurvata.
Ononis spinosa.
Malva rotundifolia.
Marrubium vulgare.
——————— candidissimum.
Eryngium campestre.
Scolymus hispanicus.
Teucrium polium.
——————— chamædris.
Scabiosa columbaria.
——————— ochroleuca.
Verbascum sinuatum.
Cheiranthus alpinus.
Trifolium scabrum.
——————— agrarium.
——————— pratense.
——————— striatum.
——————— fragiferum.
——————— repens.

Buphtalmum spinosum.
Echium italicum.
——————— vulgare.
Gnaphalium stæchas.
Carthamus lanatus.
Alyssum montanum.
Centaurea calcitrapa.
——————— solstitialis.
——————— cyanus.
Osyris alba.
Allium sphærocephalon.
——————— vineale.
Melica lanata.
Anthemis tinctoria.
Convolvulus cantabrica.
Cratægus monogyna.
Satureja montana.
Reseda luteola.
Gentiana centaurium.
Carduus nutans.
——————— Boujarti.
——————— vulgaris C. Spino-
sissimus. Gerb.
Anthyllis vulneraria.
Verbena officinalis.
Spiræa filipendula.
Cucubalus otites.

Y

*Erigeron viscosum.*
——— *acre.*
*Inula montana.*
*Santolina chamæcyparissus.*
*Lithospermum arvense.*
*Juniperus communis.*
*Spartium junceum.*
*Mentha sylvestris.*
*Coronilla minima.*
*Globularia vulgaris.*
*Ægylops ovata.*
*Crepis fetida.*
——— *virens.*
*Serratula arvensis.*
*Myagrum paniculatum.*
*Coriandrum testiculatum.*
*Prunella vulgaris.*
*Thymus serpyllum.*
——— *acinos.*
*Cucubalus behen.*
*Gallium verum.*
*Tragopogon Dalechampii.*
*Polygala vulgaris.*
*Picris echioïdes.*
——— *hierascioïdes.*
*Lapsana stellata.*
——— *zacintha.*

*Poterium sanguisorba.*
*Brisa media.*
*Lotus dorycnium.*
——— *hirsutus.*
*Avena fatua.*
*Poa cristata.*
——— *compressa.*
*Aira flexuosa.*
*Myagrum rugosum.*
*Stellera passerina.*
*Hyppocrepis unisiliquosa.*
*Euphorbia exigua.*
——— *falcata.*
*Daucus visnaga.*
*Clematis flammula.*
*Chrysocoma linosyris.*
*Lavatera thuringiaca.*
*Antirrhinum minus.*
*Cnicus acarna.*
*Micropus erectus.*
*Althæa hirsuta.*
*Chrysanthemum leucanthe-*
*mum.*
*Stachys germanica.*
*Seriola æthnensis.*
*Hypericum perforatum.*
*Celtis australis.*

## Autour de la Ville.

Carduus marianus.
Erysimum officinale.
Sambucus ebulus.
Tordylium nodosum.
Marrubium vulgare.
Onopordon acanthium.
Verbascum sinuatum.
Reseda luteola.

Momordica elaterium.
Sideritis romana.
Melissa nepeta.
Hyosciamus niger.
———— albus.
Pastinaca opoponax.
Sysimbrium policeration.
———— murale.

## Dans les haies des fermes.

Cornus mas.
———— sanguinea.
Clematis vitalba.
Rubus fruticosus.
Cratægus monogyna.
Rosa canina.
Ligustrum vulgare.

Tordylium anthriscus.
———— maximum.
———— officinale.
Gallium mollugo.
Campanula rapunculus.
Arum maculatum.

## Dans les différens bois du pays.

Quercus robur.
———— cerris.
———— ilex.
Ulmus campestris.
Carpinus betulus.
Corylus avellana.
Cratægus monogyna.
———— oxyacantha. Baca-
   rello.
Cytisus sessilifolius.

Melampyrum arvense.
Lithospermum arvense.
Lilium bulbiferum.
Tormentilla erecta.
Adonis æstivalis.
Viola odorata.
Geranium columbinum.
———— sanguineum.
Dianthus Carthusianorum.
Chrisanthemum Achilleæ.

*Linum catharticum.*
*Serapias latifolia.*
———— *longifolia.*
*Scilla autumnalis.*
*Orchis coriophora.*
*Ajuga pyramidalis.*
*Carlina vulgaris.*
*Salvia pratensis.*
*Clinopodium vulgare.*

*Sanicula europæa.*
*Melica uniflora.*
*Orobus tuberosus.*
*Glechoma hederacea.*
*Mellitis melyssophyllum.*
*Satyrium hircinum.*
*Anemone hepatica.*
*Euphrasia latifolia.*

## Dans les lieux humides des petites vallées, et le long des torrens.

*Populus alba.*
———— *nigra.*
*Tamarix gallica.*
*Salix caprea.*
———— *alba.*
*Veronica beccabunga.*
*Samolus Valerandi.*
*Carduus palustris*
*Carex hirta.*
*Typha angustifolia.*

*Scirpus lacustris.*
———— *romanus.*
*Althæa cannabina.*
*Sium nodiflorum.*
*Epilobium hirsutum.*
*Arctium lappa.*
*Eupatorium cannabinum.*
*Bidens tripartita.*
*Mentha pulegium.*

## Dans les terrains glaiseux.

*Cynara cardunculus.*
*Plantago serpentina.*
*Allium pallens.*
*Phalaris phleoïdes.*
———— *bulbosa.*
*Triticum junceum.*
*Bromus pinnatus.*
———— *distachios.*
*Ornithogalum pyrenaïcum.*

*Festuca dumetorum.*
———— *ovina.*
*Artemisia maritima.* (2)
*Milium lendigerum.*
*Pyrus communis sylvestris.*
*Phleum nodosum.*
*Caucalis latifolia.*
*Tussilago farfara.*

( 1 ) Les phrases descriptives de ces deux carlines , et les figures qu'on en a, sont inexactes et imparfaites ; c'est ce qui m'a engagé a en donner une description et des figures plus correctes.

*Carlina lanata. C. caule lanato, pauciftoro, pedunculis secundariis altioribus.* (Voyez planche I. )

*Carlina corymbosa. C. caule sublanato multiftoro, pedunculis corymbosis.* (Voyez planche III. )

( 2 ) *Artemisia maritima.* (Voyez planche III. )

————— *foliis multipartitis, tomentosis, racemis cernuis, flosculis fæmineis ternis.* Linn.

*Artemisia maritima.* α *Absinthium seriphium belgicum.* Bauh. Pin. pag. 139. J. Bauh. Hist. 3. pag. 178, *absque icone.* — *Absinthium seriphium vulgare perperàm Dioscoridis.* Lobel. ic. 755.

————— β. *Absinthium seriphium germanicum.* Bauh. Pin. pag. 139.

—————ɣ.*Absinthium seriphium gallicum.*Bauh.Pin. p.139.

————— *Absinthium seriphium tenuifolium narbonense.* J. Bauh. Hist. 3. pag. 177.

On trouve ces trois variétés dans l'édition du *Species Plantarum*, de Reichard.

Mais, dans la troisième édition de cet ouvrage, on n'y trouve que deux variétés. Les deux premières α et β, sont les mêmes que celles de Reichard ; mais la troisième ɣ, c'est-à-dire l'*absinthium seriphium gallicum*, n'y est pas.

La Marck, dans l'Encyclopédie, donne aussi trois variétés de cette espèce. Dans la première α, il a réuni la première et la seconde de Reichard, c'est-à-dire l'*absinthium seriphium belgicum*, et le *germanicum* de Gasp. Bauhin. L'*absinthium seriphium gallicum* forme la seconde variété ; et pour la troisième qui paroît avoir les tiges presque nues, il rapporte la synonymie suivante, de Tournefort : *Absinthium orientale tenuifolium incanum, odore lavandulæ, et insipidum.*

On n'a pas une idée bien claire de l'*absinthium seriphium germanicum. Clusius*, cité par Gaspard Bauhin, dit seulement qu'il a les feuilles multifides, succulentes, blanchâtres ; qu'il ressemble au *seriphium belgicum*, et qu'il exhale une odeur un peu plus forte que celle du *seriphium narbonense.*

Gaspard Bauhin cite, à l'occasion du *seriphium belgicum*, ainsi qu'à celle du *seriphium germanicum*, la même figure de Camérarius, indiquée sous le nom vulgaire de *absinthium seriphium.* Cela prouve l'inconstance des caractères sur lesquels on pouvoit distinguer cette variété.

Dans cette incertitude et cette obscurité, après avoir bien étudié cette plante, nous croyons devoir la rapporter à la première variété, puisqu'elle ressemble à l'*absinthium seriphium vulgare perperàm Dioscoridis* de Lobel, et à l'*absinthium seriphium vulgò dictum* de Camerarius.

Plusieurs auteurs s'accordent à assurer qu'elle croît le long de la mer. Cependant on la trouve fréquemment sur les collines de tuf et de glaise des provinces de Sienne et de Pise, et on ne la trouve que rarement sur les sables du bord de la mer. Elle fut connue dès le temps de Cesalpin, qui la nomma : *Absinthii genus in collibus argilaceis agri Senensis, brevius, odoris, et saporis minùs ingrati.* Cæsalp. pag. 479. Il faut rapporter à cette même plante les synonymes de Micheli : *Seriphium , n° 2, maritimum foliis inferioribus multifidis, superioribus integris , et ad linariam accedentibus.* — *Seriphium , n° 5, montanum italicum , foliis tenuissimè divisis, capitulis angustioribus.* — *Absinthium montanum officinarum.* Michel. cum Targ. Catal. Hort. Florent. pag. 88.

A défaut de figure exacte de cette *artemisia*, nous en joignons une ici , exécutée avec le plus grand soin, ce qui pourra la faire reconnoître plus facilement.

Au reste, dans les provinces Siennoises , on l'appelle *assenzio pontico*, et on s'en sert en médecine et pour l'usage journalier , au lieu du véritable *absinthium ponticum.*

---

*Monticchiello* est un petit bourg situé à environ trois milles de *Pienza*. Il est antique, entouré de murs avec une forte citadelle , dont il reste encore une tour carrée, d'une construction solide. Il ne contient pas plus de deux cent soixante habitans ; mais les environs sont très-peuplés.

Nous rencontrâmes peu d'objets intéressans pour un Naturaliste. Nous vîmes des bancs de pierre calcaire ; de brèche glaiseuse s'étendant l'espace de plusieurs

milles ; de pierre cicherchine compacte ,
très-dure et très-étincelante ; de pierre de
grès et de tuf : ces bancs offrent par-tout
des marques des divers dépôts successifs
de l'eau de la mer ; opinion confirmée
par les fréquentes dépouilles de corps
marins qui s'y trouvent , soit par couches
séparées , soit faisant partie de leur substance. Nous ne trouvâmes rien de remarquable parmi ces corps marins , si ce n'est
un bel oursin à bouclier , parfaitement
bien conservé.

Nous visitâmes une grotte renommée
dans le pays sous le nom de *Grotta del
B. Benincasa da Monticchiella* , qui y
habita pendant quelque temps, et y termina ses jours. Elle est située auprès
d'une belle cascade formée par le torrent
*Tresa.* Malgré tout ce qu'on nous en ra-
contoit de merveilleux, nous n'y vîmes
qu'une caverne naturelle, dont les ouvertures et les parois sont couvertes d'incrustations tartreuses , de stalactites et de
stalagmites toutes calcaires , formées

par l'infiltration continuelle de l'eau contenue dans les terrains qui la dominent : enfin, nous n'y trouvâmes rien d'extraordinaire, ni de remarquable.

Chargé d'une bien chétive moisson, nous dirigions nos pas vers *Pienza*, lorsque, dans un pays dépourvu d'arbres et de tout abri, le vent changea, et nous fûmes tout-à-coup assailli par une grêle fort grosse, pendant plus d'un mille de chemin ; de manière que nous arrivâmes chez moi bien trempés de la pluie et harassés par la grêle : mais nous y oubliâmes bientôt le regret que nous avions d'avoir pris tant de peine pour une aussi mince récolte.

### *Plante des bois de* Monticchiello.

| | |
|---|---|
| *Quercus robur.* | *Helleborus fœtidus.* |
| ———— *ilex.* | *Cornus mas.* |
| ———— *cerris.* | ———— *sanguinea.* |
| *Corylus avellana.* | *Cyclamen europæum.* |
| *Carpinus betulus.* | *Chondrilla juncea.* |
| ———— *ostrya.* | *Euphrasia odontites.* |
| *Cistus incanus.* | ———— *lutea.* |
| *Ferula ferulaga.* | *Conysa squarrosa.* |

### Au *Fosso Cupo.*

| | |
|---|---|
| *Rhamnus catharticus.* | *Ajuga reptans.* |
| *Pulmonaria officinalis.* | *Viola odorata.* |
| *Fragaria vesca.* | |

---

## CHAPITRE XXI.

### *Petrojo, Castelmuzio, Montisi, et Trequanda.*

PARTIS du territoire de *Pienza*, avec le projet de continuer notre tournée dans la province supérieure, nous commençâmes par *Petrojo*, qui est à six milles de cette ville.

Ce petit bourg appartint autrefois à la puissante famille des *Salimbeni* de Sienne. Sa position sur une colline conique et isolée, ses murs aujourd'hui ruinés, prouvent qu'il dut autrefois former un asile fortifié et sûr. On n'y voit rien de remarquable à présent, si ce n'est une petite maison en fort mauvais état, qui est auprès de la factorerie du *S. Cav. Flavio Bandini*, où nous étions logés. Ce fut dans ce petit logement que naquit *Bartolomeo Carosi*, dit *Brandano*, célèbre par ses prédictions dans le seizième siècle, et sur-tout à Rome, peu auparavant le sac et le pillage qu'y exerça l'armée de Charles V. On peut l'appeler le *Nostradamus* de l'Italie. Ses prophéties et la manière extraordinaire dont il vivoit, l'ont fait regarder comme un saint par les uns, et comme un fou par les autres.

*Petrojo* a environ quatre cent cinquante habitans, dont la moitié habitent la campagne. Ceux qui demeurent dans le bourg, s'occupent particulièrement à fabriquer des cruches, des vases, des pots à fleurs, et autres ouvrages d'argile, dont ils fournissent tous les pays circonvoisins.

Nous eûmes la curiosité de visiter le lieu où il existoit, dans les siècles passés, une fabrique de vitriol vert : ayant appris qu'auprès de la ferme *della Cava* on voyoit encore les murs ruinés de cette fabrique, nous y allâmes. Après plus d'un mille à travers les bois et les montagnes, nous découvrîmes les fondemens rasés d'un édifice très-vaste. Un peu au-dessus est une source d'eau qui se rendoit à la fabrique de vitriol par des canaux, dont nous trouvâmes encore des vestiges.

Le sol circonvoisin, dans quelque endroit que l'on y fouille, offre des terres bolaires jaunes, qui, exposées au feu, y prennent diverses nuances de rouge, et souvent encore des sulfures de fer, les uns entiers, les autres en décomposition. Tout auprès, est un trou appelé *le zolforate*, sur les bords duquel on distingue très - bien les anciennes excavations. Les terres de ces dernières, dont les unes sont grises, les autres brunes, se reconnoissent à la première vue, et plus encore à leur goût, étant vitriolisées par la décomposition des sulfures de fer dont elles sont imprégnées. Dans ce même lieu, on sent aussi une odeur de gaz hydrogène sulfuré, sur-tout lorsqu'il fait le vent du midi.

Ces vestiges de bâtimens, le nom d'*Edifizio* qu'on leur donne dans le pays, celui de *della Cava* que porte la ferme voisine, les excavations et la nature des terres, tout prouve évidemment que c'est là précisément qu'étoit la manufacture de vitriol, si bien décrite par *Mercati* dans le *Metallotheca Vaticana*, et qui a été abandonnée à cause des difficultés de la fabrication, et de son peu de produit.

Ces collines, couvertes de bois, abondantes en rochers, et sur-tout en pierre calcaire et en pierre de grès, sont habitées par quelques hérissons et blaireaux. Nous prîmes ensuite le chemin de *Castelmuzio*, qui en est éloigné d'environ deux milles. Nous nous arrêtâmes peu sur son territoire, où la vigne et l'olivier sont très-bien cultivés. Le terrain est alternativement argileux, et tufacé avec des dépouilles de corps marins. On y trouve fréquemment aussi la pierre de grès en filons, tantôt grise, tantôt bleuâtre. Les corps marins qu'elle renferme, prouvent évidemment son origine.

*Castelmuzio* est un très-petit bourg qui ne renferme pas plus de deux cent cinquante habitans, y compris même les gens de la campagne. Tout près est un monastère d'Olivétains, dédié à Sainte Anne, et qui a été supprimé depuis peu.

Nous poursuivîmes notre chemin jusqu'à *Montisi*, qui n'est qu'à un mille et demi de *Castelmuzio*, et nous y logeâmes chez le *S. Tommaso Mannucci*, secrétaire intime de S. A. R.

*Montisi* est situé sur une colline parfaitement cultivée, et plantée de vignes, d'oliviers, et d'autres arbres fruitiers.

Les vins rouges de ses vignobles sont excellens, et ont de la réputation. Le pays est singulièrement inégal : ce sont des vallons, des collines, des lieux hauts et bas ; et la variété qui règne dans sa culture, forme un point de vue très-gai et extrêmement agréable.

Les terrains les plus fertiles se trouvent dans le pays tufacé ; le sol devient maigre et aride là où commence la marne argileuse.

La plupart des habitans de *Montisi* s'occupent d'arts mécaniques ou de la culture des terres : les gens de la campagne, sur-tout, cultivent avec beaucoup d'industrie et de soin la grande quantité de fermes bâties sur son territoire. Sa population, tant du dedans que du dehors, se monte à six cent soixante habitans.

En parcourant ce pays en différens sens, nous y trouvâmes beaucoup de fer limoneux et de coquillages fossiles ; parmi lesquels nous ne trouvâmes rien que nous n'eussions rencontré ailleurs. Ainsi, pour ne point perdre inutilement notre temps, nous nous avançâmes vers *Trequanda* qui en est éloigné d'environ quatre milles.

Le pays que nous traversâmes est absolument calcaire. Nous remarquâmes que plusieurs roches étoient percées par des pholades, dans toute leur partie sortant hors de terre, tandis que tout ce qui étoit en terre ne l'étoit pas. Il paroît qu'autrefois, lorsqu'elles étoient couvertes des eaux de la mer, ces coquillages ne percèrent que leur partie supérieure, laissant intacte la partie inférieure qui étoit enfoncée dans la vase.

*Trequanda*, petit bourg situé sur une colline isolée, compte environ six cent dix habitans, en y comprenant la campagne qui contient un très-grand nombre de fermes, ainsi que tout le pays en général de la province Siennoise supérieure. Ce bourg appartint autrefois à la famille *Cacciaconti* : on y conserve le corps de la *B. Bonizzella*, issuë de cette famille. Il y avoit là, autrefois, un fort dont on a fait une factorerie, où nous fûmes reçus par le *N. S. Giuseppe Pannilini*, qui en est le propriétaire.

La

La consistance de ce territoire est très-variée : les sables désunis, la glaise, la pierre calcaire, l'argile, le fer limaceux, s'y présentent tour à tour. On trouve aussi, dans les environs, beaucoup de terre martiale rouge, ou *rubrica* appelée vulgairement *sinople*, qui, exposée au feu, y devient brune comme toutes les terres ferrugineuses. On y trouve en divers endroits, une espèce d'argile qui, quand elle est purgée de quelques corps hétérogènes, et sur-tout de quelques veines de terre ochracée, (qui devient d'un rouge brun au feu ), est très-bonne pour faire des cucurbites et des creusets pour les verreries. Il y en a précisément une d'établie dans cet endroit depuis long-temps.

*Trequanda*, *Montisi*, *Castelmuzio* et *Petrojo* sont du diocèse de *Pienza*, dont le Vicaire Royal y exerce la juridiction civile et criminelle.

Z

*Minéraux.*

Antracite lamelleux. *Auprès de* Petrojo.

Pissasphalte détaché du *Piligno* auquel il
étoit attaché, en forme de colature.
*Dans le* Fosso delle solforaje, *auprès
de* Petrojo.

Glèbes de terre rouge argilaceo-silicée,
chargée d'oxide de fer. *Auprès de*
Trequanda.

Argile figuline cendrée. *Ibid.*

*Plantes remarquées à* Montisi *parmi plusieurs autres plus communes.*

| | |
|---|---|
| *Acer monspessulanum.* | *Sthælina dubia.* |
| *Teucrium scorodonia.* | *Hypericum montanum.* |
| *Scutellaria peregrina.* | *Saponaria vaccaria.* |
| *Glycyrrhiza glabra.* | *Scabiosa ochroleuca.* |

# CHAPITRE XXII.

*Asinalunga, Scrofiano, Farnetella et Rigomagno.*

DE *Trequanda* nous dirigeâmes notre route vers la *Valdichiana*, dans le dessein de visiter, comme nous le fîmes, la partie qui appartient à l'État de Sienne.

Une chaîne de montagnes continuelles, qui commence au bourg de *Mont Follonico*, s'étend de l'Est au Nord-ouest, jusqu'à *Trequanda*, ensuite elle se détourne subitement au Nord, et environne, dans tout cet espace, la *Valdichiana* qu'elle dérobe à la vue des habitans des hauteurs Siennoises.

Nous traversâmes donc cette chaîne, et à travers les pierres calcaires qui y dominent, le tuf, la glaise, la brèche glaiseuse et la marne ordinaire ; nous entrâmes par une gorge tortueuse dans la *Valdichiana*, dont la culture soignée, et vivifiée par une quantité de fermes et de villages, et par des maisons de cultivateurs, presque continuelles, nous offrit un magnifique coup d'œil, et le spectacle le plus riche et le plus gai.

Après avoir joui de cette agréable perspective, nous prîmes le chemin d'*Asinalunga*, où nous n'arrivâmes qu'après plusieurs heures de marche; quoiqu'il ne soit pas à plus de cinq milles de *Trequanda*. Mais obligés, par l'objet de notre voyage, de nous écarter souvent des chemins battus, pour examiner le pays, par des sentiers difficiles et tortueux, nous augmentions beaucoup le temps et les distances.

Nous descendîmes chez le *S. Francesco Pagni*, où j'avois depuis long-temps coutume de loger.

*Asinalunga* est une terre de la *Valdichiana* très-cultivée, très-peuplée et fort riche, dans le diocèse de *Pienza*; elle est gouvernée par un Vicaire Royal.

Le nombre de ses habitans est d'environ deux mille six cents, en y comprenant ceux de la campagne, dont les maisons, en général, tenues avec soin, annoncent l'aisance; telles sont communément toutes celles des fermes de la *Valdichiana.*

*Asinalunga,* bâtie sur une colline couverte de vignes et d'oliviers bien cultivés, domine une plaine extrêmement fertile, & offre à ses habitans un séjour plus agréable et plus salubre.

Précisément au-dessous de cette colline, on voit une ancienne église, que l'on appelle *S. Pietro ad Mensulas,* auprès de laquelle on a trouvé, en différens temps, divers fragmens antiques. (*)

_________________________

(*) On y voit, entr'autres, une inscription remarquable, en marbre, placée dans le mur de la sacristie, qui a été expliquée par le P. *Vestrini,* membre des Écoles pies, dans les mémoires de l'académie Étrusque. Il juge avec raison que le nom *ad Mensulas* que l'on donne à ce lieu, dérive de ce que l'on y voyoit autrefois un grand nombre de pierres quadrangulaires, appelées *mense,* qui servoient à couvrir des sarcophages et des fosses sépulcrales.

Ces restes antiques, le nom de l'église, sa position au milieu de la plaine, et la colline même, donnent un juste motif de penser que ce lieu est celui que l'on nommoit autrefois *ad Mensulas*, situé sur la partie de la voie *Cassienne*, qui de ce côté, conduisoit de *Chiusi* à Florence.

La charpente de ces collines, d'abord tufacée et ensuite calcaire, mêlée de corps marins communs dans sa partie la plus élevée, et le sol complètement cultivé, furent les objets de nos longues observations autour d'*Asinalunga*.

On nous dit qu'à un peu plus d'un mille de la ferme de la *Pietra*, appartenante au *S. Niccolò Goli* de Sienne, on avoit découvert, depuis peu, une eau minérale, dont on ne connoissoit pas la qualité ; elle avoit fait du bien à quelques personnes, mais beaucoup d'autres qui l'avoient employée au hasard et sans en connoître les propriétés, avoient payé cher leur imprudence : c'est pour cette raison qu'on la regardoit dans le pays comme fort suspecte.

D'après les instances du propriétaire et de plusieurs habitans d'*Asinalunga*, avec lesquels je suis lié d'amitié depuis long-temps, je fis venir ma cassette chimique de *Pienza* qui en est éloignée d'environ douze milles, et je me transportai sur les lieux pour analyser l'eau de cette source. Sans entrer dans le détail des effets des réagens chimiques sur cette eau, et des autres moyens que j'employai pour en reconnoître les propriétés, ( choses connues aux gens de l'art, et qui sont indifférentes aux autres, ) je me bornerai à donner le résultat de mes observations.

Cette eau sort, dans le lit même d'un petit torrent, de l'intérieur d'un rocher percé de plusieurs trous ; elle entraîne avec elle des bulles d'un fluide aériforme. On voit autour un sédiment de couleur orangée, qui se rencontre en plusieurs autres endroits voisins du lit du torrent lui-même, où se trouvent d'autres sources

semblables ; mais plus petites. L'eau de
cette source coule constamment ; elle est
toujours froide , limpide , très-acidule ,
et laisse à la fin sur la langue un certain
goût austère , mais très-léger. Quand on
vient de la puiser , elle exhale certaine
odeur désagréable , mais qui disparoît
bientôt. Exposée à l'air , dans un vase
découvert, elle perd entièrement son goût
en moins d'un jour ; elle forme à sa surface une pellicule blanche , mince , qui
surnage, et elle dépose un léger sédiment
mêlé de blanc et de couleur orangée.

Le fluide aériforme est un gaz acide-carbonique, dont une partie se développe
subitement en bulles , tandis que l'autre,
assez considérable , reste en dissolution
pendant quelque temps dans l'eau même :
c'est ce qui fait que quand elle est récemment puisée , elle exhale une odeur
fortement acide.

La pellicule et le sédiment blanc,
sont un carbonate de chaux, devenu insoluble par le développement d'une grande

partie de l'acide carbonique nécessaire pour le tenir suspendu dans l'eau.

Le sédiment orangé, que l'on voit au fond du vase ou autour de la source, et le long du cours de cette eau minérale, est un oxide jaune de fer, d'abord salifié par un excès d'acide carbonique, et devenu insoluble, aussitôt que celui-ci s'est évaporé dans l'atmosphère. Ce sel de fer donne à l'eau, récemment puisée, ce petit goût d'acidité que l'on sent à la fin sur la langue.

Ensuite, les substances qui se trouvent en dissolution dans cette eau, peuvent se réduire aux suivantes : Beaucoup d'acide carbonique libre ; très-petite dose de sulfate de soude ; une bien plus forte dose de muriate de soude ; un peu de muriate de chaux ; quantité de carbonate de chaux, et une petite portion de carbonate de fer.

Dès que j'eus bien reconnu la nature de cette eau, je n'hésitai pas à la proposer dans un mémoire que je laissai entre les mains du *S. Niccolò Gori*, comme un remède puissament apéritif et tonique, et par conséquent précieux pour les habitans de la *Valdichiana*, dont l'air épais et humide, occasionne beaucoup de maladies provenant du relâchement des solides, et de la viscosité des humeurs.

Depuis cette époque, la réputation de cette eau, et le nombre de ceux qui y ont recours, se sont beaucoup augmentés, et les plus heureux effets ont toujours justifié cette confiance. (*) Ainsi j'ai pu un peu contribuer à donner de la vogue, et à rendre recommandable ce bienfait de la nature, qui, jusqu'ici, avoit été inconnu et négligé.

D'*Asinalunga* nous passâmes à *Scrofiano* qui n'en est éloigné que de trois

--------

(*) En conséquence de ces heureux effets et du crédit que cette fontaine a acquis, on l'a préparée de manière à en rendre l'usage plus facile et plus commode.

milles et demi, et qui en dépend, tant pour le civil que pour le criminel. Ce petit bourg qui contient environ sept cents habitans, en y comptant ceux de la campagne, est situé sur le penchant d'une colline fort haute et ruineuse : ce qui rend nécessairement sa structure incommode et désagréable. Mais les bourgs de cette espèce dûrent leur origine au hasard, et s'augmentèrent par succession de temps, par la réunion des maisons les unes à côté des autres, selon le caprice des habitans, ou furent bâtis dans des siècles barbares ou des temps de guerre, où on recherchoit plutôt la sûreté et un accès difficile, que l'aménité du site et la symétrie des édifices.

On voit aujourd'hui une verrerie établie dans un couvent de Religieux, que leur inutilité a fait supprimer il y a peu d'années ; elle aide à faire subsister les pauvres de ce lieu qui n'ont pas assez de force pour se livrer aux travaux pénibles de la campagne. Cette verrerie appartient aux frères *Rigacci*, qui nous donnèrent l'hospitalité à *Scrofiano*.

Ces collines, dont la charpente est presque toute de pierre grise de grès, et de temps en temps de pierre calcaire, nous offrirent peu d'objets intéressans ; de manière que nous nous y arrêtâmes peu. Nous trouvant peu éloignés de *Rigomagno*, nous nous déterminâmes à le visiter : nous y arrivâmes au bout de quatre ou cinq milles de chemin.

*Rigomagno* est un petit bourg situé sur la cime aplanie d'une colline qui, de ce côté, fait la limite de la *Valdichiana* Siennoise.

Son site agréable en fait tout le mérite ; du reste, il est négligé, et a peu d'apparence. Il ne renferme pas plus de deux cents habitans, et ceux de la campagne peuvent aller à quatre cents.

Le Vicaire Royal d'*Asinalunga* y exerce la juridiction civile et criminelle ; quant au spirituel, il appartient à l'évêque d'*Arezzo*.

Mais la charpente de cette colline ne nous offrant, en général, que des pierres de grès, sans aucune variété dans les productions, nous revînmes sur nos pas vers *Farnetella*, petit bourg à moitié chemin de *Rigomagno* et de *Scrofiano*, dépendant d'*Arezzo* pour le spirituel, et d'*Asinalunga* pour le temporel ; l'aspect en est misérable : il n'a pas plus de cent habitans, et deux cents dans la campagne. Ils sont tous industrieux, et tellement livrés à la culture des terres, qu'ils évitent par-là l'humiliation de mendier.

Mais notre voyage à *Fernetella* fut aussi stérile que celui de *Rigomagno* : car ces deux pays se ressemblent, et sont également pauvres pour le Naturaliste.

Nous retournâmes donc vers *Asinalunga*, où nous nous reposâmes ; après quoi, nous continuâmes notre visite dans la *Valdichiana* Siennoise.

## *Plantes observées à Asinalunga, au Fossò della Pietra.*

### Aux environs de la fontaine d'eau acidule.

*Cratægus terminalis.*

*Carpinus betulus.*

*Ulmus campestris.*

*Lonicera etrusca.*

*Primula veris.*

*Fragaria vesca.*

*Orobus vernus.*

*———— tuberosus.*

*Euphorbia dulcis.*

*Holcus mollis.*

*Betonica officinalis.*

*Geum urbanum.*

*Spartium scoparium.*

*Juniperus communis.*

*Geranium sanguineum.*

*Ajuga reptans.*

*Lithospermum purpureo - cæruleum.*

*Prunella vulgaris.*

*Medicago lupulina.*

*Trifolium agrarium.*

*Asplenium trichomanes.*

*Lichen caninus.*

*Hypnum rutabulum.*

*———— crista castrensis.*

*Jungermannia epiphylla.*

# CHAPITRE XXIII.

*Bettole, Torrita, et Monte Follonico.*

EN allant à *Bettole*, nous nous arrêtâmes à *Collilungo*, maison de campagne
du *S. Giulio Ciani* de Sienne. Entr'autres
dépouilles marines, nous y recueillîmes
une bonne quantité de *madreporite ramea*
et de *madreporite oculata*, appelée vulgairement *coralloïde*, que l'on trouve par
couches à fleur de terre, spécialement
dans un chemin qui conduit à une ferme.

Puis, continuant notre route, qui ne
fut interrompue par aucun objet intéressant, nous arrivâmes bientôt à *Bettole*
qui n'est pas à plus de quatre milles
d'*Asinalunga*.

*Bettole*, dans le principe, étoit un
village avec une factorerie de l'ordre
de Saint-Etienne. Cette terre étoit très-

importante, tant par son revenu et ses édifices, que par les chaussées, les digues et les canaux de ses eaux.

Aujourd'hui, ce village est devenu un Bourg, dont les maisons et la population s'augmentent de jour en jour, à raison de la fertilité du sol qui l'entoure. Il peut contenir environ cinq cents habitans ; mais la campagne est très-peuplée, remplie d'habitations toutes commodes et bien bâties. On y distingue entr'autres celles qui appartiennent à l'ordre de St-Etienne, dont chacune a coûté au moins trois mille écus à bâtir ; de manière qu'elles ressemblent plutôt à des maisons de campagne qu'à des maisons de paysan.

Si ce territoire est peu intéressant pour celui qui recherche la simple nature, ( car nous n'y trouvâmes rien à ajouter à notre collection, si ce n'est deux noyaux d'oursin, et un très-petit nombre d'écailles d'huîtres communes, ) nous eûmes bien du plaisir à contempler ce pays et la vaste plaine qu'il domine de

plusieurs

plusieurs côtés, et qui est riche par sa fertilité naturelle, par sa culture, par les travaux déjà faits et par ceux qu'on est sur le point d'achever.

Parmi tous les travaux destinés à perfectionner le terrain et la culture, et à rendre ces améliorations durables et permanentes, ceux qui méritent d'être cités de préférence, sont les chaussées.

Il y a plusieurs siècles que la *Valdi-chiana* étoit couverte en grande partie d'eaux stagnantes, et de marais formés par plusieurs torrens qui descendent des montagnes circonvoisines.

Ces eaux, après avoir inondé le pays, trouvoient une issue dans la rivière de la *Chiana*; mais elles se trouvoient ensuite resserrées dans les vallées inférieures à ces torrens et à la *Chiana* : de sorte qu'elles s'arrêtoient dans ces plaines où elles formoient des marais. Ainsi la majeure partie de ces campagnes, qui aujourd'hui sont riantes et bien cultivées,

A a

n'offroient autrefois que le spectacle d'une inondation continuelle pendant l'hiver, ou d'un marais exhalant des émanations fétides, quand il se desséchoit dans les chaleurs de l'été. Les collines seules étoient à l'abri de ces submersions permanentes ou momentanées, en ce qu'elles sont élevées au - dessus de cette plaine ; c'est sur ces hauteurs qu'étoient et sont encore bâtis les bourgs et les maisons de la *Valdichiana*, et sur-tout celles qui sont d'origine ancienne.

Mais ces mêmes collines, entourées de toute part de bois immenses, de buissons épais et d'eaux marécageuses, étoient infectées, sur-tout au retour de la chaleur, des exhalaisons fétides qui s'élevoient des marais circonvoisins ; et le mauvais air qu'on y respiroit, rendoit languissans et mal sains le peu d'habitans qui s'y trouvoient.

Voici la manière dont *le Dante* décrit l'état malheureux dans lequel se trouvoit, de son temps, la *Valdichiana*.

« *Qual dolor fora , se degli Spedali*
*Di* Valdichiana *tra 'l Luglio e 'l Settembre ,*
*E di Maremma , e di Sardigna i mali*
*Fossero in una fossa tutti in sembre :*
*Tale era quivi : e tal puzzo n' usciva ,*
*Qual suole uscir de le marcite membre.* »

### Inf. Cant. XXIX.

*Fazio Degli Uberti* dépeint aussi de cette manière les habitans de ces pays , dans le livre troisième de son *Dittamondo*.

« *Quivi son volti lividi , e confusi ,*
*Perche l'aere , e la Chiana gli nimica ,*
*Siche si fano idropici , e rinfusi.* »

Tel fut l'état de cette province , jusqu'au seizième siècle. Alors, sous le règne du Duc *Alexandre* , on conçut le grand projet d'en rendre l'air plus sain , en donnant un écoulement aux eaux stagnantes , et en desséchant les marais. Ce projet , interrompu ensuite , fut repris par *Cosme I*, et continué par ses successeurs, quoique avec quelques intervalles d'interruption, jusqu'au temps présent. Il a exercé ainsi, pendant près de trois siècles, les talens des plus fameux mathématiciens et ingénieurs; leurs opérations, diversement combinées, ont servi plus ou moins utilement au but que l'on s'étoit proposé.

Tous ces soins, ces canaux, ces digues opposées à l'irrégularité des débordemens et à l'impétuosité des torrens, les terrains desséchés et cultivés, la fécondité du sol qui a beaucoup de profondeur, et qui est très-gras, ont totalement changé l'aspect du pays.

La *Valdichiana*, aujourd'hui riante, bien cultivée, fertile, abondante et riche, est devenue le jardin et le territoire le plus opulent et le plus heureux de la Toscane.

Ainsi, selon ce proverbe fort juste des Économistes, qu'*auprès d'un pain il naît un homme*, cette contrée, autrefois si

hideuse et si déserte, est actuellement
animée par une nombreuse population
qui s'augmente journellement ; l'émula-
tion dans la culture, l'élégance et l'agrément s'y sont établis, et y ont amené les
résultats ordinaires de l'aisance et de la
richesse.

Cependant, au milieu de cette prospérité et de tant d'améliorations, divers
inconvéniens qui s'opposent actuellement à la perfection de l'ouvrage,
peuvent, à la longue, ramener une partie
des calamités passées. Quelques torrens,
et sur-tout celui de la *Foenna* qui, descendant des montagnes, passe entre *Ri-*
*gomagno* et *Farnetella*, pour se rendre
dans la *Valdichiana*, parcourt le territoire d'*Asinalunga*, et qui, après avoir
passé entre *Bettolle* et *Torrita*, se dé-
charge dans la *Chiana*, a tellement rempli
son propre lit des terres qu'il a entraînées
avec lui, qu'il se trouve plus élevé que
les plaines voisines. Il arrive de là, que
lorsque le *Foenna* vient à grossir, il rompt

facilement ses digues, et se répand dans les champs inférieurs, qui ont peine à faire écouler ses eaux.

C'est par cette raison qu'il y a encore quelques endroits marécageux, et d'autres qui, après avoir reçu les eaux des pluies et des torrens, ne peuvent que très-lentement et très-difficilement s'en débarrasser.

Il convenoit donc de penser à rendre plus sûr le cours des torrens, à relever les bas-fonds constamment ou au moins pendant long-temps submergés, et à rendre ainsi plus libre et plus durable l'écoulement général des eaux de cette belle province, au moyen de la *Chiana*, dont le cours est aujourd'hui trop lent, et dont le lit est peu sûr, à raison de sa mobilité : c'est vers ces grands objets que sont dirigés les immenses travaux des digues.

Nous visitâmes celles qui sont entre *Bettolle* et *Monte Pulciano*. Leur mécanisme consiste à rompre la chaussée de la *Faenna*, à conduire la quantité convenable de ses eaux sur les terrains bas, à les y maintenir au moyen de petites digues, pour y déposer le limon ou la terre qu'elles ont transportée ; leur procurer un écoulement quand elles se sont éclaircies , et à répéter ainsi successivement les mêmes opérations. Par ce moyen, avec le laps des temps, le sédiment ou le limon exhausse le sol , le perfectionne, le fertilise , et enfin, rend plus facile l'écoulement des eaux : c'est ainsi que l'on prépare , par ces améliorations partielles , à toutes les campagnes dont la situation étoit précaire et incertaine , un état de sûreté permanente , et la prospérité générale de la *Valdichiana.*

Mais comme des travaux semblables , pour devenir complètement utiles , demandent un plan uniforme , et des avances trop considérables pour les petits propriétaires, l'Ordre de Saint - Etienne qui a de grandes possessions dans ce pays, a acheté ou pris à ferme, de plusieurs particuliers, divers terrains compris dans le plan général des digues ; de manière que cette utile et magnifique entreprise se continue aux dépens et pour le compte de l'Ordre.

Après avoir pris congé de notre hôte *Luigi Billi*, agent de l'Ordre de Saint-Etienne, nous dirigeâmes nos pas vers *Torrita*, qui est éloigné d'environ quatre milles de *Bettole*. Nous traversâmes le torrent *Foenna*, dont le lit, comme je viens de le dire, est plus élevé que les campagnes qu'il parcourt ; et après avoir passé dans un pays plat, très-cultivé, rempli de maisons de laboureurs, et aussi riche que beau, nous arrivâmes à *Torrita*, où nous logeâmes chez *Francesco Mazzoni*.

*Torrita*, entouré de murs autrefois fortifiés par un grand nombre de tours d'où ce bourg tire son nom, est bâti au haut d'une colline en grande partie tufacée. Il a un Podestat, relevant pour le criminel du Vicaire Royal d'*Asinalunga*, et qui fait partie du diocèse de *Pienza*. La nombre des habitans, tant du bourg même que de la campagne, est d'environ deux mille trois cents ames. Son territoire est fertile, bien cultivé. On voit sur la colline de superbes oliviers ; mais la plaine, trop humide et sujette aux brouillards, n'en offre aucun.

Le sol, tantôt marneux bleuâtre, tantôt tufacé, ou bien formé d'excellente terre végétale, n'offrit rien d'intéressant à nos recherches, à la réserve d'une grande quantité de dépouilles de corps marins.

Enfin, nous quittâmes, non sans regret, la riche et heureuse *Valdichiana*, et nous nous acheminâmes vers *Monte Follonica*.

Ce bourg, à quatre milles de *Torrita* et à six de *Pienza*, est situé à l'extrémité orientale de cette chaîne de montagnes, qui, comme je l'ai dit plus haut, sépare la *Valdichiana* des montagnes Siennoises. De cette élévation, on découvre fort au large l'un et l'autre pays, et le coup d'œil qu'offre la *Valdichiana* dans toute son étendue, est magnifique. La juridiction spirituelle de *Mont Follonico* dépend de l'évêque de *Pienza*; il relève pour le criminel du Vicaire Royal d'*Asinalunga*, et pour le civil du Podestat de *Torrita*. Il ne contient pas plus de huit cent quatre vingts habitans, en y comptant les gens de la campagne.

La charpente de cette colline est calcaire; mais du côté du Nord, ce sont de hauts rochers de tuf. Un peu au-dessous, de ce côté, il y a une carrière de pierre calcaire fissile, rouge, d'un grain fin et consistant; de manière que ses espèces de lames se taillent et se polissent pour faire des pierres à aiguiser les rasoirs. Du côté du couchant, au pied de la montagne, on voit dans les précipices, tantôt des bancs plus ou moins épais de cailloux calcaires, dont plusieurs sont dendritiques, tant en dehors qu'en dedans.

On trouve fréquemment, dans ce pays tufacé, le fer limaceux; nous en recueillîmes plusieurs morceaux, les uns aplatis, les autres arrondis ou stalactitiformes, et toujours déposés en lames concentriques, avec des cavités remplies, en grande partie, d'oxide jaune de fer ; tantôt friable et presque pulvérulent ; tantôt endurci, et souvent aussi en forme de noyau mobile ; de manière qu'ils résonnent quand on les agite, et prennent le nom de géodes martiaux ou de pierres aquilines.

Dans un grand précipice de tuf, sur le lieu appelé l'*Orbegne*, nous trouvâmes plusieurs gros morceaux arrondis de fer limaceux, connu des Naturalistes sous le nom vulgaire de *pains du Diable* ( *pani del Diavolo* ). Quelques-uns d'entr'eux sont aplatis, planes, et formés d'une feuille mince et un peu tuberculeuse ; nous les appellâmes, selon la dénomination triviale, *feuilletés du Diable*, ( *sfogliate del Diavolo* ).

Au-dessous de la ferme de *Campaccoli*,

nous trouvâmes, dans les excavations du tuf, un gros tronc d'arbre pétrifié, de cinq pieds de longueur, que l'on a brisé en deux en le tirant de la carrière. Il a l'apparence d'un arbre résineux de la famille des pins. Sa beauté et sa masse me déterminèrent à le faire transporter sur une charrette jusqu'à *Pienza*, et de là, à ma collection Toscane à *Pise*.

En tournant au couchant du *Monte Follonico*, par les fossés et les torrens qui prennent naissance à sa base, nous vîmes sur les rives du *fosso del Cerretello*, des filons de *piligno* de plus de cinq pieds d'épaisseur; tantôt on ne les voit que sur un seul bord, tantôt sur les deux côtés, et quelquefois même ils occupent le fond du torrent.

Ce *piligno* est noirâtre, lamelleux, facile à fendre, fragile, léger, fibreux, et prouve clairement son origine ligneuse. On trouve quelquefois entre ses lames le sulfate de chaux un peu acide au goût, et cristallisé en étoiles extrêmement petites, comme je l'ai observé à l'article de *Pienza*. En observant ces couches de *piligno*, et la conformité de sa composition, de sa structure, de la disposition, de la direction, et même des matières qui forment le lit et la couverture de ce même lit dans différens sites où il se fait voir hors de terre ; on en conclut aisément que ces lits ou couches doivent se correspondre entr'eux. Cette continuité est d'autant plus vraisemblable, que si on pouvoit découvrir toute leur superficie, on verroit que ceux de *Monte Follonico* sont contigus avec ceux de *Pienza*, et que ceux-ci correspondent sans interruption avec d'autres dans une immense étendue ; mais j'ai déjà manifesté mon opinion sur la formation de ces masses de *piligno*, dans des pays qui autrefois étoient couverts des eaux de la mer, comme sont tous ceux que j'ai décrits jusqu'ici.

On nous fit voir, vers les *piage del Sodo*, un lieu où, après qu'on eût allumé exprès du feu en 1749, la terre, remplie de *piligno*, prit feu intérieurement, et continua pendant deux ans à brûler, avec fumée et flamme, exhalant une odeur fétide de bitume. Les habitans des environs nous assurèrent que ce lieu s'étoit déjà enflammé d'autres fois, mais naturellement et de lui-même.

Nous quittâmes *Monte Follonico*, dont les penchans pierreux offroient peu d'objets à nos recherches botaniques, et nous tournâmes nos pas vers *Monte Pulciano* qui n'est pas loin de là.

Entre le pied du *Monte Pulciano* et du *Monte Follonico*, se trouve un vallon très-étroit, au milieu duquel coule le torrent *Salarco*; de manière que pour passer de l'un à l'autre, il faut descendre et monter un bas renversé extrêmement escarpé.

Après avoir passé le *Salarco* qui va se décharger dans la *Chiana*, nous visitâmes les ravins de la ferme de *Tanagatta*, ayant été prévenus que l'on trouvoit dans ses environs beaucoup de morceaux de bois pétrifié. En effet, nous rencontrâmes plusieurs morceaux de différentes grosseurs, non-seulement de ce bois pétrifié, mais encore de *piligno*. Ce *piligno* est un bois dont la substance n'est que très-peu altérée; il brûle facilement, en exhalant une odeur forte et bitumineuse. Mais le bois pétrifié est pesant, compacte, de diverses couleurs, susceptible de poli, et incombustible. Ces deux espèces de bois combustibles ou bitumineux se trouvent abondamment mêlés dans la marne bleuâtre, dont nous avons parlé, en désordre et sans aucune apparence de stratification.

Il peut se faire que ce terrain, toujours mouvant et sujet à des ravins, à force de se crevasser, a détruit la disposition stratiforme et sédimenteuse que ces substances, autrefois transportées par les eaux de la mer, avoient prises, lorsqu'elles étoient restées en repos. Peut-être aussi que ces fragmens furent ainsi lancés et jetés en désordre et confusément.

Nous en fîmes une ample récolte, après quoi nous nous mîmes à monter vers *Monte Pulciano*.

Un peu plus haut, nous trouvâmes que ces penchans étoient formés de glaise qui s'étoit dissoute, de brèche glaiseuse et de tuf, dans lequel on remarque beaucoup de dépouilles de corps marins, et une grande quantité de fer limaceux géodique, qui se montre en bancs continués sur les bords élevés du chemin qui conduit de *Monte Pulciano* dans la *Valdichiana*, et dans lequel nous nous engageâmes.

Arrivés à *Monte Pulciano*, nous descendîmes au palais épiscopal, où *Mgr. Pietro Franzesi* nous accueillit avec toute la grace possible.

### *Minéraux de* Monte Follonico.

Pains du Diable, ou fer limaceux en géodes rondes, les unes pleines, les autres

autres vides. *Dans les précipices de tuf,
vers le* Fosso dell'Acqua.

Etites ou géodes de fer limaceux avec
noyau mobile et résonnant. *Ibid.*

Feuilletés du Diable (*sfogliate del Diavolo*)
ou fer limaceux en lames rondes. *Entre
les crevasses et fentes du tuf à l'*Orbegna.

Cailloux calcaires dendritiques. *Sur les
penchans et précipices des ravins aux
pieds de la colline de* Monte Follonico.

Pierre fissile calcaire rougeâtre, dont
on se sert pour aiguiser les rasoirs.
*Aux pieds de la colline que je viens de
nommer, au Nord.*

### *Fossiles.*

### A *Collilungi.*

| | |
|---|---|
| *Helmintholithus Arcæ noe.* | *Helmintholithus turbinis* |
| *Chamæ gryphoïdis.* | *rugosi.* |
| *Ostreæ limæ.* | *Neritæ carenæ.* |
| *Strombi pedis pelecani.* | *Patellæ nimbosæ.* |
| *Muricis trapezii.* | *Serpulæ glomeratæ* |
| *Trochi conuli.* | *Madreporæ rameæ* |
| *Turbinis terebræ.* | ———— *oculatæ,* |

### A *Torrita.*

| | |
|---|---|
| *Helmintholithus Arcæ pilosæ.* | *Helmintholithus Turbinis* |
| *Ostreæ jacobeæ.* | *acutanguli,* |
| *Ostreæ variæ.* | *Turbinis terebræ.* |
| ————— *aculeatæ.* | ————— *chrysostomi.* |
| ————— *maximæ.* | *Neritæ albuminis.* |
| *Cardii medii.* | *Dentalii arcuati.* Lin. |
| *Spondyli gæderopi.* | Gmel. seu *D. striati.* |
| *Volutæ mitræ episcopalis.* | — Gualt et Born. |
| *Muricis granulati.* | *Serpulæ anguinæ.* |
| ————— *turris.* | *Chelæ cancri petrefactæ.* |
| *Turbinis elegantis.* | |

Et de plus, divers autres murex, conites et camites, que je n'ai pas déterminés à raison de leur dégradation.

### A *Monte Follonico.*

Balanites de diverses grandeurs, plantés, sur des cailloux calcaires.

Tronc d'arbre pétrifié de cinq pieds de long, et gros à proportion. *Dans les carrières de tuf, au-dessous de la ferme de* Campaccoli.

Sa pétrification contient du fer limaceux, du silex, et grande abondance de calcaire effervescent.

Piligno stratifié et lamelleux. *Dans le fossé del Cerretello, et sur les penchans del Sodo, auprès du torrent* Trove.

Celui du *Sodo* renferme souvent entre ses lames de petits groupes de cristaux très-fins de solfate de chaux, disposés en forme d'étoile. Ils correspondent au *Gypsum cristallisatum capillare* de *Wallerius*, et aux *Drusæ gypseæ capillares* de Cronstedt.

Les cristaux sont si petits, qu'on ne peut déterminer la forme de leurs aiguilles à l'œil nu ; mais à l'aide du microscope, j'ai jugé qu'il peuvent se rapporter aux fig. 38 et 39 de la planche V de *Romé de Lisle*. Ainsi ces aiguilles sont autant de petits prismes longs, minces, aplatis, hexaèdres et tetraèdres à l'extrémité que l'on croiroit aisément être dièdre.

Au surplus, j'observerai ici, que pour classer les substances bitumineuses, nous nous sommes servis, comme de guides

très-sûrs, des méthodes et de la nomen-
clature déterminée par le *S. Giovanni
Fabbroni*, dans son bel et utile ouvrage
sur l'antracite.

## *Plantes.*

### Sur les chaussées de la *Chiana à Bettole*,

| | |
|---|---|
| *Typha latifolia.* | *Centaurea galactites.* |
| *Arundo phragmitis.* | ——— *cyanus.* |
| *Juncus acutus.* | *Lytrhum salicaria.* |
| ——— *effusus.* | *Carduus Boujarti.* |
| ——— *conglomeratus.* | ——— *vulgaris, s. spino-* |
| *Scirpus lacustris.* | *sissimus.* |
| *Salix purpurea.* | *Lysimachia vulgaris.* |
| *Verbena officinalis.* | *Dipsacus sylvestris.* |
| *Conium maculatum.* | *Galega officinalis.* |
| *Daucus visnaga.* | *Scabiosa integrifolia.* |

### A *Torrita.*

| | |
|---|---|
| *Punica granatum.* Abondant | *Picris hieracioïdes.* |
| dans les haies. | *Medicago falcata.* |
| *Carthamus lanatus.* | *Spartium junceum.* |
| *Melica ciliata.* | |

### Au dessous de la ferme du *Saragiuolo.*

| | |
|---|---|
| *Cnicus acarna.* | *Plantago serpentina.* |
| *Scabiosa columbaria.* | *Cuscuta epithymum.* |
| ——— *arvensis.* | |

## 2.    A *Monte Follonico.*

| | |
|---|---|
| *Cratægus terminalis.* | *Spartium junceum.* |
| ——— *monogyna.* | *Gnaphalium stæchas.* |
| *Juniperus communis.* | *Betonica officinalis.* |
| *Rubus fruticosus.* | *Campanula medium.* |
| *Erica arborea.* | *Chærophyllum temulum.* |
| *Rosa sempervirens.* | *Anthemis tinctoria.* |
| ——— *canina.* | *Galega officinalis.* |
| *Coronilla emmerus.* | *Briza minor.* |
| *Spartium scoparium.* | *Pteris aquilina.* |

### Dans le *Fosso* du *Cerretello.*

| | |
|---|---|
| *Geranium Robertianum.* | *Serapias latifolia.* |
| *Prænanthes muralis.* | |

La colline de *Monte Pollónico*, formée de grandes masses de pierre calcaire, et plus extérieurement de masses de tuf, est toute couverte de chênes et de *cerri*, mais qui sont la plupart petits et languissans.

# CHAPITRE XXIV.

## Monte Pulciano, *et son territoire.*

QUOIQUE nous eussions fixé pour li‑
mites de nos excursions les deux pro‑
vinces Siennoises, et que pour mettre
une certaine régularité dans notre marche,
nous nous fussions abstenus jusqu'alors de
pénétrer dans l'État Florentin, nous déro‑
geâmes ici au plan que nous nous étions
formé, pour visiter *Monte Pulciano.*

Quoique cette ville appartienne aujour‑
d'hui à la province Florentine, elle fai‑
soit autrefois partie de la république de
Sienne, et son district est enclavé pres‑
que de tous côtés dans la province su‑
périeure Siennoise, à laquelle elle appar‑
tient plus naturellement qu'à celle de
Florence. Cette considération nous dé‑
termina donc à ne pas passer sans obser‑

ver le pays de *Monte Pulciano*, qui se présentoit ainsi sur notre chemin.

La ville de *Monte Pulciano* est le lieu de la résidence d'un évêque ; elle est gouvernée par un Vicaire Royal. Sa population intérieure est d'environ deux mille deux cents ames, et son territoire contient grand nombre d'habitans.

Comme elle est située sur la cime d'une montagne élevée et isolée, la coupe de la ville est un peu escarpée, sur-tout du côté où l'on monte au sommet : l'on y voit une plate-forme sur laquelle est construit un dôme magnifique ; le palais public, le prétoire et un théâtre nouvellement bâti, extrêmement commode, et d'une forme élégante.

Cette ville est ornée de plusieurs autres beaux édifices sacrés et profanes, parmi lesquels on distingue la magnifique église de Saint - Blaise, bâtie hors la ville, en travertin équarri, en croix à la grecque, décorée d'architecture du *Sangallo*.

*Monte Pulciano* peut se flatter d'avoir

donné naissance à plusieurs illustres per-
sonnages, parmi lesquels on distingue le
Pape *Marcel II*, *Cervini*, le cardinal
*Bellarmin* et le célèbre *Ange Politien*.

On y conserve en grande vénération
le corps de Sainte Agnès, religieuse de
l'ordre de Saint-Dominique, qui a beaucoup illustré ce pays qui est sa patrie.

Du haut de *Monte Pulciano*, on découvre de tous côtés une grande étendue
de pays, presque toute la province supérieure de Sienne, le patrimoine de
Saint - Pierre, l'Ombrie, la chaîne des
*Apennins*, depuis les montagnes *della
Pania*, jusqu'à celles de *l'Abruzze* inclu-
sivement ; dans une perspective plus rap-
prochée, l'œil jouit de l'aspect le plus
agréable et le plus pittoresque : on découvre la *Valdichiana* toute entière, avec
le lac *Trasimène* qui la termine du côté de
Pérouse, et ceux de *Monte Pulciano* et
de *Chiusi* qui en font une grande partie.

La substance de la montagne consiste
en rochers tufacés, avec des couches de

brêche glaiseuse et de divers coquillages, parmi lesquels se trouve fréquemment l'huître commune, des turbinites, des pectinites, des chamites de diverses espèces, et des morceaux de pinnes marines qui abondent spécialement dans la descente de la forteresse à demi-ruinée, pour aller au *Campo santo*. (*) On y voit aussi une carrière de sable blanc, très-silicé, dont on se sert dans les verreries de *Monte Pulciano*, de *Monte Follonico*, de *Serofiano* et de *Trequanda*.

Les côteaux voisins étoient célèbres autrefois par leurs vignobles ; c'est là que se cueilloit le vin si renommé de *Monte Pulciano*.

Les vignes y sont plantées près à près et à basses tiges, comme en Bourgogne et en Champagne ; de manière qu'elles produisent moins de fruit que les vignes

---

(*) C'est le nom que l'on donne communément aux cimetières, en plusieurs endroits de l'Italie. ( *Note du Traducteur.* )

hautes; mais le raisin mûrit mieux et le vin en est plus spiritueux. Le souvenir de l'abondance et de la richesse de ces vignobles, même dans des temps peu éloignés, fait désirer que les habitans de *Monte Pulciano* s'appliquent à renouveler leurs soins et leur industrie, pour rétablir cet objet de revenu et de commerce, si négligé aujourd'hui, mais qui acquit autrefois tant de célébrité, et procura tant d'aisance à leur pays.

. Après avoir parcouru les environs de *Monte Pulciano*, beaucoup trop uniforme pour nous, nous entreprîmes de visiter le lac qui en est éloigné d'environ six milles, du côté du levant. Nous y arrivâmes par un pays rempli de terres à blé, de vignes et d'oliviers; car, après les collines, nous nous trouvâmes dans des plaines vastes et très-fertiles.

On appelle ce lac *Il Chiaro di Monte Pulciano*. Il reçoit, par un canal, les eaux du lac de *Chiusi*; elles en sortent par le fleuve *Chiana* qui, après avoir traversé la *Valdichiana* dans toute sa longueur, va les décharger dans l'*Arno*.

Nous prîmes une barque de pêcheur et nous parcourûmes le lac spécialement dans les endroits où nous voyions sortir toutes sortes de plantes aquatiques, nous souciant fort peu de naviguer au milieu de l'eau pure et claire; d'ailleurs le vent impétueux qui régnoit ne nous l'eût pas permis.

Les *nymphea* y étaloient pompeusement leurs fleurs blanches ou jaunes, selon les espèces, et couvroient fort au large, de leurs feuilles et de leurs fruits, la surface des eaux.

Ce lac offre un champ fertile et ouvert aux pêcheurs et aux chasseurs. Ces derniers se réunissent dans un grand nombre de petites barques qu'ils disposent en croissant, et s'avancent dans cet ordre à la chasse des oiseaux aquatiques qui se reposent dans ce lac à leur passage, et ils en tuent une grande quantité.

Quant aux pêcheurs, c'est la communauté de *Monte Pulciano* qui leur afferme la pêche de *Chiaro*. Les poissons que l'on y prend sont l'anguille ; il y en a de si grosses, qu'elles pèsent quelquefois jusqu'à dix livres : le brochet ( *erox lucius* ) de diverses grandeurs ; la tanche ( *cyprinus tinca* ) : ce poisson s'y trouve en abondance, au printemps sur-tout, et il y est excellent ; la brême ( *cyprinus brema* ) : ce dernier est peu recherché ; on le vend à bas prix aux gens qui veulent faire peu de dépense : on l'appelle *brugliola*, quand, n'ayant pas eu le temps de croître, on le prend tout petit.

Outre ces espèces de poissons, on y pêche une grande quantité de grenouilles, et cette espèce de crabe que Linné appelle *cancer culex.*

Nous y trouvâmes une *coclea turbinata,* le *corno militare* et le *cancer stagnalis.*

Le mouvement et la navigation nous ayant donné un grand appétit, nous trouvâmes avec plaisir un dîner préparé pour nous, à la factorerie voisine d'*Acquaviva* de S. A. R. , par les soins de l'épouse du *S. Antonio* de *Vita* , qui alors étoit absent. Nous retournâmes le soir à *Monte Pulciano.*

Nous en partîmes le lendemain matin , et nous nous avançâmes vers *Chianciano* , par le chemin qui conduit à *Chiusa.*

Mais , à peu de distance de *Monte Pulciano* , ayant apperçu sur la droite une haute montagne , nue et isolée , que l'on nomme *Monte di Totona* , nous nous écartâmes pour aller la visiter.

Cette montagne est une terre tufacée , et sa charpente est une *lumachelle* également tufacée. Ses penchans élevés et escarpés nous offrirent quantité de gros globes de fer limaceux , d'autres géodes plus petites , et divers autres coquillages , dont les noyaux étoient également un fer limaceux. La cime de cette montagne est une esplanade presque circulaire , bordée tout autour d'une espèce de parapet d'un tuf *lumachelle.* Au milieu est une ex-cavation superficielle qui pouvoit être profonde autrefois, mais qui aujourd'hui est comblée. Divers fragmens de briques, de tuiles et d'autres matériaux semblables, annoncent qu'il dut autrefois y avoir sur cette cime un édifice, dont il ne reste plus aujourd'hui d'autres vestiges. (*)

Après avoir repris le chemin de *Chianciano*, nous traversâmes un pays glaiseux et tufacé, contenant, comme à l'ordinaire, une grande quantité de testacées fossiles.

Avant d'arriver à *S. Albino*, nous trouvâmes sur le chemin même une foule de sources, se répandant çà et là sur la terre, bouillonnant continuellement, et exhalant une puanteur sulfureuse qui se fait sentir de loin. On entend dans quelques endroits l'eau frémir et bouillonner sous terre,

---

(*) Il y en a qui prétendent que son nom dérive par corruption, du latin *Mons Latonæ*, ( Mont de Latone ) attendu qu'il y avoit autrefois, sur ce sommet, un temple dédié à cette Déesse, orné de statues ; ce qui fait que dans les Itinéraires on appelle ce lieu *ad Statuas*. Voyez *Doni*, *de situ clanarum*. pag. 62.

avec un grand murmure, sans cependant paroître au dehors : elle est couverte par le sol qui retentit sous les pieds du voyageur.

L'eau est froide, et plus ou moins abondante selon les saisons; elle l'est plus en hiver. Elle exhale une quantité considérable de fluide aériforme, qui est le gaz acide carbonique, et une moindre dose de gaz hydrogène sulfuré; au point qu'en m'approchant de ces sources, je me sentois suffoqué de leur puanteur. Au goût, elle offre d'abord une saveur puissamment acide, et ensuite légèrement stiptique. Exposée pendant quelques jours à l'air libre, dans un vase découvert, elle s'évente et devient insipide, formant à sa surface une pellicule de couleur de rouille, et déposant au fond un sédiment plus formé. L'un et l'autre examinés avec les réagens chimiques, ont prouvé n'être autre chose que l'oxide jaune de fer.

Autour des sources, et là où coule l'eau, il y a de l'oxide de fer d'un jaune

obscur, quelques particules rares de soufre, et des efflorescences blanchâtres qui,
dissoutes dans l'eau, lui donnent une saveur austère, extrêmement dégoûtante :
elles ne sont autre chose que du sulfate de
fer, avec excès d'acide.

Outre les fluides aériformes dont je
viens de parler, cette eau contient encore une bonne quantité de carbonate de
fer, du sulfate de chaux, et du muriate
de chaux, autant que j'ai pu m'assurer
de ces deux substances, au moyen des
réagens chimiques.

Le soufre précipité par la décomposition du gaz hydrogène sulfuré, et acidifié par l'oxigène de l'air atmosphérique,
enveloppe et salifie l'oxide de fer que
le gaz acide carbonique a abandonné.
Voilà ce qui fait que dans les dépôts
formés dans leurs cours, on trouve dans
les eaux le sulfate de fer qui n'existe pas
dans l'eau, au moment où elle sort de
terre. Au reste, on n'emploie ces eaux
à aucun usage dans le pays ; elles ne servent

vent qu'à incommoder, par leur odeur désagréable, le voyageur et les habitans malheureux de son voisinage.

Nous continuâmes notre route du côté de *Chianciano*. A la maison de campagne voisine appelée *S. Albino*, nous trouvâmes des carrières de travertin, qui continue pendant un certain espace de pays. Au travertin, succède le marbre noir, qui paroît sur le bord du chemin du côté de la montagne dont il forme le noyau. Mais, lorsqu'on approche de *Chianciano*, on voit paroître de nouveau les lits de glaise, de brèche glaiseuse et de tuf, qui s'étendent fort au large dans le territoire de ce canton ; lorsque nous fûmes arrivés, nous descendîmes chez M. *Antonio Bartali*, Vicaire Royal émérite.

*Fossiles de* Monte Pulciano.

Piligno en gros troncs isolés, noirs et non altérés dans leur contexture. *Dans les ravins de* Mattajone, *sous la fermé de* Tanagatta.

C e

Bois pétrifié, dur, compacte, susceptible d'un beau poli et de diverses couleurs. *Ibid.*

Il conserve souvent l'apparence de sa contexture, et le calcaire effervescent domine dans sa pétrification.

| | |
|---|---|
| *Helmintholithus cardii medii.* | *Helmintholithus helicis stag-* |
|    *Veneris casinæ.* | *nalis - cornea , secundum* |
|    *Arcæ glycimeris.* | *longitudinem vix striata ,* |
|    *Muricis granulati.* | *anfractibus sex.* Gualt. |
|    *Neritæ albuminis.* | Tab. V. L. |
|    *Helicis corneæ.* | |

## *Plantes.*

### Sur les murs du côté du couchant.

*Ferula ferulago.*

### Sur le tuf où la ville est bâtie.

| | |
|---|---|
| *Prunella vulgaris.* | *Gallium verum.* |
| *Serratula arvensis.* | *Eupatorium cannabinum.* |
| *Lithospermum officinale.* | *Sambucus ebulus.* |
| *Chærophyllum temulum.* | *Cheiranthus alpinus.* |
| *Anchusa officinalis.* | *Rumex pulcher.* |
| *Echium vulgare.* | *Ballota nigra.* |
| *Onopordon acanthium.* | *Cuscuta europea.* |
| *Cynoglossum officinale.* | *Pteris aquilina.* |
| *Reseda luteola.* | |

## Autour de la factorerie d'*Acquaviva*.

Hyosciamus niger.
Sambucus nigra.

Punica granatum. Assez abondant dans les haies.

## Dans le *Chiaro*.

Arundo phragmites.
Typha angustifolia.
Menianthes nymphoïdes.
Hydrocharis morsus ranæ.
Sparganium erectum.
Nymphæa alba.
———— lutea.
Sagittaria sagittifolia.
Potamogeton natans.

Potamogeton perfoliatum.
———— crispum.
———— densum.
———— lucens.
Schœnus mariscus. Scarzone ital.
Scirpus palustris.
———— lacustris.
Phellandrium aquaticum.

## Dans les prés de *Poggio al Chiaro*.

Carduus Boujarti.
———— nutans.
Centaurea calcitrapa.
Galega officinalis. Avanesi ital.

Althæa officinalis. Malva cioni ital.
Tamarix gallica.

## Le long du torrent *Salarco*.

Tamarix germanica.

## Au *Poggio* de *Totona*.

Teucrium scordium.
———— chamædris.
Melissa nepeta.
Santolina chamæcyparissus.

Gentiana centaurium.
Satureja montana.
Centaurea calcitrapa.

A l'eau sulfureuse de *S. Albino*.

*Ciperus fuscus.*　　　　　　*Agrostis alpina.*
*Aira cæspitosa.*

# CHAPITRE XXV.

## *Chianciano* et ses Bains.

Nous nous arrêtâmes trois jours dans ce pays, et nous le visitâmes, ainsi que ses environs, dans le plus grand détail.

Par un territoire glaiseux et brècheux, et souvent couvert de nombreuses couches de dépouilles marines, et sur-tout d'huîtres communes, nous arrivâmes au torrent de l'*Astroncello*, où prend son origine le fleuve *Astrone*, qui, après avoir sillonné dans son cours impétueux la vallée qui est au-dessous, à *Sarteano*, à *Cetona*, etc., va se décharger dans la *Chiana*, au-dessous de la ville de *Pieve*.

Nous trouvâmes sur les bords de ce torrent des roches immenses de gypse blanc grisâtre, noir et veiné. On y en tire tous les jours, que l'on fait cuire pendant deux ou trois heures dans de petits fourneaux, et cette carrière fournit aux besoins de tous les pays circonvoisins.

Immédiatement après les roches de gypse, on trouve un travertin plus ou moins compacte, calcaire et effervescent, et diverses stalactites également calcaires.

En descendant par le lit de l'*Astroncello*, à l'endroit où le *fosso della Provenca* y a son embouchure, nous trouvâmes des rives élevées d'une terre rougeâtre, parmi lesquelles nous recueillîmes plusieurs morceaux de manganèse noire, souvent caverneuse, dans les cellules de laquelle se trouvoient des morceaux d'oxide de fer, les uns rouges, les autres jaunes. Un peu plus bas, sur la rive gauche qui est élevée et escarpée, on voit une plus grande quantité de manganèse à couches et filons verticaux.

J'observerai que lorsque ces morceaux de manganèse caverneuse viennent à perdre l'ochre renfermée dans ses cellules, ils conservent leurs parois externes, et les cloisons ou concamérations solides de véritable manganèse, qui, en se croisant entr'elles, forment ensuite le manganèse cratériforme ou celluleux, dont on trouve quelques morceaux à *Catabbio*, mais plus fréquemment à *Chianciano*, et sur le *Poggio di S. Cecilia*, également dans l'État Siennois.

Sur la rive de la *Provenca*, on trouve dans la marne argileuse des sulfures de fer jaune, tantôt cubiques ou globuleux, tantôt groupés ensemble. Les terres de ces lieux sont en général diversement et fortement colorées; elles doivent leur couleur au fer et à la manganèse qui entrent abondamment dans leur composition.

Au *Poggio della Bacherina*, dans un

lieu appelé *le Piane*, au-dessus des sources de l'*Acqua santa* , nous trouvâmes en grande quantité des cristaux de montagne, noirs et isolés, tantôt formés de deux pyramides avec un prisme intermédiaire, tantôt formés de deux pyramides sans le moindre vestige de prisme. Ces cristaux étoient connus des anciens Naturalistes, sous le nom de *pietre cancanute* ou d'*iride nere*.

On voit de petits cristaux semblables, isolés, mais rougeâtres, paroître à fleur de terre, et dans les crevasses près de la fontaine de l'*Acqua santa*. Tout près de la terre, dans le *fosso di Cavernano*, nous trouvâmes de petits limaçons très-durs, et dans la ferme voisine de *Fronte Cornino*, des stalactites et des stalagmites calcaires.

A l'Est de *Chianciano*, à la distance d'environ un mille et demi, on voit des roches de tuf très-hautes, et naturellement taillées à pic par les crevasses et les quartiers qui s'en détachent et qui croulent dans la vallée qui est au-dessous.

C c 4

On y trouve des couches de coquillages fossiles, et sur-tout de balanites,
d'ostracites, de camites, de cardites,
d'hélicites, etc. Nous y recueillîmes
aussi une grande quantité de brumites
agroupés, dont les noyaux sont en fer
limaceux, et forment des masses très-
curieuses et très-belles. Ce fer limaceux
s'y trouve très-fréquemment, tantôt sous
la forme de géode, tantôt devenu
noyau des testacées.

Ces bancs sont situés horizontalement,
tantôt au-dessus tantôt au-dessous de
bancs de sable désuni ou consolidé, de
tuf ou de glaise désunie, de brèche glaiseuse, et indiquent évidemment les dépôts successifs des eaux de la mer. C'est
précisément dans ces rochers que l'on
trouva, ensévelis dans le tuf, des os d'une
grandeur démesurée, que l'on prit mal à
propos pour des os d'éléphant. Un fragment
que l'on me montra à *Chianciano*, et un
autre que je retirai moi-même du tuf, dans
ce même endroit, me convainquirent que

ces prétendus ossemens d'éléphant ne sont réellement que des dépouilles d'animaux cétacées.

Un peu plus loin, sous la ferme appelée *Gello varco del lupo*, nous trouvâmes plusieurs branches de madréporites ramés, plusieurs madréporites turbinés, et divers coquillages fossiles, dont tout le pays abonde.

En cherchant des madréporites, nous rencontrâmes un superbe tronc de fer limaceux, caverneux, intérieurement disposé en vis, et cylindrique à l'extérieur; je le fis sur le champ transporter à ma collection.

Les montagnes qui, au Nord-ouest, dominent *Chianciano*, sont abondantes en marbre blanc ou noir, ou mêlé de blanc et de noir, d'un grain plus ou moins fin, et susceptible de divers degrés de poli. Ces marbres, et sur-tout le noir veiné de blanc, sont employés à divers ornemens; on en fait des corniches, des pilastres, des colonnes, etc.; ils font un fort joli effet, à raison de la couleur et du beau poli dont ils sont susceptibles.

Le marbre noir veiné de blanc, s'étend fort au large sur les bases occidentales du mont de la *Maddalena*, et sur-tout auprès de la chapelle des Capucins.

Souvent, autour des montagnes de marbre, règne la pierre calcaire de diverses couleurs, qui va insensiblement se confondre avec les masses du marbre même, avec lequel elle a tant d'affinité. Ainsi, par exemple, la charpente des penchans du mont de la *Maddalena*, est une pierre calcaire, commune, à laquelle on voit succéder le marbre blanc sur son sommet, où il paroît hors de la terre.

Cette montagne tire son nom d'un couvent de noviciat de Capucins, situé sur sa sommité, au milieu des bois, entre *Monte Pulciano* et *Chianciano*.

Tout le pays qui l'environne, est varié par des collines fréquentes et inégales, par des vallons qui leur correspondent ; le tout dominé par des hauteur qui forment la continuation de la chaîne de montagnes du couchant.

Ces collines et ces vallons, plantés de vignes et d'oliviers, cultivés avec le plus grand soin, offrent un coup d'œil pittoresque et des plus agréables. On voit, du côté de la *Chiana*, succéder insensiblement aux collines une plaine infiniment plus grasse et plus fertile, que l'on cultive pour les grains.

Ce pays est très-peuplé ; si, aux habitans de l'intérieur, on joint ceux de la campagne, épars dans un grand nombre de fermes, on en portera la population à plus de mille six cents habitans. L'Évêque de *Chiusi* y exerce la juridiction ecclésiastique. La juridiction civile appartient à un Podestat, la partie criminelle regarde le Vicaire Royal de *Chiusi*.

*Chianciano* est très-renommé par ses eaux minérales ; les heureux effets qu'elles ont produits, y ont, dans tous les temps, attiré beaucoup de malades. Ces eaux viennent d'un mille et demi Sud du

Bourg ; elles proviennent de deux sources, éloignées d'environ un demi-mille l'une de l'autre. La source supérieure, connue anciennement sous le nom de *Bagno di Sellena*, du nom du Bourg voisin qui aujourd'hui est ruiné, fut appelée ensuite *il Bagno di S. Agnese ;* parce que cette Sainte, native de *Monte Pulciano*, y vint prendre des bains en 1317. La source inférieure, autrefois nommée *Acqua bogliora*, s'appelle aujourd'hui *Aqua santa*. Sa première dénomination dénote son bouillonnement continuel ; la seconde désigne ses heureux effets en médecine.

Divers Auteurs ont anciennement beaucoup écrit sur ces eaux ; mais, selon la coutume des anciens Écrivains, ils ne nous ont rien transmis qui soit capable de nous faire connoître la nature et la composition de ces mêmes eaux. (*) Mais

_______________________________

(*) C'est ainsi qu'*Antonio Maynero*, *Andrea Bacci*, *Pirro Palei* et autres, ont écrit beaucoup de choses inutiles sur ces eaux. Quand on a lu tout ce qu'ils en racontent, on se reproche beaucoup le temps qu'on y a perdu.

il n'en est pas ainsi de nos jours. Feu *Giuseppe Baldassarri*, professeur célèbre dans l'université de Sienne, en publia une analyse en 1756, enrichie de notes sur l'Histoire natutelle : cet ouvrage fut dans le temps extrêmement recherché et applaudi. A cette analyse en succéda une autre vingt ans après, par *D. Galgano Petrucci*, plus satisfaisante encore que la précédente, à raison des nouvelles découvertes en chimie.

Enfin, le professeur *Domenico Battini* en a publié un Traité complet en 1793, faisant partie de son intéressant ouvrage sur les eaux minérales hépatiques, et sur plnsieurs autres eaux minérales de l'État Siennois.

Ainsi donc, cet auteur tirant un grand parti des progrès étonnans que la chimie a faits dans ces derniers temps, et établissant avec la plus grande exactitude de nouvelles observations, d'après diverses expériences sur les eaux de *Chianciano*, en a exactement déterminé le caractère, et a fixé avec précision la qualité et la quantité des principes qui s'y trouvent.

Cette raison me décida à ne point en renouveler l'analyse, d'autant plus que dans l'année où je visitai *Chianciano*, l'eau de Sainte-Agnès étoit presque totalement tarie ; mais ensuite elle a repris son cours naturel. Je me contenterai donc de rapporter sommairement les résultats des essais du professeur *Battini*, renvoyant à son ouvrage ceux qui désireroient de plus amples détails.

Selon cet auteur, l'eau de Sainte-Agnès s'annonce par une puanteur sulfureuse, qui se fait sentir aussi quand on la goûte ; on y trouve en même temps une saveur légèrement acidule, avec un petit goût styptique sur la fin. Exposée à l'air libre, elle perd absolument cette saveur, elle forme une pellicule à la surface, dépose, aux côtés et au fond du vase, un sédiment, et forme des incrustations tartareuses dans les canaux où elle passe : sa température s'élève à trente degrés de Reaumur.

La qualité et la quantité de ses principes constituans, sont déterminées par
livres d'eau, comme il suit :

Acide carbonique,        gr. 5 , 81.
Carbonate de chaux,      gr. 6 , 30 $\frac{2}{3}$
Sulfate de chaux ,       gr. 9 , 61 $\frac{1}{6}$
Sulfate de magnésie ,    gr. 8 , 75.
Silex ,                  gr. 8 ,  3 $\frac{2}{3}$

Enfin, une petite quantité de gaz hydro-
gène-sulfuré , et de sédiment de végétaux.

L'eau acidule ou sainte est limpide : elle
exhale une puanteur piquante et méphi-
tique avec l'odeur du soufre ; elle a un
goût acidule , légèrement sulfureux , et
styptique à la fin ; elle devient insipide à
l'air libre , forme une pellicule , et dépose
un sédiment ; elle enduit d'une incrusta-
tion tartareuse les canaux où elle passe ,
et sa chaleur est de vingt-cinq degrés de
Réaumur.

Voici la qualité et la quantité des principes que contient chaque livre d'eau :

Gaz acide carbonique, gr. 9 , oo.

Sulfate de chaux ,          gr. 8, 07.
Sulfate de magnésie ,      gr. 7, 50.
Muriate de soude,          gr. 0, 05.
Carbonate de chaux ,       gr. 7, 55 $\frac{9}{8}$
Carbonate de magnésie ,   gr. 1, 29 $\frac{1}{2}$
Oxide de fer ,             gr. 0, 12 $\frac{2}{6}$
Silex ,                    gr. 0, 35 $\frac{5}{6}$

Elle contient de plus une très - petite quantité de gaz hydrogène sulfuré et de sédiment de végétaux.

Les eaux de *Chianciano* sont, comme je l'ai dit, très-accréditées ; on y voit, tous les étés, un grand nombre de malades venir y chercher leur guérison, dans son usage externe ou interne. Les eaux de Sainte - Agnès sont spécialement destinées aux bains et aux douches.

Quant à l'*Acqua santa*, quoiqu'on l'emploie aussi pour les douches et les injections, elle est plus particulièrement en usage pour la boisson ; elle déploie dans ce cas, avec beaucoup d'énergie, ses propriétés purgative et apéritive.

Avant

Avant de quitter *Chianciano*, on nous mena voir les ruines d'un souterrain qu'on nomme les *Camerelle*, à deux milles et demi de là, près de la ferme *della Valle*. Il est situé sur une petite colline. Il étoit couvert de terre. Sa construction consiste en trois corridors en arcades, contigus, parallèles, coupés et traversés au milieu, à angle droit, par d'autres corridors également parallèles entr'eux. Sa longueur est d'environ cinquante-six pieds, et sa largeur, de la moitié. On y voit de petits fragmens de briques, et de très - petites briques entières, telles qu'on en trouve dans les ruines antiques. Situé comme il est, dans le voisinage de *Chiusi*, il est vraisemblable qu'on l'avoit construit pour quelque famille distinguée ( *Etrusco-Chiusina* ) Étrusco-Chiusienne.

*Minéraux de* Chianciano.

Marbre noir à veines blanches. *Les collines* della Communità, *entre* Chianciano *et* S. Albino.

Marbre blanc. *Sur la montagne de la* Maddalena.

Marbre gris. *Le long du torrent* Astroncello, *sous la* Grancaja.

Gypse compacte, tantôt blanc et uniforme, tantôt gris et veiné à ondes. *Ibid.*

Stalactites de gypse tuberculeuses et blanches. *Ibid.*

Tartre spongieux, avec empreintes de feuilles de chêne et de charme.

Manganèse, tantôt compacte et solide, tantôt caverneuse et remplie d'oxide rouge de fer, qui, en se dispersant, laisse quelquefois les cellules vides ; ce qui donne à la manganèse une surface treillissée ou maillée. *Sur les rives ruineuses , près l'*Astroncello.

Fer limaceux , globuleux et géodique. *Ibid.*

Il y en a un parmi ces derniers qui est remarquable. Il est creux, et dans cette cavité on voit l'empreinte creusée d'une grosse pomme de pin du *pino echinato*, apporté de la Caroline.

Gros tronc cylindrique, en forme de vis à l'intérieur, de fer limaceux. *A* Gello varco del Lupo.

Cristaux de roche noirs, de diverses grandeurs, isolés, tantôt avec prisme intermédiaire, tantôt sans prisme. *Aux* Piane, *sur la colline de la* Bacherina.

Sulfures jaunes, luisans de fer, ou cubiques, ou globuleux, ou groupés. *Sur les rives ruineuses du fossé de la* Provenca.

*Fossiles.*

Grands amas de brumites, remplis de fer limaceux rougeâtre. *Dans les précipices de tuf.*

Balanites de diverses grandeurs, isolés, ou plantés sur des testacées bivalves. *Dans les champs sur le chemin des Bains.*

Madréporites ramifiées. *A la ferme* Gello varco del Lupo.

Madréporites turbinées. *Ibid.*

D d 2

Fragment d'un os de cétacée. *Dans les précipices de tuf.*

Différens noyaux de diverses coquilles en fer limaceux. *Ibid.*

Bois pétrifié. *Dans les ravins et les torrens.*

Piligno. *Dans le fossé* Ruoti *, sur le chemin des Bains.*

### Plantes.

| | |
|---|---|
| *Acer pseudo-platanus.* | *Ligustrum vulgare.* |
| *Carpinus betulus.* | *Erica vulgaris.* |
| *Corylus avellana.* | —————— *arborea.* |
| *Mespylus pyracantha.* | *Cistus incanus.* |
| *Cratægus monogyna.* | |

### A la *Provenca.*

*Teucrium scordium.*

### Aux *Camerelles.*

*Scilla autumnalis.*

### A la *Maddalena.*

*Pulmonaria officinalis.*

# CHAPITRE XXVI.

## Chiusi et ses environs.

De *Chianciano*, nous passâmes à *Chiusi* qui en est distant de sept milles ; le pays qui *les* sépare est varié, tantôt tufacé, tantôt glaiseux, tantôt nu, tantôt garni d'arbres, et souvent couvert d'un grand nombre de corps marins. A quoi pourroit-on attribuer ces bancs vastes et fréquens de glaise, ou désunie, ou liée en forme de brèche, si remarquables par leur grande étendue et leur profondeur, par les dépouilles marines qui y sont entremêlées, leurs sables désunis ou affermis sous la forme de tuf, et mille autres substances qui y ont été transportées, si ce n'est à des dépôts successifs et continus des eaux de la mer ? Cela est de la dernière évidence pour quiconque s'attachera à observer, sans préjugé, ces objets qui s'offrent si souvent à nos yeux. Cependant, combien de fois, je ne dis pas seulement le vulgaire, mais des gens versés dans l'Histoire naturelle, n'ont-ils pas imaginé de grands fleuves qui ne subsistent plus aujourd'hui, ou supposé que ceux qui existent actuellement dans les environs, ont changé leur cours? et tout cela, pour expliquer la formation de ces bancs immenses de glaise dont il s'agit, sans voir combien il est impossible que d'aussi petites causes aient pu correspondre à de si grands effets!

Tout en faisant ces réflexions, nous arrivâmes à *Chiusi*, où nous logeâmes à l'Évêché, comme nous l'avoit obligeamment offert *Monsignor Giuseppe Pannilini*, alors absent de sa résidence.

*Chiusi*, ville épiscopale, et gouvernée par un Vicaire Royal, est située sur une colline qui s'élève au commencement de la *val di Chiana*. Elle est certainement bâtie sur les ruines de l'ancienne ville de *Camars* ou *Clusium*, autrefois habitée par des Rois, et l'une des plus puissantes de la confédération des villes Étrusques. Son nom est tout ce qui lui reste de son ancienne grandeur. La désolation qu'y portèrent les Gaulois, les Romains, et surtout les hordes dévastatrices des Barbares du Nord, lui enlevèrent, à diverses reprises, jusques aux moindres traces de son antique magnificence. La ville moderne ayant été rebâtie successivement sur les ruines de l'ancienne, il n'y est resté absolument aucun édifice Étrusque ou Romain. Tel a été le sort des villes anciennes qui n'ont jamais été totalement abandonnées ; les édifices construits depuis, sans ordre et au hasard, ont fait totalement disparoître, par la succession des temps, le lieu et les matériaux des monumens antiques à demi-détruits. On n'en trouve de conservés en tout ou en partie que dans les villes qu'un désastre et une désolation générale firent abandonner en entier et peut-être inopinément.

Tout ce que l'on peut découvrir aujourd'hui des vestiges de l'ancienne *Chiusi*, se réduit à deux vastes enceintes, situées au haut de la ville, auprès du fort, et à des conduits ou chemins souterrains, que l'on appelle vulgairement *il Labirinto di Porsena*. (*)

Ces deux enceintes sont formées par des murs bâtis en ciment (*a calcistruzzo*) : ils sont couverts d'un enduit, que la vétusté et l'injure des temps ont détruit en grande partie. Ils sont contigus, et séparés par un mur mitoyen et commun ; de sorte

---

(*) Pline (Lib. 36, cap. 19) donne la plus magnifique description du Labyrinthe que *Porsenna* fit construire pour son sépulcre. Mais n'osant pas donner comme vraie l'existence d'un ouvrage si étonnant, dont il ne restoit plus aucun vestige de son temps, y trouvant même de l'exagération et de la fiction, il cite l'autorité de Varron. De là la tradition de ce labyrinthe, de là l'opinion des modernes, qui veulent absolument en trouver les vestiges dans ces espaces souterrains, qui sûrement ont été creusés pour un autre objet.

que le plan de l'un est supérieur à celui
de l'autre. On voit, dans le mur de derrière de l'enceinte la plus haute, deux
bouches de canaux de terre cuite, très-
élevées, et une troisième semblable, mais
beaucoup plus basse, dans le mur de divi-
sion, par laquelle l'une des enceintes
communiquoit avec l'autre.

Tout cela prouve qu'elles étoient destinées à contenir l'eau qui s'y rendoit
par les deux bouches supérieures, et qui
passoit de la première dans la seconde
par le canal de communication. Mais je
ne saurois souscrire à l'opinion générale,
d'après laquelle on croit que ces deux
constructions étoient des bains publics.
Leur seul aspect suffit pour en éloigner
l'idée, sur-tout si l'on considère qu'il
eût été bien extraordinaire de faire venir,
avec beaucoup de peine et à grands
frais, dans le lieu le plus élevé de la
ville, une eau destinée à ne servir
absolument que pour des bains qui eussent
été placés plus commodément, et avec

beaucoup moins de dépense , sur le penchant ou même au pied de la colline. Je suis donc porté à croire que ces deux enceintes n'étoient que deux grands bassins ou réservoirs, destinés à conserver l'eau arrivant d'une grande distance , et vraisemblablement des montagnes de *Sarteano*, par le moyen d'aqueducs, ou peut-être encore, celle qui provenoit des pluies tombées sur les toits des édifices situés sur ces hauteurs. (*) Cette eau entroit dans le bassin le plus élevé , par les deux embouchures dont j'ai parlé ; elle s'y purifioit par le sédiment qu'elle déposoit, puis passoit dans le bassin inférieur où elle séjournoit encore, et de là se distribuoit dans les divers quartiers de la ville.

Le prétendu *Labyrinthe de Porsenna* ,

_______________

(*) On a découvert plusieurs fragmens d'un canal de terre cuite , qui , du côté de la vieille forteresse, se dirigeoit dans la partie supérieure , au premier bassin , pour porter l'eau dans les bouches placées dans le mur de derrière de ce même bassin.

n'est autre chose qu'un chemin creusé sous terre, dans le tuf et dans la brèche glaiseuse, qui va, en se ramifiant, s'étendre sous la partie de la ville adossée à un point de la colline où est la forteresse. Nous entrâmes dans ce souterrain, précédés d'un guide qui portoit un flambeau allumé ; ces chemins qui formoient de temps en temps comme des espèces de chambres, avec des niches creusées de distance en distance sur les côtés, se ramifient en divers sens, laissant toujours assez de largeur pour qu'un homme pût y passer ; mais ils sont toujours divergens, en pente, et toujours ténébreux. Leur uniformité, le défaut d'aucun signe qui dénotât positivement leur usage, et le danger d'être ensévelis tout vifs par quelque éboulement, nous engagèrent à ne pas pousser plus loin notre examen.

Cependant le mouvement secret d'une curiosité qui n'est point satisfaite, l'intérêt qu'inspire l'antique nation Étrusque, nous portèrent, presque malgré nous,

par un sentiment que nous ne pouvions
maîtriser, à chercher pourquoi on avoit
ainsi creusé le pied de la montagne,
et quel étoit l'usage de ces souterrains.
Nous pouvons ici former les mêmes conjectures par lesquelles on explique les
excavations des catacombes de Rome. (*)

_______________

(*) J'ai visité les catacombes de Naples. Les excavations que l'on fait encore tous les jours aux environs de cette ville, pour en tirer des pierres à bâtir,
et notamment auprès de la grotte de *Pausilype*, me
feroient croire que ce que l'on appelle aujourd'hui proprement les catacombes, n'a eu d'autre objet, dans le
principe, que celui de se procurer des matériaux propres
à bâtir. Elles sont creusées dans un tuf volcanique,
qui se coupe très-facilement, et qui se durcit au grand
air. Mais il paroît qu'elles ont servi depuis à d'autres
usages. Les autels pratiqués dans plusieurs chambres,
qui ont issue sur les vastes galeries, qu'on peut nommer rues souterraines; les peintures à fresque qui se
voient, non-seulement dans ces espèces de chapelles,
mais encore çà et là dans plusieurs endroits de ces
souterrains ; les réduits enfumés, où des calcinations
locales indiquent qu'on y a fait du feu : tout cela annonce que ces lieux ont été habités autrefois, au moins
pour un temps, et tend à confirmer l'opinion où l'on
est dans le pays, qu'ils servirent de refuge aux Chré-

Le tuf se creuse on ne peut plus aisément, et il n'est pas très-difficile de percer la brèche glaiseuse ; l'un et l'autre se soutiennent en même temps en forme de voûte ou de murailles, avec une certaine solidité qui s'augmente avec le temps : ces excavations fournissent du sable et de la glaise que l'on emploie pour bâtir. Ce dernier objet pourroit bien être aussi le but que l'on s'est proposé à *Chiusi*,

---

tiens, dans le temps des persécutions des Empereurs. Les rues souterraines dont je viens de parler, ont douze ou quinze pieds de haut, sur huit à dix de large. Elles se ramifient à l'infini dans une étendue de plusieurs milles, et vont aboutir, en diminuant de largeur, fort au loin dans les campagnes, à des issues couvertes de broussailles, que le Gouvernement a fait fermer avec le plus grand soin, afin d'enlever cet asile aux malfaiteurs qui alloient s'y retirer, et qui en sortoient la nuit pour infester le pays. Nos guides, à l'aide de leurs flambeaux, nous firent voir deux ou trois chambres remplies de plusieurs milliers de cadavres desséchés, mais sans aucune odeur sensible ; l'une d'elles, au dire de nos guides, contenoit les victimes de la peste, lors des derniers ravages qu'elle exerça à Naples. ( *Note du Traducteur.* )

lorsqu'on y a creusé ces souterrains, sous l'inspection sans doute des magistrats qui veilloient à ce que les ouvriers suivissent telles ou telles directions, pour ne pas affoiblir le terrain au-dessus duquel la ville étoit bâtie.

Il ne seroit pas non plus déraisonnable de penser, que pour distribuer dans les divers quartiers de la ville, située au-dessous, les eaux des conserves, qui, comme nous l'avons dit, la dominoient de beaucoup, on eût fait passer les canaux par ces chemins couverts, d'un accès facile, et au moyen desquels on pouvoit aisément veiller à leur entretien.

On pourroit appuyer cette conjecture au moyen des deux ouvertures qu'on voit dans le mur latéral et dernier de l'enceinte ou réservoir qui est situé le plus bas, et qu'on a aujourd'hui élargies à coups de pic, par lesquelles on peut entrer dans deux chemins couverts différens, dont l'un est bouché presque dès l'entrée, l'autre à la distance de quarante pieds environ.

Cela donneroit à penser que cette première bouche et ce premier chemin couvert, le plus extérieur et voisin du penchant de la colline, étoient destinés à dégorger, à plusieurs brasses en-dessous, l'eau superflue ou le trop plein des conserves, de manière à ne couler qu'après avoir déposé la plus grande partie de ses impuretés ; tandis que l'autre chemin couvert, plus intérieur, plus vaste, communiquant, avant d'avoir été bouché, avec les autres souterrains dont j'ai parlé, recevoit un canal principal, qui, prenant l'eau de la conserve inférieure, la portoit aux différentes fontaines de la ville.

Les anciens, au reste, étoient dans l'usage de creuser des chemins couverts au-dessous de leurs villes, destinés à recevoir les eaux et les immondices des rues qui, par ce moyen, étoient toujours propres. (*) Si donc l'ancienne ville de

_______________

(*)..... *Oppidis, quæ minùs quatiuntur (terræ motu) crebris ad eluviem cuniculis cavata.* Plin. lib. 2. cap. 82.

*Chiusi* étoit située sur la croupe et sur le dos de la montagne, au lieu où est à présent la forteresse, et dans l'intérieur de laquelle sont creusées ces rues souterraines, ces dernières pouvoient très-bien servir d'égoût à la ville. En me contentant, au surplus, d'avoir ainsi indiqué, en passant, mes conjectures aux amateurs de semblables recherches, je leur laisse le choix de l'hypothèse qui leur semblera la mieux fondée et la plus satisfaisante.

Peut-être ai-je fait une trop longue digression sur ces restes des antiquités Étrusques, et sur le prétendu *Labyrinthe de Porsenna.*

Au sommet de la colline où sont les deux conserves d'eau que je viens de décrire, il y a une forteresse ou fort qui tombe en ruine. Dans l'esplanade vide, qui est voisine, en creusant pour chercher des pierres équarries de travertin, provenant des édifices antiques qui ont été

abattus,

abatus, on a trouvé une belle pierre également de travertin, portant une inscription latine. Je la vis au lieu même, couchée par terre. Voici l'inscription:

CN. POMPEIO CNF
MAGNO
IMPER. ITER.

Je vis sur la surface supérieure de cette pierre une cavité, avec des fragmens de plomb. Cela me fit conjecturer que cette pierre avoit été placée droite, et qu'elle portoit, du côté de cette cavité, un pivot scellé avec du plomb, ou un buste, ou quelque trophée érigé au grand Pompée par les habitans de cette ville.

En dehors de *Chiusi*, on a trouvé les restes de plusieurs conserves d'eau, et d'autres édifices antiques. Les géns de la campagne découvrent souvent de petites idoles, des vases, des ornemens, des pierres précieuses gravées, spécialement

des cornalines, et plusieurs autres monumens Étrusques et Romains.

Des tufs, des glaises, des dépouilles
de corps marins : voilà ce qui s'offrit à
nos yeux, en parcourant les environs de
*Chiusi* ; c'est-à-dire rien de nouveau et
d'intéressant. Nous descendîmes donc pour
aller visiter un lac et un marais qui sont
tout près, en passant par l'ancien monastère ruiné de *S. Mustiola*. Précisément
au-dessous de ces ruines, on voit encore
plusieurs *cryptes* ou petits sépulcres antiques, où ont été ensévelis des martyrs,
quoique creusés, selon toute apparence,
dans d'autres vues. Ainsi, les *arenarj* et
*figlines* Romaines, devinrent dans la suite
les cimetières des Gentils, puis après des
Chrétiens.

Arrivés au bord du lac, nous entrâmes
dans une barque de pêcheurs. Nous commençâmes par parcourir les espèce de
sentiers qui se trouvoient entre les plantes
marécageuses que nous nous occupâmes
à observer et à recueillir. Sortis de cette

espèce de forêt de nénuphar, de na-
jades, de plumes d'eau, de masses d'eau,
de souchets et de roseaux, nous entrâmes
dans la pleine eau, où le lac prend le
nom de *Chiaro*; mais il ne s'y trouve
plus rien qui puisse intéresser le Naturaliste.

Le *Chiaro* de *Chiusi*, qui appartient à
la commune de cette ville, fournit les
mêmes poissons que j'ai remarqués dans
celui de *Monte Pulciano*; dans l'un et
dans l'autre, on les pêche avec des filets
contournés sous l'eau, ou avec diverses
espèces de parcs faits de roseaux, que
l'on place parmi les plantes aquatiques.
On voit dans celui de *Chiusi* quelques oiseaux de passage aquatiques, sur-tout des
canards sauvages (*anas boschas*), mais beaucoup plus de poules d'eau (*fulica atra*).

Il y a dans ces eaux un oiseau qui y
reste constamment, et qui nage avec beaucoup de vîtesse. L'habitude qu'il a de
plonger pour prendre du poisson ou des
vermisseaux marécageux, fait qu'on l'ap-

pelle, dans le pays, *tufolino ;* c'est le *colymbus auritus* (*) de Linné (**).

---

(*) C'est une espèce du genre des plongeons que Buffon appelle *petit grèbe huppé.* ( Hist. nat. des ois. t. 8 p. 235. ) Il fait son nid au milieu des roseaux, à la surface de l'eau sur laquelle il flotte comme une petite nacelle. Il a le bec et les pieds noirs, le corps est noirâtre en - dessus et blanc en - dessous. Les plumes du fouet de l'aile sont de couleur obscure, celles qui suivent sont blanches. ( *Note du Traducteur.* )

(**) Strabon, ( Liv. 5. pag. 226.) en parlant des lacs de *Trasimène,* de *Chiusino,* etc., après avoir remarqué leur utilité, tant en ce qu'ils sont navigables que par rapport aux poissons et aux oiseaux aquatiques qui s'y trouve, ajoute :

« Τύφοι τε και πάπυρος, ἀνθήλη τε πολλὴ κατακομίζεται ποταμοῖς εἰς τὴν Ῥώμην. ἃς εκδιδόασι αἱ λιμναι μέχρι τῦ Τιβέρεως »

Voici la traduction latine : *Cum typhi, papyri, et paniculæ* Lucernariæ *copia fluminibus Romam devehitur,* quos *Lacus isti in Tiberim emittunt.* Il y a à observer sur ces deux points : 1.º que le mot *Lucernariæ* est une addition fautive du Traducteur, attendu que ce n'est pas des *spazzole di padule,* ( C'est l'*arundo phragmitis* de Linné, que l'auteur de la *Flore Pisane* nomme *canna spazzola,* Tom. 1. pag. 138 , que nous appellons en françois *roseau commun.* Observ. du Traducteur. ) que les anciens faisoient des mèches, c'étoit avec la moëlle des scirpes, dont on use encore aujourd'hui pour le même objet : ( Le scirpe est le *scirpus palus-*

Il y a long-temps que les terres qui aboutissent au lac ou *Chiaro di Chiusi* sont marécageuses; on les appelle *le Bose*. Cet état marécageux étoit déjà antique pour *Chiusi* ; il causoit déjà, depuis un temps immémorial jusqu'à nos jours, un

---

*tris* de Linné, et le *scirpus palustris altissimus* de Scheuchzer, pag. 154. Il est fort utile dans les ouvrages de vannerie, pour couvrir les chaumières : sa moëlle sert à faire du papier. *Demonstr. de Bot. tom. 3. pag. 303.* M. Duchesne, à cette occasion, dit qu'on coupe cette moëlle par longues tranches, on la fait sécher sous le pressoir, et on la carde. *Mat. med. tiré de Haller, par Vicat. tom. 2, pag. 173.* Observ. du Traducteur.) Tandis que la *tifa*, appelée vulgairement *mazza sorda*, fournit, avec ses aigrettes, une espèce de duvet, propre à garnir des coussins et des matelats. On envoyoit ce duvet à Rome, pour l'usage des pauvres ; on le vendoit dans le *Circo massimo*, d'où vient l'allusion de Martial, Lib. 14. ep. 160.

> *Tomentum concisa palus Circense vocatur :*
> *Hæc pro Lingonico stramina pauper emit.*

La plante que l'auteur appelle *tifa* et *mazza sorda*, est le *typha latifolia* de Linné, (Sp. pl. 1377; Fl. Dan. t. 645.) que nous appellons *masse d'eau à larges feuilles*, Gleditsch dit que sa racine se mange en salade ; et suivant le D. *Loss*, lorsqu'on la fait infuser dans l'eau,

air mal sain et infect, sur-tout en été, lorsque les eaux se retirent. Mais les pré-cautions qu'on a prises depuis, les travaux continuels auxquels on s'est livré pour la formation et l'entretien des digues, et pour la dessiccation du marais, ont singu-lièrement purifié l'air, de manière que ce pays offre aujourd'hui un territoire beau-coup plus cultivé ; sa population même est tellement augmentée, que l'on y compte,

---

elle fournit une boisson propre à arrêter les hémor-ragies de la matrice. *Mat. med. de Haller*, par Vicat. tom. pag. 2, 168. (*Note du Trad.*)

Ainsi, ces roseaux (*spazzole di padule*) servoient alors, comme aujourd'hui, à faire des balais avec leurs panaches ; peut-être même qu'on les employoit au même usage que le duvet des masses d'eau (*mazza sorda.*)

2.° Le mot *quos*, au lieu de *quæ*, forme un équi-voque, et même une faute dans la traduction latine. Elle est relative, dans le texte grec, au substantif mas-culin ποταμοὺς, et s'accorde fort bien avec le sens de ce passage, dans lequel Strabon rapporte que ces objets étoient transportés à Rome, sur les fleuves qui partoient de ce lac, pour se jeter dans le Tibre. En effet, notre lac de *Chiusi* portoit ses eaux par la *Chiana* dans la *Paglia*, et de là dans le Tibre.

tant dans la ville que dans la campagne, plus de deux mille quatre cent soixante habitans.

Ce lac donne naissance aujourd'hui à la *Chiana*, rivière dont le cours est très-lent; elle va passer dans le *Chiaro* de *Monte Pulciano*, traverse ensuite le vallon ou la plaine presque horizontale, à laquelle elle donne son nom, n'ayant qu'infiniment peu de pente, et va au-dessous d'*Arezzo*, se décharger dans l'*Arno*.

D'après le peu qui nous reste des écrits des anciens à cet égard, et sur-tout de Strabon et de Tacite, il paroît qu'autrefois cette rivière venoit de l'*Arno* qui, en descendant des *Apennins*, se divisoit en deux branches divergentes, dont la principale passoit à Florence, à Pise, et de là se rendoit à la mer, tandis que l'autre, sous le nom de *Clanis*, passant par la *Valdichiana*, alloit à *Chiusi*, et se rendoit dans le Tibre par le fleuve *Paglia*.

Ainsi, le lit de la *Chiana* venant peu à à peu se combler jusques près de *Valiana*,

et vers *Monte Pulciano*, perdit insensiblement sa première pente naturelle ; une
partie de ses eaux entretenue par plusieurs
torrens qui parcourent encore aujourd'hui
de tous côtés la *Valdichiana*, fut obligée, par
cet obstacle et par les divers ouvrages des
hommes à détourner son cours, à s'ouvrir
un nouveau passage du côté du couchant,
et à se décharger dans la branche principale de l'*Arno* qui va à la mer, tandis
que l'autre partie continua à couler vers
le midi, et par la *Paglia*, se rendre
dans le Tibre. Ces conjectures sont ap-
puyées et prouvées fort ingénieusement,
par de longues observations faites sur les
lieux mêmes par le C. *Vittorio Fossombroni*, dans son savant ouvrage intitulé :
*Memorie Idrauliche sulla Valdichiana*, auquel je renvoie le lecteur, comme à la
source principale.

Aujourd'hui, au moyen d'un Concor-
dat récemment passé entre la cour de
Rome et celle de Florence, en 1780, on
a fait en sorte que la *Chiana* Toscane réu-

nit toutes les eaux, depuis la *val* de *Tresa*, au - dessus de *Chiusi* et les porte, par la *Valdichiana*, dans l'*Arno*; et que, au delà de la *val* de *Tresa*, l'eau des fleuves et torrens plus méridionaux coule, comme auparavant, dans la *Paglia*, et ensuite dans le Tibre.

Les habitans de *Chiusi* ont toujours été jaloux et attachés à la possession du *Chiaro*, des *Boze*, et des rives adjacentes de la *Chiana*. Il paroît même, d'après plusieurs renseignemens, et sur-tout d'après la relation du C. *Fossombroni*, pag. 145 de l'ouvrage dont je viens de parler, que dans les quatorzième et quinzième siècles, les chefs du gouvernement avoient coutume, un certain jour de l'année, d'épouser, en grande pompe et avec tout l'appareil de la souveraineté, les eaux de *Chiaro*, en y jetant un anneau d'argent doré : c'est sans doute une imitation en petit, de la cérémonie beaucoup plus ancienne et plus solemnelle, dans laquelle le Doge de Venise, le jour de l'Ascension, épousoit la mer Adriatique.

*Plantes de* Chiusi.

## Dans la Forteresse.

*Laurus nobilis.*  
*Evonymus europæus.*  
*Sedum dasyphyllum.*

*Conysa squarrosa.*  
*Ammi janus.*  
*Echium vulgare.*

## Dans le Lac.

*Nymphæa alba.*  
———— *lutea.*  
*Menyanthes nymphoïdes.*  
  Piatine.  
*Arundo phragmitis.*  
*Vallisneria spiralis.* Bindella.  
*Najas marina.*  
*Typha angustifolia.*  
———— *latifolia.*  
*Sparganium erectum.*  
*Scirpus palustris.*  
*Hydrocharis morsus ranæ.*

*Ceratophyllum demersum.*  
*Potamogeton natans.*  
*Myryophyllum spicatum.*  
*Sagittaria sagittifolia.*  
*Marsilea natans.*  
*Stachys palustris.*  
*Bidens tripartita.*  
*Cyperus longus.*  
*Panicum crus galli.*  
*Poligonum persicaria.*  
———— *amphibium.*  
*Althæa officinalis.*

# CHAPITRE XXVII.

*Sarteano , Castiglioncello del Trinoro , et Cetona.*

EN sortant de *Chiusi* , nous prîmes le chemin qui conduit à *Sarteano* , qui est à cinq milles de là.

Au *Mulin del Vescovo* , nous vîmes paroître le *travertin* qui continue , tantôt sortant à fleur de terre , tantôt se cachant au-dessous de sa surface ; il forme la charpente externe et interne de la campagne inférieure et supérieure de *Sarteano* , jusqu'au pied de la montagne.

A un mille de cet endroit , dans un lieu appelé *le Bossolaje* , nous vîmes une grande quantité de vers à soie ( *bossoli* ) en cocons, venus d'eux - mêmes , et logés dans les rochers perpendiculaires et escarpés de travertin , qui forment là une longue chaîne non interrompue semblable à une muraille continuelle, qui soutient une large plaine qui s'étend jusqu'aux montagnes, au milieu de laquelle *Sarteano* est situé.

Arrivés à *Sarteano*, nous logeâmes chez le Marquis *Ferdinando Cennini* de Sienne, qui nous accueillit avec beaucoup d'amitié.

*Sarteano* est un bourg considérable du diocèse de *Chiusi* ; il renferme plus de deux mille quatre cents habitans, y compris ceux de la campagne. Il dépend d'un Podestat pour le civil, et relève pour le criminel du Vicaire Royal de *Chiusi*. Il y a dans ce lieu une vieille forteresse, où il existe encore une belle tour à quatre angles, fort élevée, construite de travertins équarris.

Son territoire forme en grande partie une plaine cultivée en blés, en vignes et en oliviers : un vaste bois s'étend ensuite fort au large sur le penchant des montagnes qui dominent, et du pied desquelles sortent différentes sources d'eau, les unes fumantes et légèrement thermales, les autres fraîches et bonnes à boire. Les premières servent à faire tourner des moulins, et baignent d'un côté les murs de *Sarteano* ; les secondes, situées entre les gorges des montagnes, et formant des réservoirs de distance en distance, se réunissent ensuite dans un aqueduc qui les porte à la fontaine située au milieu de la place publique de ce lieu.

Nous ne fûmes pas un long séjour à *Sarteano* ; ses environs offrent peu d'objets qui intéressent le Naturaliste.

Dans quelques endroits, vers les montagnes, et sur-tout autour de la ferme appelée *Pansollo*, nous recueillîmes des dentales, des strombites, des muricites, des vis, des nérites, des chamites, des ostréolithes, des pectinites, d'autres coquilles fossiles, et deux grands oursins, ainsi que quelques morceaux de madrépores turbinés ; nous avions déjà trouvé ailleurs tous ces objets. Quelques morceaux de bois pétrifié et bitumineux du fossé de *Stigliano* ; quelques pierres d'*Agoraja*, du

*Monte Melino*, avec des fragmens de stéatites, sous la ferme de la *Selva* : voilà
ce qui acheva notre collection. ( * )

Mais je ne dois pas omettre d'observer
que, dans quelques crevasses, nous observâmes entre les lits horizontaux du travertin, des sédimens terreux, remplis d'une
prodigieuse quantité de petits coquillages
de marais, dont nous n'apperçûmes aucune trace, dans la substance même du
travertin : preuve évidenté que ce dernier, après sa formation, a été couvert
d'eaux douces, à différentes reprises.

Nous traversâmes les montagnes pour
visiter *Castiglioncello del Trinoro*, qui est
à trois milles de *Sarteano*, au-delà de la
chaîne de montagnes qui sépare ce pays
de la *Valdichiana*, des collines Siennoises,

---

( * ) Le P. Abbé *Soldani*, dans son *Saggio Oritto-
logico*, donne la description des coquillages microsco-
piques qu'il a observés dans les terres de *Sarteano*.
Comme ce genre d'observations n'est pas l'objet de
mes recherches, je m'en rapporte aux relations que
l'auteur en donne dans son estimable ouvrage.

et de la *Valdorcia*. Au *Poggio delle Forche*, nous ne trouvâmes plus de travertin ; il fut remplacé par une suite continue de rochers d'un tuf jaunâtre. Ensuite parut la pierre de grès compacte et brune, qui règne aux environs de *Castiglioncello*, bâti sur une roche élevée, et de la même consistance.

Ce petit Bourg, habité par environ trois cents habitans, est du diocèse de *Chiusi* ; il relève pour le civil du Podestat de *Sarteano* ; et pour le criminel, du Vicaire Royal de *Chiusi*. Sa médiocrité et le défaut de productions naturelles, nous firent repentir d'avoir perdu notre temps à le visiter.

Nous revînmes donc sur nos pas, nous repassâmes les montagnes, et nous allâmes à *Cetona*, où nous logeâmes chez l'assesseur *Luigi Cremani*.

*Cetona* est un bourg antique du diocèse de *Chiusi*, relevant pour le civil du Podestat de *Sarteano* ; et pour le criminel, du Vicaire Royal de *Chiusi*, situé au pied de la chaîne de montagnes que j'ai déjà citée , sur une colline de tuf tantôt désuni, tantôt consolidé en pierre ; son territoire, d'abord un peu inégal et montueux , s'étend ensuite en vastes plaines extrêmement riches et fertiles , qui , renfermées entre les montagnes et les collines Siennoises , et de l'État Romain , forment réellement le commencement de la *Valdichiana.*

Cet endroit, en y comprenant la campagne où il y a un grand nombre de fermes, contient un peu moins de mille trois cents habitans. Tout ce que les collines et les plaines de nos pays, quand ils sont bien cultivés, ont coutume de produire, se recueille en plus ou moins grande quantité dans le territoire de *Cetona.*

En visitant ses environs , et sur-tout le pied des montagnes , nous vîmes à *Bel-verde ,* couvent de Frères Mineurs réformés , des rochers élevés et continus de travertin fistuleux , troué et caverneux.

Plus haut, dans l'endroit appelé *Val dell'Oro ,*

*dell' Oro*, on voit des rochers de tuf, remplis de coquillages de diverses grandeurs; ils continuent dans un assez long espace, jusqu'à l'*Ontaneta* où ils sont remplacés par des précipices très-profonds de marne tantôt blanchâtre et tantôt bleue.

En allant plus loin, on voit reparoître le travertin qui, soit en-dessus, soit en-dessous, ne se perd jamais absolument de vue dans ces lieux. La si grande abondance de travertin que l'on remarque à *Chianciano*, à *Sarteano*, à *Cetona*, et à *S. Cascian de Bagni*, continué, presque sans interruption, dans un si long espace, est un monument éternel de l'antique et constant travail des eaux thermales, qui, sortant tantôt des fentes, ou des parties avancées des montagnes, ont dans tous les temps transporté et déposé des sédimens terreux qui se sont peu à peu consolidés en rochers, en tablettes et en stalactites. On voit encore aujourd'hui beaucoup de ces sources à *Chianciano*, à *Sarteano*, et plus encore, à *S. Casciano*: mais la quantité

F f

et la place qu'occupe le travertin , nous avertit qu'une grande partie d'entr'elles sont taries ou ont changé leur cours.

On nous vanta beaucoup , à *Cetona,* les merveilles d'une grotte naturelle, située à deux milles de là , vers le couchant , sur le haut d'une colline , et connue sous le nom de *Tomba Lattaja.* L'envie nous prit de voir cette merveille. Nous trouvâmes d'abord une caverne très-ouverte, qui sert de vestibule aux réduits plus reculés dans lequel on pénètre par un trou fort étroit en pente , qui est tortueux , humide , glissant et fort sale. Je m'y introduisis cependant , au risque de me rompre les os , escorté d'un guide portant une torche allumée. Je n'y vis que des stalactites calcaires grossières , attachées et suspendues à la voûte d'une grotte où la lumière du jour ne pénètre jamais ; et sur le pavé, des stalagmites plus grossières encore , qui, quelquefois, vont se réunir avec les stalactites de la voûte. Comme ces stalactites pendantes sont souvent arrondies et terminées en pointe en forme de mamelons, d'où l'eau distille goutte à goutte; enfin, semblables à d'énormes mamelles, on a appelé cette grotte *Tomba Lattaja.*

Tels étoient les prodiges qui nous coûtèrent tant de peine; nous les payâmes d'autant plus cher, qu'à notre retour nous fûmes surpris sur ces hauteurs, où il n'y a point d'abri, par un orage accompagné d'une pluie et d'un vent épouvantables, et de violens coups de tonnerre qui nous accompagnèrent jusqu'à *Cetona*, où nous arrivâmes mouillés jusqu'aux os.

La colline qui, depuis *S. Casciano*, s'étend sans interruption jusqu'auprès de *Monte Pulciano*, s'élève à quelque milles de *Cetona*, où elle forme une montagne conique et très-haute, portant proprement le nom de *Montagna di Cetona*; elle domine toute cette chaîne, et les pays adjacens: nous voulûmes la visiter jusqu'à la cîme.

Arrivés au pied de la montagne, nous

vîmes paroître le travertin qui se continue, mais plus compacte, jusqu'au sommet. On n'y peut monter que par des sentiers rudes, escarpés et pierreux; plus on monte, plus ses côtes sont nues, arides, sans eau, sans herbes. Cependant, parmi les rochers, ils se trouve un grand nombre de chênes, beaucoup de charmes, d'érables, de tilleuls, quelques *crateghi torminali*, qu'on appelle en italien *ciavardelli*, une grande quantité d'épines blanches, de frènes, d'*ornielli* et de *crognoli* : ces derniers y sont en si grand nombre, et si chargés de fruits, que les bergers les secouent pour en manger, et pour nourrir les cochons et les moutons. Peu à peu ces arbres diminuent et cèdent entièrement la place aux hêtres qui occupent seuls la partie la plus élevée de la montagne.

Sa cime est aplanie, dans un espace d'environ deux cents pieds de longueur, sur soixante de large, tout au plus. On voit, sur cette plate-forme, les restes d'une enceinte qui aujourd'hui est détruite et rasée, ainsi que les restes d'un édifice situé au milieu, mais qui est entièrement ruiné ; nous ne pûmes jamais deviner, à l'inspection des ruines ni par les rapports qu'on nous fit, quelle espèce d'édifice ce pouvoit être autrefois. Peut-être n'étoit-il qu'un asile et une retraite fortifiée par la situation même.

Du sommet de cette montagne, on jouit d'une vue très-étendue, tant en Toscane que dans l'État Romain, quoique le *Montamiata*, qui est à peu de milles de là du côté de l'ouest, cache la Maremme et la mer.

Comme nous étions montés par la partie du nord, l'envie nous prit de descendre du côté du midi que nous trouvâmes entièrement dépouillé et pierreux. Au reste, notre course sur cette montagne si dépouillée de plantes, et d'une construction si uniforme, nous causa beaucoup plus de fatigue que de plaisir. Nous retournâmes à *Cetona*, fort harassés et très-peu satisfaits.

F f 3

## *Minéraux de* Sarteano.

Pierre *agoraja*, ou géodes calcaires, contenant, dans l'intérieur, de petites aiguilles spatheuses. *Au* Monte Merlino.

Stéatites verdâtres. *Au-dessous de la ferme* della Selva.

Tartarisations stalactitiques calcaires.

## De *Cetona*.

Pisolites totalement calcaires, dont les petits corps ronds et blancs que l'on découvre au microscope semblent de nature organique, et appartenir à des vers marins. *Aux pieds des montagnes, par le chemin de S.* Casciano.

Tartre fistuleux calcaire, qui a revêtu autrefois des ramifications de petites racines. *Dans les cavernes de la montagne.*

Tartre très-semblable au précédent, avec empreinte de feuilles de chêne. *Au pied de la montagne.*

## Fossiles.

### De *Sarteano*.

*Helmintholithus echini alti.*
——————— *madreporæ turbinatæ*, et plusieurs autres coquillages dont j'ai parlé ailleurs.

*Lignum in lapidem conversum.* Au fosso di Stigliano.
*Piligno.* Ibid.

### De *Cetona*.

*Helmintholithus arcæ granosæ.*
——————— *Glycimeris.*
*Veneris verrucosæ.*
*Spondyli gœderopi.*
*Mytili cristægalli.*
*Buccini decussati.*
*Strombi pedis pelicani.*

*Helmintholithus muricis turris.*
——————— *granularis.*
*Turbinis acutanguli.*
——————— *Terebræ.*
*Neritæ canrenæ.*
*Dentalii arcuati.*
*Madreporæ turbinatæ.*
——————— *cavernosæ.*

Outre plusieurs comites et autres corps marins semblables, qu'on n'a pu bien déterminer à cause de leur dégradation ; on peut y joindre plusieurs opercules de diverses grandeurs.

## *Plantes.*

### Aux *Bossolaje de Sarteano.*

*Buxus sempervirens.*
*Fraxinus ornus.*
*Sambucus ebulus.*
*Teucrium polium.*
*Satureja juliana.*
*Hieracium pilosella.*
*Cheiranthus alpinus.*

*Poterium sanguisorba.*
*Carpinus betulus.*
*Digitalis lutea.*
*Coronilla emmerus.*
*Helleborus fœtidus.*
*Asplenium trichomanes.*

### Au *Castiglioncello del Trinoro.* Dans les chemins et sur les crêtes de fossés.

*Artemisia absinthium.*

### A *Cetona.* Sur le penchant de la montagne.

*Tilia europea.*
*Quercus robur.*
——— *ilex.*
——— *cerris.*
*Acer pseudo-platanus.*

*Cratægus torminalis.*
——— *oxyacantha.*
——— *monogyna.*
*Cornus mas.*

### Sur le haut de la montagne.

*Fagus sylvatica.*
*Thymus serpyllum.*
*Spartium junceum.*
*Crepis fœtida.*
*Origanum vulgare.*
*Cistus incanus.*

*Clinopodium vulgare.*
*Helleborus fœtidus.*
——— *viridis.*
*Digitalis lutea.*
*Teucrium chamædrys.*
*Gnaphalium stæchas.*

# CHAPITRE XXVIII.

### S. *Casciano*, et ses Bains.

Nous partîmes, le lendemain matin, pour aller, par *Camporsevoli*, à *S. Casciano* qui est à sept milles de *Cetona*.

En côtoyant le pied la montagne de *Cetona*, nous vîmes au-dessous du travertin fort spongieux, et des filons de pierre calcaire fissile, une grande quantité de coquillages fossiles, oolites ou pisolites, dont quelques-uns avoient à la surface de petites cellules, semblables aux alvéoles des abeilles ; c'est-à-dire des pétrifications de madrépores caverneux, des pierres trouées par les pholades, et des couches immenses de glaise marine.

A l'endroit qu'on nomme *le Ripe*, nous vîmes cesser entièrement la chaîne de montagnes, dont nous avons souvent parlé ;

et en poursuivant, sur la gauche, nous arrivâmes à *S. Casciano*, où nous descendîmes chez le D. *Annibale Bastiani*, médecin célèbre, dont les connoissances contribuent à accréditer les Bains.

*S. Casciano* est un petit bourg situé à l'extrémité de la Toscane, près des confins de l'État Romain. Il est du diocèse de *Chiusi* : il a un Podestat pour le civil, et relève, pour le criminel, du Vicaire Royal de *Radicofani.*

Le nombre des habitans de ce bourg peut s'élever à sept cents personnes, en y comprenant les gens de la campagne. Situé au sommet d'une colline isolée, on y jouit d'un bon air ; mais le vent qui y règne continuellement est incommode, attendu qu'elle n'est abritée d'aucun côté.

La charpente de cette colline est en grande partie de pierre calcaire ; mais auprès de la douane, précisément au sortir du bourg, on voit s'élever de terre de gros quartiers de manganèse noire et informe : nous en trouvâmes dans d'autres endroits des fragmens épars çà et là.

En parcourant les environs de *S. Casciano*, nous observâmes fréquemment la pierre calcaire par couches, tantôt épaisses, tantôt très-minces, et quelquefois singulièrement ondulées et serpentantes, parmi lesquelles se trouvent souvent de petits filets de *silex corné*. Ils sont surtout remarquables vers le nord de ce pays, et dans d'autres endroits, mais spécialement sur les rives infiniment escarpées du torrent *Nebbio*, où l'on trouve aussi des tartres et des travertins, résultats ordinaires des eaux thermales.

Lorsqu'on enlève les lames de ces couches calcaires, on y trouve souvent des cornes d'ammon de diverses grandeurs, et dans une quantité réellement surprenante.

Ces ammonites qui, au reste, ne sont que des noyaux absolument dépouillés de toute enveloppe organique, tantôt sont adhérens à la pierre et renfermés entre les lames, tantôt ils sont détachés et isolés.

Dans ces environs, et sur-tout dans les terrains de marne argileuse, on rencontre une grande quantité de testacées univalves, bivalves et multivalves; il n'est pas rare même de trouver le noyau des bivalves, formé de spath calcaire, et transparent. On y voit encore des échinites, et des fragmens de madréporites rameux et oculés.

Précisément au-dessous des murs du bourg, du côté de ce qu'on appelle le *Bagno grande*, nous vîmes des filons de pierre calcaire, lamelleux et dendritiques, dans lesquels étoient enchâssés quelques cailloux argileux et ronds, aplatis comme des pains; peut-être avoient-ils été ainsi aplatis par le poids des filons calcaires qui s'y étoient formés, ou qui y étoient descendus, lorsque ces cailloux étoient encore frais et pâteux.

On trouve encore dans ces environs un assez grand nombre de morceaux de sulfure jaune de fer, épars çà et là; mais ce qu'on y observe de plus remarquable, ce sont les sources d'eaux thermales qui y coulent. Elles y sont si fréquentes et si abondantes, qu'il seroit à desirer, pour la commodité des habitans, que l'eau simple ou commune s'y trouvât en aussi grande quantité.

Ces eaux, réunies et retenues, forment différens bains, d'où le bourg a pris le nom de *S. Cascian dei Bagni.*

Parmi ces sources, celles qui, par leur abondance ou par le grand usage qu'on en fait, sont les plus remarquables, sont celles du *Bagno vecchio, del Bagno grande, di Caldagna, della Doccia della Testa, dei Bagni nuovi,* et plus encore, celles *del Bagno del Portico grande,* où se rend l'eau *della Ficoncella,* de *S. Giorgio,* de *S. Maria,* etc.

Le *Bagno vecchio,* ainsi nommé parce qu'il servoit anciennement de bain principal, est situé à l'ouest, au-dessous du bourg. Il y a là deux sources d'eau tiède, l'une appelée *del Bossolo,* l'autre de *Sainte-Lucie.* La première, plus abon-

dante et plus chaude, est presque insipide, quoiqu'elle laisse sur la fin un petit
goût salé à peine sensible : on l'emploie
à boire, *à passer*. La seconde, moins
chaude, prend le nom de *S. Lucia*, parce
qu'elle est spécialement employée aux
bains des yeux malades, et avec succès,
à ce que l'on croit. L'une et l'autre sont fermées et couvertes ; mais, à dire vrai, elles
sont peu en usage.

Un peu plus à l'ouest, à peu de distance de ces deux sources, se trouve
celle du *Bagno grande*, très-abondante,
chaude, et également presque insipide.
Elle étoit employée autrefois beaucoup
plus que de nos jours ; car elle est actuellement réunie dans un bassin, où elle
est spécialement réservée pour y baigner
les bestiaux attaqués de la galle ou d'autres maladies cutanées.

En descendant environ à un demi-mille
sud-est de ce bourg, on trouve la source
nommée *Doccia della Testa*, où l'on a
construit une enceinte pour la douche des

femmes; tout auprès est une autre source pour la douche des hommes, et pour les bains de vapeur.

Enfin, un peu plus loin, on voit le bain appelé du *Portico grande*, parce que les sources qui fournissent l'eau à dix bains séparés, sont réunies sous un bel édifice, orné d'un grand portique de travertin, construit en 1607 par le grand Duc Ferdinand I. Ce sont des bains très-commodes et fort propres, au milieu desquels jaillit l'eau de la *Ficoncella*, qui sert à boire, comme on dit, pour passer ( *a passare* ).

Plusieurs Auteurs ont écrit sur ces eaux; sur lesquelles il a paru deux Traités dans le siècle présent. Le premier est de D. *Jacopo Filippo Bastiani*, médecin de *S. Casciano*; le second, imprimé en 1770, est du D. *Annibale Bastiani*, fils et successeur du précédent, qu'une longue expérience a mis dans le cas de bien déterminer l'usage médicinal de ces eaux thermales.

Mais comme depuis, la chimie moderne a fourni des moyens plus **exacts** pour analyser les eaux chaudes , j'ai cru à propos de faire de nouveaux essais , pour mieux déterminer les propriétés physiques et les principes dont celles de *S. Casciano* sont composées.

Je choisis donc, parmi ces différentes sources , celles de *S. Maria* , de *S. Giorgio* , de *S. Giovanni* , du bain de la *Ficoncella* , et de la *douche pour la tête.* En voici l'analyse :

Toutes ces eaux sont limpides , inodores , à peu près insipides et chaudes. Leur température , selon le thermomètre de Réaumur , qui , ce jour-là , marquoit à l'ombre , vers midi , vingt-six degrés , est indiquée dans la table suivante :

| Noms des Sources. | Degr. de chal. |
|---|---|
| Eau de la *Ficoncella alla canella.* deg. | 33. |
| — du Bain *della Ficoncella.* | 31. |
| — du Bain de *S. Maria.* | 37. |
| — du Bain de *S. Giorgio.* | 33. |
| — du Bain de *S. Giovanni.* | 31. |
| — de la *Douche pour la tête.* | 36. |

. Il se développe continuellement de la majeure partie de ces eaux, des bulles d'un fluide aériforme, que je reconnus être un gaz acide carbonique, mêlé à une petite quantité d'air commun. Toutes déposent et laissent des incrustations considérables, qui, peu à peu forment un enduit épais de tartre adhérent aux parois des canaux où elles passent. Tenues exposées à l'air, dans un vase découvert, elles forment à la surface une pellicule blanche, et un sédiment aux côtés et au fond du vase. Ces tartres et ces dépôts sont un carbonate de chaux, avec quelques parties de sulfate de chaux.

D'après les expériences auxquelles je les ai soumises avec les réagens chimiques, j'ai tiré deux conséquences, 1.º qu'elles sont toutes de même nature, et contiennent les mêmes principes ; 2.º que ces principes ou substances hétérogènes peuvent se réduire aux suivantes, c'est-à-dire gaz acide-carbonique, sulfate de chaux et de magnésie, muriate de chaux et carbonate de chaux. Après avoir essayé de faire évaporer l'eau de la *Ficoncella* et du *Bagno grande*, je me convainquis que le sulfate et le carbonate de chaux y dominoient.

Sans m'arrêter à rechercher si les Bains de *S. Casciano* sont les mêmes dont Horace (*) fait mention, ( ce qui est très-vraisemblable ), on ne peut pas nier leur grande antiquité ; elle est prouvée par les ruines que l'on y voit encore, par les médailles, les petites idoles, les ouvrages en terre cuite (*lavori figulini*), les ornemens d'architecture, les inscriptions, et les fragmens de statues que l'on y a déterrés en différens temps.

On voit, entr'autres, dans la salle de la *Ficoncella*, le tronc d'une statue parfaitement travaillée, trouvé autrefois auprès des Bains. Il y a dans le mur de cette même salle, les deux inscriptions antiques

_______________

(*) *Qui caput et stomachum supponere fontibus audent Clusinis*, etc. ( Epist. XV.)

suivantes, qui font précisément allusion à des Bains salutaires, dont le D. *Bastiani* fait mention dans le Traité dont j'ai parlé.

PRO SALVTE
CAI ET POMPO
NIAE N. LIBER.
M. VERO IMPERA.
TORE AESCVLAP.
ET HYGIAE SACR.
EPHAESTAS LIBER.
V. L. M. S.

L'inscription qui suit est sur une pierre.

PRO SALVTE
TIRIARIAE N̄.
APOLLINI SACR.

Il paroît donc que ces eaux thermales, accréditées par leur utilité en médecine, chez les anciens Romains et vraisemblablement aussi chez les Étrusques, continuèrent, dans les derniers siècles, à attirer beaucoup de monde pour cause de mala-

die : elles sont encore très-fréquentées
dans la belle saison pour le même objet.

*Minéraux recueillis à S. Càsciano.*

Silex corné, qui se trouve en filets, situés
entre les roches calcaires, sur lesquelles
*S. Casciano* est bâti.

Manganèse noir. *Auprès de la Douane.*

Petits cailloux argileux, ronds, et aplatis
comme des pains. *Entre les filons calcaires, sous le bourg.*

Tartre calcaire effervescent, formé par
les eaux thermales.

*Fossiles.*

Cardites et camites, remplies de spath calcaire transparent. *Dans les terres marneuses.*

Ammonites de diverses grandeurs, isolées
et éparses. *Dans les champs près du chemin de* Cetona.

Ammonites enchâssées dans la pierre calcaire. *Dans le* fosso del Nebbio.

Madréporites oculées, vulgairement coral-
loïdes. *Dans les champs voisins.*

# CHAPITRE XXIX.

## *Celle* et *Radicofani.*

APRÈS avoir terminé nos recherches dans le territoire de *S. Casciano*, nous continuâmes notre voyage vers *Celle* et *Radicofani.*

Dans ce trajet, au travers d'un pays aride et dépouillé, nous ne trouvâmes rien qui nous invitât à nous y arrêter ; d'ailleurs, la chaleur n'étoit pas moindre de vingt-cinq degrés à l'ombre, le soleil à découvert dardoit sur nous ses rayons avec tant de force, que nous fûmes obligés d'accélérer notre marche.

*Celle*, petit bourg à trois milles de *S. Casciano*, est bâti sur une colline argilo-marneuse, très-maigre. Il est de l'évêché de *Chiusi* ; il dépend, pour le criminel, du Vicaire Royal de *Radicofani*, et du Podestat de *Casciano* pour le civil: le bourg et la campagne peuvent compter environ huit cents habitans.

Nous ne nous y arrêtâmes point. Après avoir passé le torrent de *Rigo* qui baigne le pied de cette colline, nous commençâmes à monter vers *Radicofani* qui se présentoit à nous, sur le haut d'une montagne isolée. Nous y arrivâmes au bout de six milles de chemin, et nous nous arrêtâmes dans le couvent des Capucins.

*Radicofani* est un bourg de la province supérieure de Sienne, dans le diocèse de *Chiusi*; il est gouverné par un Vicaire Royal, dont la juridiction criminelle s'étend sur plusieurs bourgs circonvoisins: il peut contenir mille quatre cents habitans, en comptant les gens de la campagne.

Sa position, au sommet d'une haute montagne, l'expose à toute l'intempérie des saisons, sur-tout au froid, aux brouillards, et aux vents qui s'y font sentir de tous côtés.

Sur la cime de cette montagne, il s'en

élève une seconde encore plus élevée, formée de rochers escarpés et presque perpendiculaires, sur le sommet desquels il y avoit autrefois une forteresse inexpugnable : elle est aujourd'hui plus qu'à demi - ruinée, et absolument abandonnée. *Radicofani* est bâti au pied de cette seconde montagne plus élevée ; le grand chemin de Rome passe au - dessous, à environ une portée de fusil ; il y a une poste aux chevaux : c'est la sixième en venant de Sienne, qui en est éloignée de quarante - deux milles.

En nous avançant vers la forteresse, nous observâmes, sur le dernier penchant de la montagne, au - dessus de la *Madonna delle Grazie*, vis - à - vis du Prétoire, un grand rocher formé de colonnes prismatiques tronquées, trièdres, tétraèdres et hexaèdres, de diverses grandeurs. Elles commencent par élever leur extrémité tronquée ; au - dessus, elles sont entassées les unes sur les autres, et s'élèvent ainsi jusqu'au sommet. Ces colonnes sont un

G g 4

produit volcanique, un vrai basalte; elles ressemblent, pour l'aspect, la figure et la substance, à celles qui se trouvent dans les isles Ponces.

Pour monter à la forteresse, on passe par une rue pavée jusqu'au cimetière public; il faut suivre ensuite un sentier difficile à travers des quartiers d'une pierre que l'on nomme dans le pays, *peperino*, (*) qui entourent les côtés de la montagne et en encombrent la base. Ces rochers perpendiculaires, et détachés verticalement, ne sont autre chose qu'une véritable lave basaltique.

Le haut de la montagne est aplani; on y voit les ruines d'une forteresse, flanquée de deux enceintes, de grosses murailles et de boulevarts; les restes de deux tours ruinées, d'une église, de quelques casernes, et deux citernes que l'on

---

(*) Le *peperino* de *Radicofani*, est bien différent du *peperino* de *Montamiata*, avec lequel il n'a d'autre rapport que pour le nom et l'origine volcanique.

a comblées , pour éloigner les enfans curieux et inconsidérés le danger d'y tomber,
comme il est arrivé quelquefois.

Ces murs et ces édifices étoient construits en pierre basaltique équarrie , dans
laquelle est mêlée une lave celluleuse,
ou pierre - ponce rouge, grise, brune et
noire , que l'on appelle communément
*pepe* dans le pays. Les murs extérieurs
de la forteresse sont décorés d'une jolie
corniche ronde de beau *peperino* de *Montamiata* , qui n'est pas loin de là ; et
comme , parmi les ruines de la forteresse,
en descendant de la montagne, on trouve
des fragmens de ce *peperino* ; semblable à
celui que nous vîmes sur la côte du *Macchion
grosso* , les curieux ont quelquefois pris
le change , regardant comme une production de *Radicofani* ce qui réellement
appartient au *Montamiata.*

Du sommet de cette montagne , on
jouit , de tous les côtés, d'un point de vue
magnifique, à l'exception de la partie de
l'ouest, où elle est bornée par le majes-

tueux *Montamiata*, qui est à six mille de là , et encore moins à vol d'oiseau.

La forteresse qui y est bâtie fut célèbre autrefois , par les différends entre la cour de Rome et la république de Sienne , qui se disputoient alternativement la possession de ce pays limitrophe, regardé , par les deux pays, comme le boulevart des États respectifs.

Une partie de cette forteresse sauta en l'air, il y quelques années, par l'imprudence d'un Officier de la garnison, qui mit le feu au magasin à poudre, mais heureusement il fut le seul qui y périt. Dégradée par cet accident, et regardée comme une charge inutile et sans objet, on l'abandonna entièrement ; de sorte qu'elle tombe en ruine de plus en plus.

C'est de cette forteresse que s'empara *Ghino di Tacco*, banni par les Siennois ses concitoyens et par le Pape, afin de se soustraire à la mort que lui préparoient ses ennemis. C'est de là , qu'à la tête de quelques brigands , il infestoit les pays voisins et dépouilloit les voyageurs, et qu'il fit cette cure merveilleuse d'un glouton, qu'il guérit, à force de le faire jeûner, du dégoût de la plénitude et du défaut d'appétit dont il étoit affecté.

On voit sur la cime de cette montagne divers rochers rougeâtres, compactes dans leur partie inférieure, et celluleux dans leur partie supérieure : il y en a un, entr'autres, fort remarquable, qui est adossé aux ruines des édifices dont je viens de parler. Ils montrent évidemment l'état des grandes masses de laves, réduites à un certain dégré de fusion par le feu des volcans : la partie supérieure gonflée et raréfiée par le développement continuel des fluides aériformes, en se refroidissant, resta caverneuse, comme on le voit aujourd'hui, tandis que la partie inférieure resta dense et compacte.

Quelquefois, en rompant certains morceaux de lave celluleuse ou compacte du sommet de cette montagne, j'ai trouvé enfermés dans sa substance, des masses de verre, ou cristallines ou brunes : ils sont plus fréquens encore dans la lave celluleuse rouge.

Il n'y a point d'endroit d'où l'on puisse mieux examiner la structure intérieure de la montagne, et les substances qui forment son sommet, que de la grotte creusée à l'un de ses côtés, précisément au-dessous de l'enceinte des murs de la forteresse.

On y voit un mélange confus de laves compactes, de laves à demi-scorifiées, en grosses et petites masses, et de diverses couleurs, ou bien absolument scorifiées, et devenues des pierres-ponces légères, à cavités constamment rondes, avec les deux pôles opposés de magnétisme extrêmement sensibles ; et entr'elles une terre rouge incohérente, ressemblant beaucoup à la *pouzzolane*, produite par le froissement et le broiement des laves, sur-tout dans le moment même de l'éruption. On trouve une autre espèce de terre noirâtre et plus triturée encore, éparse dans toute la montagne volcanique, remplissant les interstices des roches de lave basaltique.

Telles sont les terres et les pierres volcaniques qui constituent la montagne de *Radicofani* ; mais à une certaine distance , elles disparoissent absolument. Nous eûmes la curiosité d'examiner les limites où elles s'étendent ; je vais les rapporter pour la commodité des voyageurs. Les voici : au sud, le *Fosso della Quercia* , à deux milles de *Radicofani* , le *Poggio della Mossa* , jusqu'à la ferme du *Corniolo* , et jusqu'à la *Corbaja* ; à l'est, le *Poggio Casano* jusqu'au *Fosso del Viepere* , et au *Poggio del Fibbia* ; au nord, à un mille de distance, le *Poggio Sasseta* , qui s'élève au milieu des collines argileuses ordinaires, et aux ravins ruineux de ces mêmes collines ; au nord-ouest, le *Poggio Nebbiali* , à plus de deux milles de distance , sur la droite du grand chemin de Rome , en venant de Sienne.

Au pays volcanique succède un terrain

marno - argileux. Le plus remarquable de
cette nature , est celui qui s'étend en pente
très-rapide de *Radicofani* au *Montamiata*,
et celui qui est entre *Contignano* et la
rivière d'*Orcia*. (*) Ce sol marécageux
est de temps en temps interrompu par
des couches profondes de glaise , de pierre
*cicerchine*, de tuf , de coquilles fossiles ,
de pierres calcaires , et de pierres de grès
jaunâtres ou bleuâtres.

Au reste , soit à raison de la qualité naturelle du terrain qui entoure *Radicofani*
qui est tout en côteaux stériles et pierreux ,
soit à cause de la défense d'embarrasser
d'arbres les environs de la forteresse , ce
lieu est absolument dépouillé et aride. On
y voit cependant des sources abondantes

______________________________________

(*) Dans le lit de cette rivière , nous trouvâmes souvent des bandes d'oiseaux appelés *Rois de cailles* ( *Ral-
lus crex* ), qu'on nomme dans le pays *tallurini*. Quelques-uns d'entr'eux , lorsque nous approchions , son-
noient l'alarme d'une voix plaintive et désagréable ;
c'étoit le cri de *sauve qui peut*.

d'une eau très - bonne ; mais elles sont peu à la portée des habitans, étant situées à une assez grande distance au - dessous de *Radicofani* : l'eau *dei Cappuccini* y est excellente ; celle de la fontaine *di. Castel morro* est très-fraîche et très-légère ; celle de la *Fonte grande*, sur la grande route de Rome, est bonne, mais elle est inférieure aux deux précédentes ; enfin, celle de la *Fonte Antenese*, au midi de la montagne, est pure ; mais elle est si froide et si glaciale, qu'on a peine à la supporter : il seroit fort dangereux d'en boire, pour peu qu'on fût échauffé.

*Radicofani* a été fréquemment affligé par des tremblemens de terre. Ils s'y annoncent par des mugissemens épouvantables, qui retentissent dans les abymes creusés à une grande profondeur dans les entrailles de la montagne, par l'enlèvement des matières qui en ont été vomies par la violence du feu volcanique. Dans l'automne de 1777, il y eut un tremblement de terre, dont les secousses se suc-

cédoient si rapidement, et étoient accompagnées d'un fracas si épouvantable, que
les habitans de *Radicofani*, effrayés, cru-
rent que ce volcan, éteint depuis tant de
siècles, étoit sur le point de vomir encore des matières embrasées, etc.

*Minéraux de* Radicofani.

Prismes basaltiques, à trois, quatre, cinq,
six facettes jaunâtres, et d'une consistance homogène et uniforme· *Au rocher
près la* Madonna delle Grazie. ( * )

Lave basaltine d'un gris obscur, informe,
d'une consistance homogène. *En montant la Forteresse.*

Lave basaltique compacte, dans laquelle
se trouve enchâssée une masse de verre
dur, étincelant, et teint d'une ombre
presque insensible de violet. *Parmi les
ruines de la haute Forteresse.*

---

(*) Ce basalte tenu pendant plusieurs heures au feu
de fusion, s'y est fondu, et a donné un verre obscur,
opaque, verdâtre, mais légèrement transparent sur
les bords.

Masse

Masse de verre transparent, dur, étincelant, trouvé dans l'intérieur d'une lave
de basalte. *Ibid.*

Lave très-compacte, dure, rougeâtre,
avec des veines noirâtres. *Ibid.*

Lave un peu celluleuse, grise, fort dure,
étincelante, avec de rares fragmens
cristallins, très-ressemblante à celle
*del Lamone*, auprès de *Pitigliano*, et
à ce *peperino* si dur *delle Macinajole*,
au *Montamiata. Ibid.* (*)

Lave compacte, rougeâtre, dure et étincelante, où l'on observe de petites
masses de verre, quelquefois de couleur changeante, et le commencement
du changement de cette lave compacte
en lave celluleuse. *Dans une grotte, sous
la plus haute enceinte des murs de la Forteresse.*

Lave compacte, rougeâtre, sans masses
vitrifiées apparentes, mais qui en

(*) Cette lave, au feu de fusion, a donné un émail
ou verre opaque, couleur hiacynthe obscur.

H h

a quelquefois dans son intérieur. *Ibid.* (*)

La même ; qui montre un principe de fusion et colature. *Ibid.*

Lave celluleuse, rougeâtre et noire, qui a sur-le-champ un plus haut degré de fusion et de scorification, sans arriver à l'état de vraie pierre-ponce. *Ibid.*

Pierre-ponce, noire et brune, étincelante, ou lave scorifiée, et devenue légère et caverneuse en se refroidissant par le développement continuel, et le passage des fluides aériformes. *Ibid.* (**)

Pierre-ponce encore plus celluleuse et plus légère, au point de rester souvent, pendant quelque temps, sur la surface de l'eau, étincelante et pourvue des deux pôles opposés de magnétisme. *Ibid.* (***)

______

(*) Celle-ci s'est pareillement fondue, au feu de fusion, en verre opaque, mais absolument noir.

(**) Cette pierre-ponce noire, a produit un verre opaque d'une couleur brune presque noire.

(***) Le verre opaque qu'a produit cette pierre-ponce

Terre ou pouzzolane rouge, composée d'érosions et de fragmens très-petits de scories, ou pierres-ponces rouges, semblables aux petites lapilles du Vésuve. *Ibid. Dans les interstices des pierres-ponces et des laves.*

Terre incohérente, brune, ressemblant beaucoup à de la pouzzolane triturée. *Dans les interstices des laves, sur la montagne.*

### *Plantes.*

Sur la côte de la *Madonna delle Grazie.*

| | |
|---|---|
| *Quercus ilex.* | *Chondrilla juncea.* |
| *Verbascum thapsoïdes.* | *Spartium junceum.* |
| *Melissa nepeta.* | |

---

rouge à la fusion, est encore plus noir qne le précédent. Ces expériences de vitrification, cette transformation de couleurs, prouvent de plus en plus combien il est hasardeux de juger d'après le degré de fusion, la couleur et l'apparence extérieure, quelle espèce de minéral appartenoient les substances que le feu des volcans a fondues et converties en lave solide, en verre ou en scories.

## Parmi les ruines de la Forteresse.

Coronilla emmerus.
Marrubium candidissimum.
Erysimum repandum.
Melica lanata.
Jasminum officinale.
Malva rotundifolia.
Hedera helix.
Prænanthes muralis.

Sambucus ebulus.
Gnaphalium stœchas.
Campanula medium.
Lichen scaber.
Trifolium scabrum.
——————— pratense.
Poterium sanguisorba.

## En allant vers la Fontaine *Antese.*

Pimpinella peregrina.
Echium italicum.
Teucrium chamædris.

Lactuca virosa.
Salvia sclarea.
Scrophularia canina.

## A cette même Fontaine.

Veronica beccabunga.

Festuca fluitans.

## A la côte de *Macchion grosso*, parmi les roches de lave.

Fraxinus ornus.
Corylus avellana.
Carpinus betulus.
Ulmus campestris.
Clematis vitalba.
Rubus fruticosus.

Coronilla emmerus.
Sedum telephium.
Prænanthes muralis.
Lactuca virosa.
Geranium Robertianum.
Conysa squarrosa.

## Sur ces mêmes laves.

| | |
|---|---|
| *Lichen paschalis.* | *Bryum tortuosum.* |
| ———— *rangiferinus.* | ———— *hypnoïdes.* |
| ———— *scaber.* | ———— *apocarpon.* |
| ———— *miniatus.* | ———— *striatum.* |
| ———— *geographicus.* | *Acrosticum septentrionale.* |
| *Hypnum crispum.* | |

## Nous vîmes pendre d'un ormeau

*Hypnum loreum.*

## A la fontaine de *Castel Morro.*

*Zannichellia palustris.*

## Dans les champs, autour de l'auberge de la *Macina.*

| | |
|---|---|
| *Carduus Boujartē.* | *Centaurea solstitialis.* |
| ———— *spinosissimus.* | *Xeranthemum annuum.* |
| *Eryngium campestre.* | |

## Au *Poggio Sasseta.*

| | |
|---|---|
| *Serratula arvensis.* | *Inula montana.* |
| *Plantago serpentina.* | *Asphodelus ramosus.* Candelozzo. |
| *Stachys germanica.* | |
| *Satyrium hircinum.* | *Chrysanthemum leucanthemum.* |
| *Melampyrum arvense.* | *Ononis spinosa.* |

En quittant *Radicofani*, je réfléchissois sur l'origine et sur la formation de cette montagne , qui , isolée au milieu d'un pays autrefois couvert par les eaux , porte cependant tous les caractères volcaniques. Je cherchois à me rendre compte de ses anciens rapports avec le pays adjacent , à une époque à laquelle l'histoire et la tradition ne remontent pas. Je fus forcé de recourir aux hypothèses et aux conjectures auxquelles l'analogie et l'inspection des lieux donnent, selon moi , une certaine probabilité et une sorte de vraisemblance.

Je pense donc que le feu volcanique dut autrefois, avec des efforts terribles, soulever du fond des abymes de la mer , et répandre , aux environs , les laves , les terres, et toutes les matières qui , attirées ou non par cet incendie , se trouvèrent sur le passage de ces impétueuses éruptions. Ces matières ainsi élevées du sein des eaux , cette nouvelle montagne se maintint , tandis qu'une cause pareille , un feu semblable aura , dans des temps peut-être beaucoup plus anciens, soulevé et élevé la masse incomparablement plus haute et plus étendue du *Montamiata* qui en est voisin. Si la charpente et les produits de ces deux volcans sont différens, cela provient de la diversité des matières que le feu fit sortir lors de l'éruption ; au reste, toutes ces substances ne sont pas absolument différentes entr'elles. J'ai trouvé, sur le haut des ruines de *Radicofani*, une lave légèrement celluleuse, très-dure, étincelante, et tout-à-fait semblable au dur *peperino delle Macinajole*, sur le *Montamiata*. Elle pourroit être une suite (comme semble d'ailleurs l'indiquer le peu de distance qu'il y a de l'une à l'autre) de la chaîne qui unit ces deux volcans ; de manière qu'il ne faut pas croire ces laves d'une origine et d'une nature absolument différentes, comme au premier coup d'œil, on seroit porté à le penser.

Hh 4

Mais puisque la montagne de *Radi-cofani* renferme dans son sein et pré-sente des laves, des scories, des ba-saltes, enfin, tous les indices d'un grand incendie et du feu immense qu'il a vomi ; comment se peut-il que toutes ces substances ne se voient plus au-jourd'hui que dans un cercle étroit aux environs de la montagne, et que les anciennes éruptions ne les aient pas répandues dans une plus grande étendue ? Elles le furent autrefois ; mais si l'on considère qu'alors le volcan étoit en-vironné de la mer, on sera facile-ment porté à croire, ou que les eaux de la mer, par suite de dépôts successifs et continus de marne, de sable et de glaise, que nous y voyons de tous côtés, parvinrent peu à peu à couvrir et à ensévelir les produc-tions volcaniques, que l'on trouveroit peut-être, si l'on creusoit à une grande profondeur dans le terrain mar-neux et calcaire ; ou plus probable-

ment encore , que l'agitation continuelle et le roulis des flots , ensuite la
retraite même , et l'éloignement rapide
ou lent de la mer , les ont transportées et déposées loin de là.

En effet , à *Pitigliano* , à *Soana* ,
à *Sorano* , où on ne voit aucuns vestiges d'anciens cratères , on remarque ,
dans une fort grande étendue de pays ,
des agrégations et des sédimens de substances volcaniques , qui y ont été apportées par les eaux de la mer. *Radicofani* , au contraire , présente un volcan
que la mer elle - même a dépouillé dans
sa circonférence de ses diverses et anciennes productions , ne laissant que
celles qui , entassées sur la cime de
la montagne , se trouvèrent , dès le
commencement , supérieures au niveau
des eaux , ou qui en étoient seulement
baignées : de sorte que si les productions volcaniques se sont arrêtées sur
les côteaux et dans les vallées situées
entre *Radicofani* et le *Montamiata* , on en

vit dans la suite disparoître les vestiges sur la surface de la terre ; ce qui fait qu'il ne reste plus de trace de l'ancienne correspondance entre ces deux volcans.

Tout en faisant ces réflexions, nous nous éloignions de *Radicofani*, extrêmement satisfaits d'avoir vu un pays aussi intéressant pour les Naturalistes, et sur-tout pour les amateurs de lithologie volcanique.

Enfin, après avoir parcouru fort amplement les deux provinces Siennoises, et être revenus sur les lieux d'où nous avions commencé nos recherches, nous terminâmes là, pour le moment, notre Voyage, et nous allâmes jouir d'un repos, dont nos longues excursions dans des lieux souvent pénibles, au milieu des ardeurs de la canicule, nous faisoient vivement sentir le besoin.

*Fin du Voyage dans le Siennois.*

# TABLE DES CHAPITRES

*Contenus dans le Tome second.*

Fin de la Table.

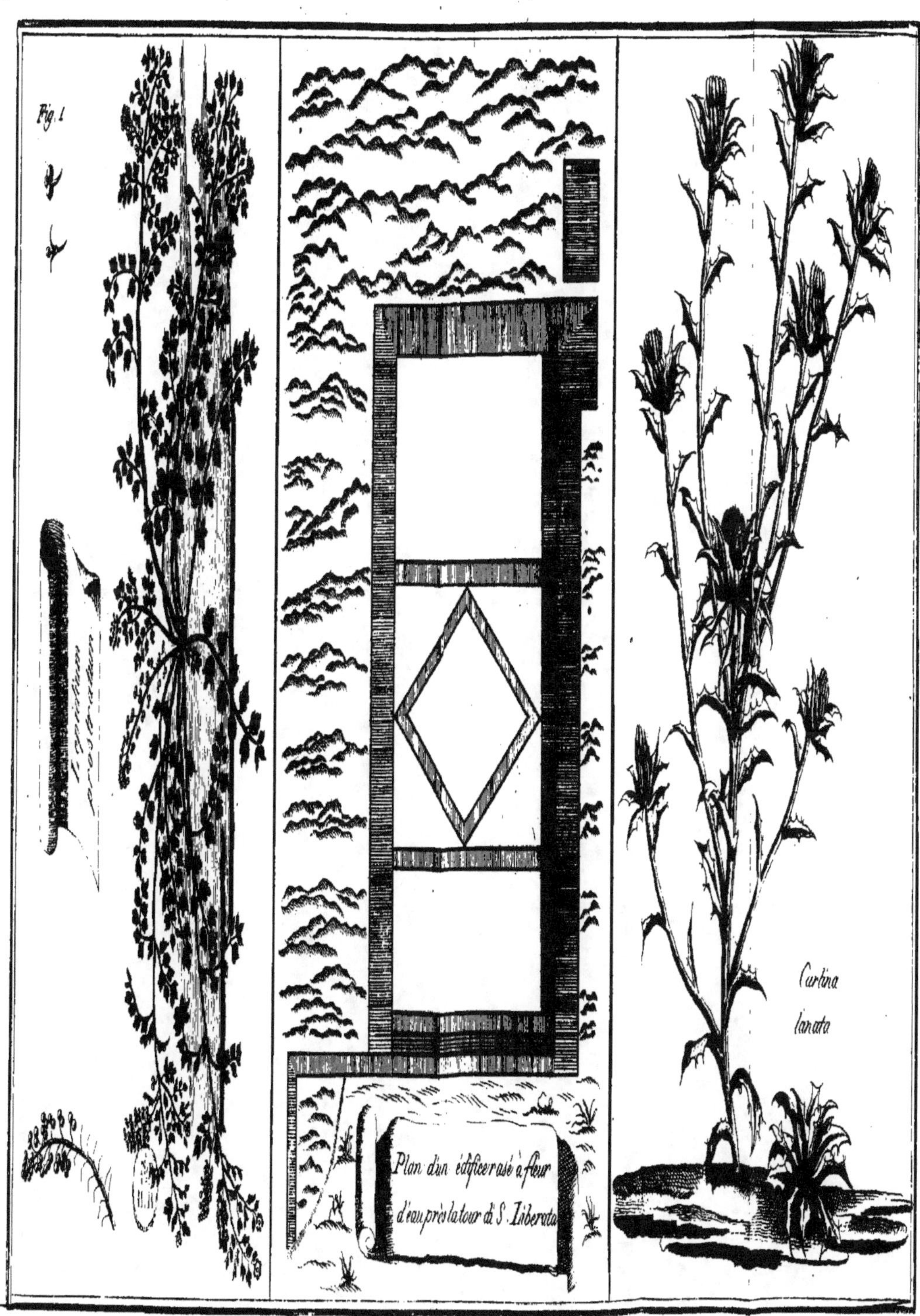

Fig. 1
Carlina
lanata
Plan d'un édifice rasé à fleur
d'eau près la tour di S. Liberata
Tom. 2 Pl. 1

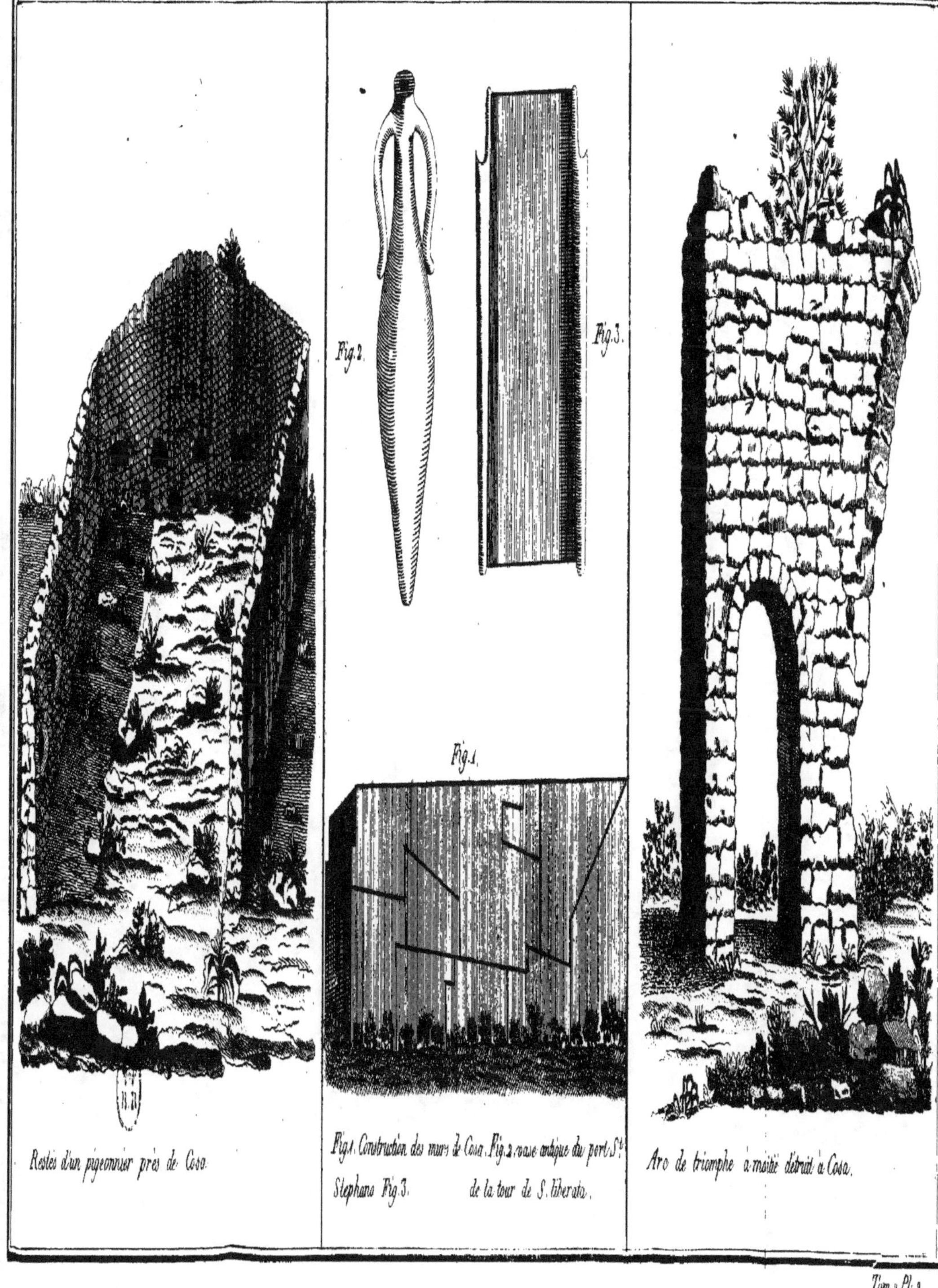





Restes d'un pigeonnier près de Cosa.

Fig. 1. Construction des murs de Cosa. Fig. 2. vase antique du port St. Stephano Fig. 3. de la tour de S. liberata.

Arc de triomphe à moitié détruit à Cosa.

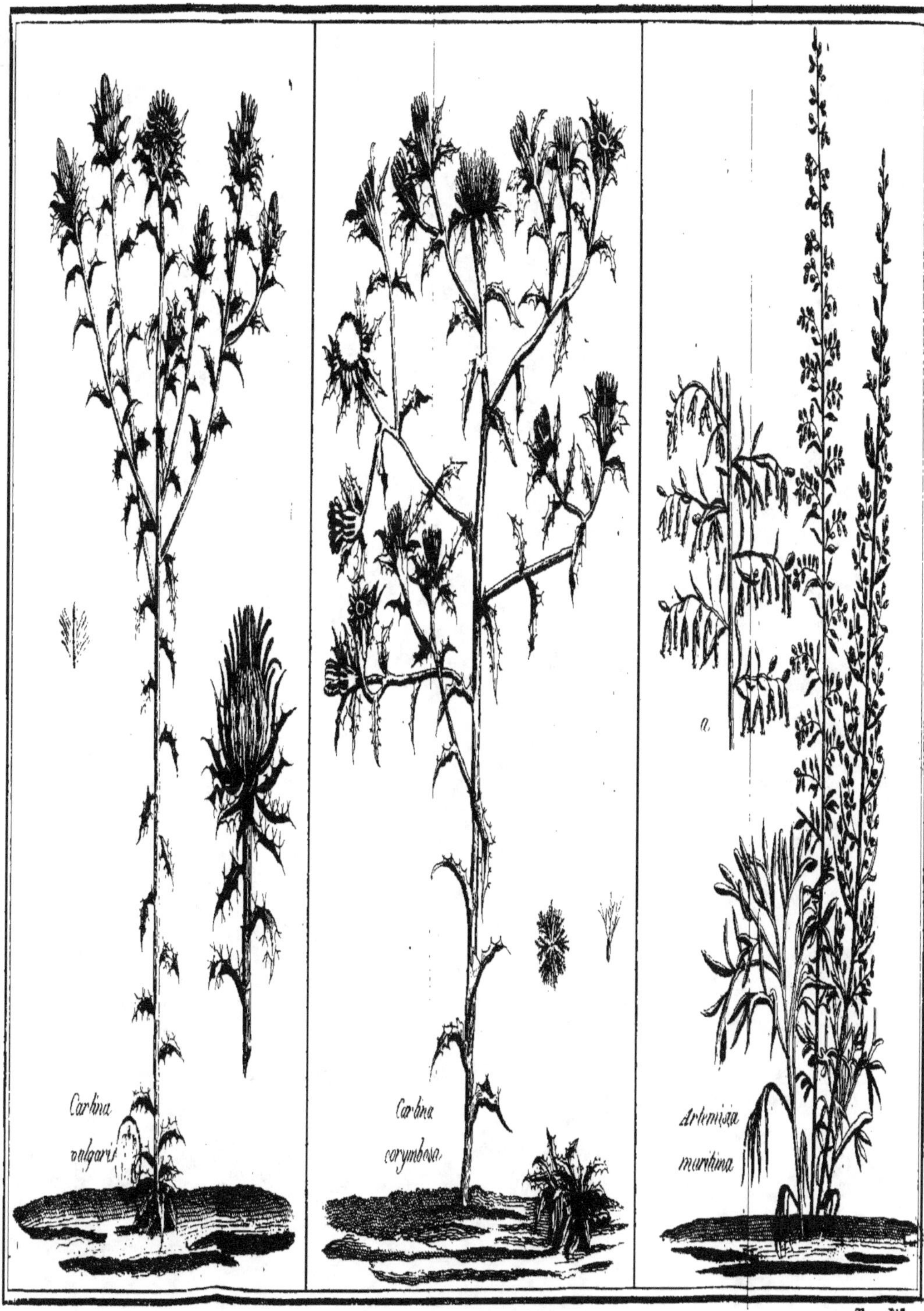

Carlina
vulgaris
Carlina
corymbosa
a
Artemisia
maritima
Tomo IV.3